교 재 내 용 문 의 교재 내용 문의는 EBS 초등사이트 (primary.ebs.co.kr)의 교재 Q&A 서비스를 활용하시기 바랍니다.

교 재 정 오 표 공 지 발행 이후 발견된 정오 사항을 EBS 초등사이트 정오표 코너에서 알려 드립니다. 강좌/교재 → 교재 로드맵 → 교재 선택 → 정오표

교 재 정 정 신 청 공지된 정오 내용 외에 발견된 정오 사항이 있다면 EBS 초등사이트를 통해 알려 주세요. 강좌/교재 → 교재 로드맵 → 교재 선택 → 교재 Q&A

강화 단원으로 키우는
초등 수해력

수학 교육과정에서의 **중요도와 영향력**, 학생들이 특히 **어려워하는** 내용을 분석하여
다음 학년 수학이 더 **쉬워지도록** 선정하였습니다.

개념 강화
향후 수학 학습에 **영향력이 큰** 개념 요소를 선정했습니다.
탄탄한 개념 이해가 가능하도록 꼭 집중하여 학습해 주세요.

연습 강화
무엇보다 문제 풀이를 반복하는 것이 중요한 단원을 의미합니다.
충분한 반복 연습으로 계산 실수를 줄이도록 학습해 주세요.

응용 강화
실생활 활용 문제가 자주 나오는, **응용 실력을** 길러야 하는 단원입니다.
다양한 유형으로 **문제 해결 능력을** 길러 보세요.

수·연산과 도형·측정을 함께 학습하면 학습 효과 상승!

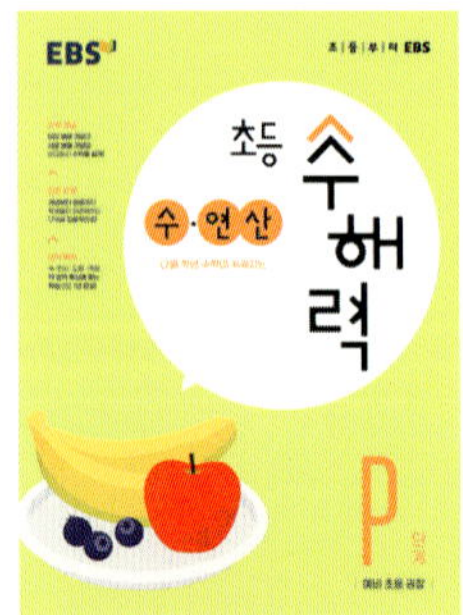

수·연산

수의 특성과 연산을 학습하는 영역으로 자연수, 분수, 소수 등
수의 체계 확장에 따라 수와 사칙 연산을 익히며
수학의 기본기와 응용력을 다져야 합니다.

수와 연산은 학년마다 개념이 점진적으로 확장되므로
개념 연결 구조를 이용하여 사고를 확장하며 나아가는 나선형 학습이 필요합니다.

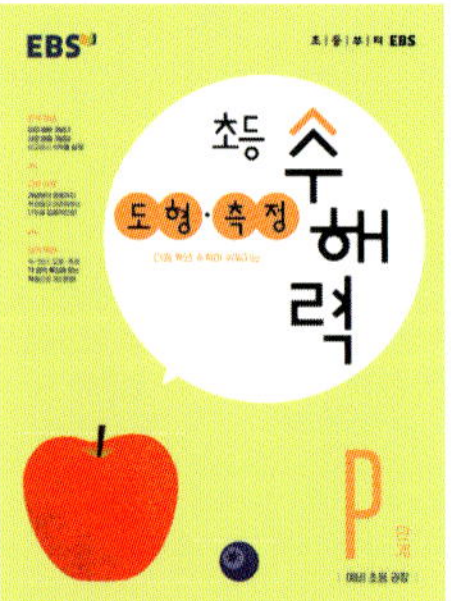

도형·측정

여러 범주의 도형이 갖는 성질을 탐구하고, 양을 비교하거나 단위를 이용하여
수치화하는 학습 영역입니다.
논리적인 사고력과 현상을 해석하는 능력을 길러야 합니다.

도형과 측정은 여러 학년에서 조금씩 배워 휘발성이 강하므로 도출되는 원리
이해를 추구하고, 충분한 연습으로 익숙해지는 과정이 필요합니다.

초등 수해력
수·연산
다음 학년 수학이 쉬워지는
P 단계
예비 초등 권장

수학은 왜 어렵게 느껴질까요?

가장 큰 이유는 수학 학습의 특성 때문입니다.

수학은 내용들이 유기적으로 연결되어 학습이 누적된다는 특징을 갖고 있습니다.

내용 간의 위계가 확실하고 학년마다 개념이 점진적으로 확장되어 나선형 구조라고도 합니다.

이 때문에 작은 부분에서도 이해를 제대로 하지 못하고 넘어가면,

작은 구멍들이 모여 커다란 학습 공백을 만들게 됩니다.

이로 인해 수학에 대한 흥미와 자신감까지 잃을 수 있습니다.

수학 실력은 한 번에 길러지는 것이 아니라 꾸준한 학습을 통해 향상됩니다.

하지만 단순히 문제를 반복적으로 풀기만 한다면 사고의 폭이 제한될 수 있습니다.

따라서 올바른 방법으로 수학을 학습하는 것이 중요합니다.

EBS 초등 수해력 교재를 통해 학습 효과를 극대화할 수 있는 올바른 수학 학습을 안내하겠습니다.

1 걸려 넘어지기 쉬운 내용 요소를 알고 대비해야 합니다.

학습은 효율이 중요합니다. 무턱대고 시작하면 힘만 들 뿐 실력은 크게 늘지 않습니다.
쉬운 내용은 간결하게 넘기고, 중요한 부분은 강화 단원의 안내에 따라 집중 학습하세요.
 * 학교 선생님들이 모여 학생들이 자주 걸려 넘어지는 내용을 선별하고, 개념 강화/연습 강화/응용 강화 단원으로 구성했습니다.

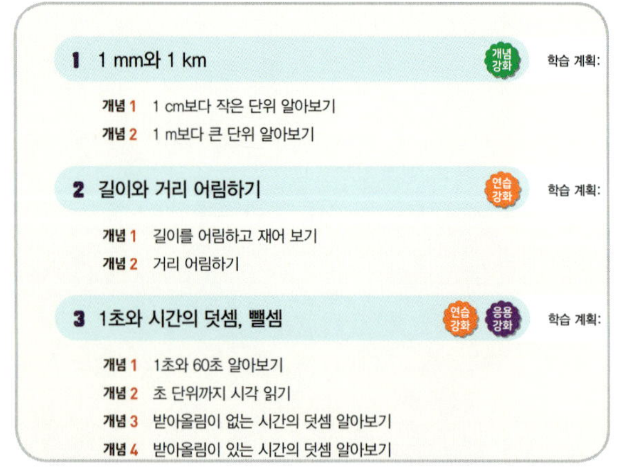

2 새로운 개념은 이미 아는 것과 연결하여 익혀야 합니다.

학년이 올라갈수록 수학의 개념은 점차 확장되고 깊어집니다. 아는 것과 모르는 것을 비교하여 학습하면 새로운 것이 더 쉬워지고, 개념의 핵심 원리를 이해할 수 있습니다.

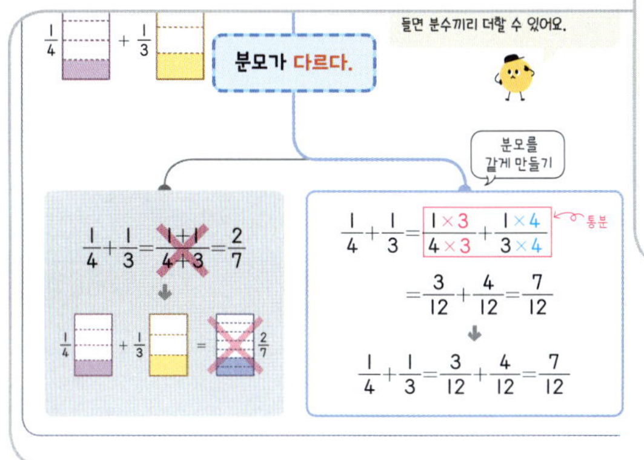

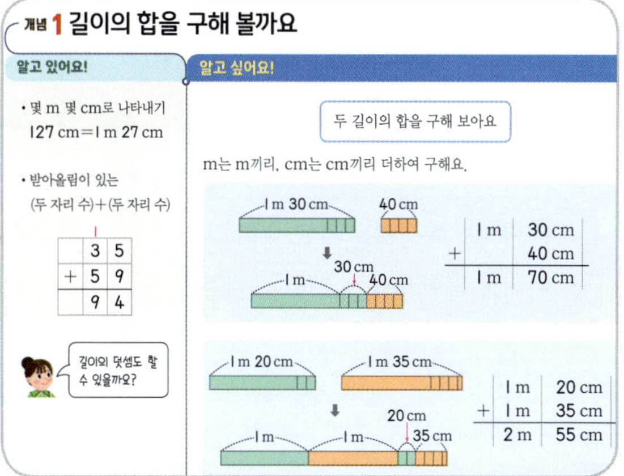

특히, 오개념을 형성하기 쉬운 개념은 잘못된 풀이와 올바른 풀이를 비교하며 확실하게 이해하고 넘어가세요.

3 문제 적응력을 길러 기억에 오래 남도록 학습해야 합니다.

단계별 문제를 통해 기초부터 응용까지 체계적으로 학습하며 문제 해결 능력까지 함께 키울 수 있습니다.

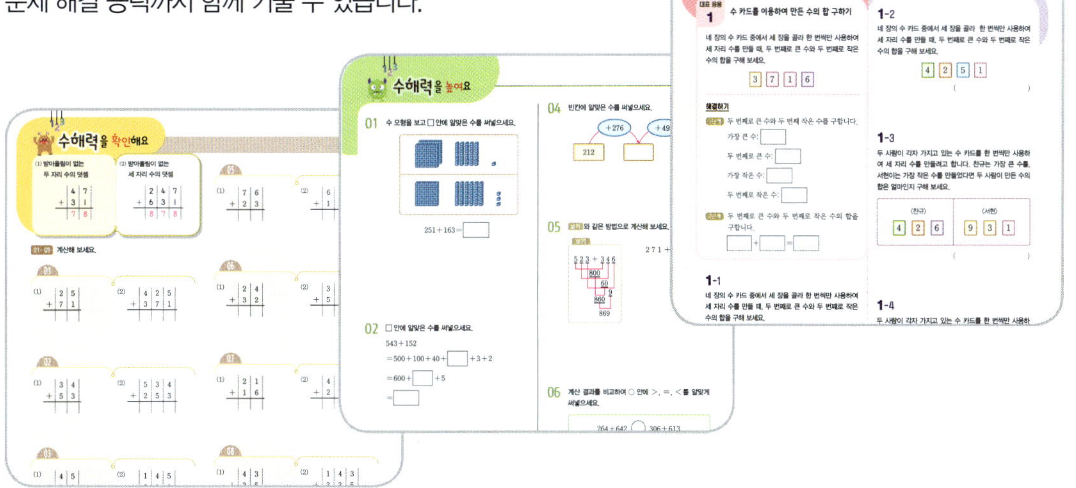

넘어지지 않는 것보다 중요한 것은, 넘어졌을 때 포기하지 않고 다시 나아가는 힘입니다.
EBS 초등 수해력과 함께 꾸준한 학습으로 수학의 기초 체력을 튼튼하게 길러 보세요.
어느 순간 수학이 쉬워지는 경험을 할 수 있을 거예요.

이 책의 **구성과 특징**

이번 단원에서 배울 내용을 만화를 통해 확인할 수 있습니다.

단원 열기

단원에서 등장하는 주요 수학 어휘를 살펴볼 수 있습니다.

중단원별로 강화된 부분을 확인할 수 있습니다.

학습 계획 날짜를 체크하며 과정을 스스로 관리할 수 있습니다.

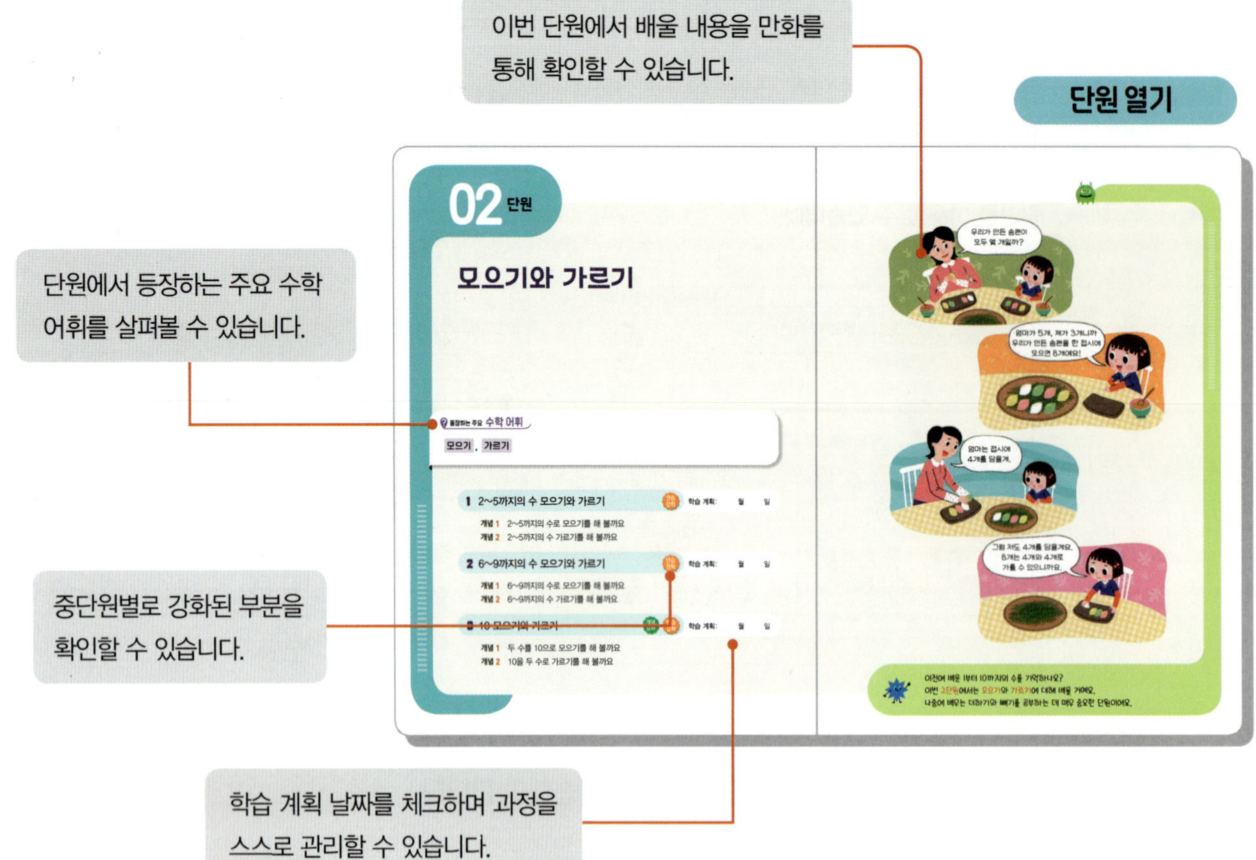

개념 학습

이전에 배운 내용과 새로 배울 내용을 한눈에 보면서 개념을 확장할 수 있습니다.

개념의 구조와 핵심 내용을 시각적으로 파악할 수 있습니다.

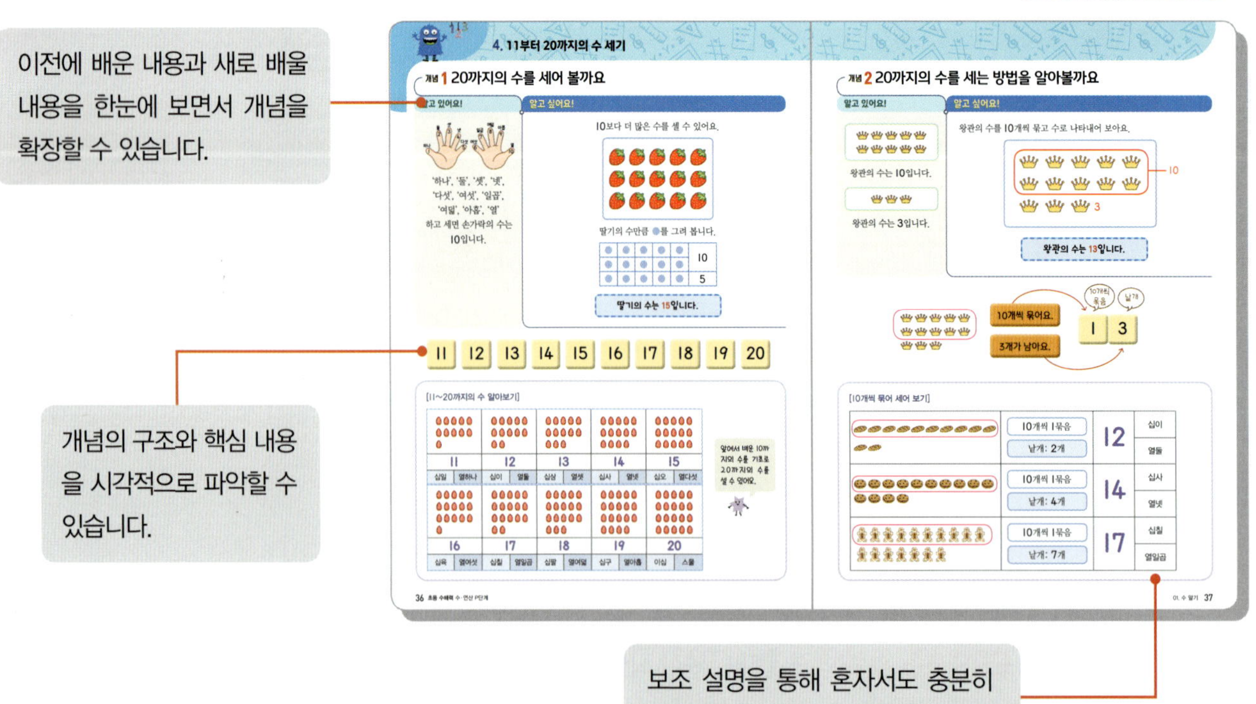

보조 설명을 통해 혼자서도 충분히 이해하며 학습할 수 있습니다.

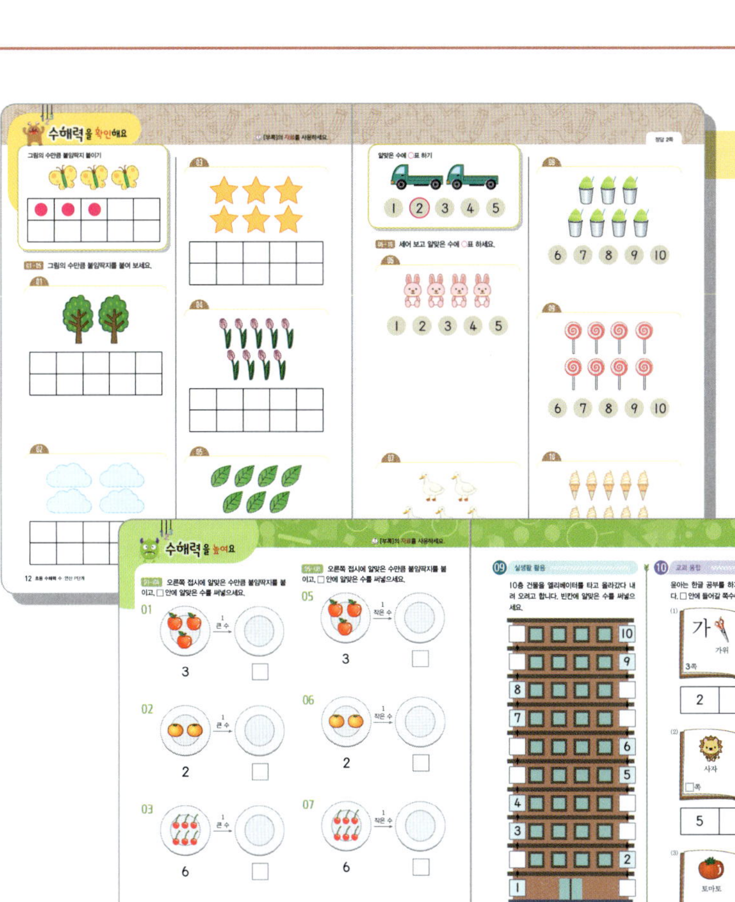

수해력을 확인해요 

원리를 담은 문제를 통해 앞에
서 배운 개념을 확실하게 이해
할 수 있습니다.

수해력을 높여요 

실생활 활용, 교과 융합을 포함
한 다양한 유형의 문제를 풀어
보면서 문제 해결 능력을 키울
수 있습니다.

수해력을 완성해요 

대표 응용 예제와 유제를 통해
응용력뿐만 아니라 고난도 문
제에 대한 자신감까지 키울 수
있습니다.

수해력을 확장해요 

사고력을 확장할 수 있는 다양
한 활동에 학습한 내용을 적용
해 보면서 단원을 마무리할 수
있습니다.

EBS 초등 수해력은 '수·연산', '도형·측정'의 두 갈래의 영역으로 나누어져 있으며,
각 영역별로 예비 초등학생을 위한 P단계부터 6단계까지 총 7단계로 구성했습니다.
총 14권의 체계적인 교재 구성으로 꾸준하게 학습을 진행할 수 있습니다.

수·연산

	1단원	2단원	3단원	4단원	5단원
P단계	수 알기	모으기와 가르기	더하기와 빼기		
1단계	9까지의 수	한 자리 수의 덧셈과 뺄셈	100까지의 수	받아올림과 받아내림이 없는 두 자리 수의 덧셈과 뺄셈	세 수의 덧셈과 뺄셈
2단계	세 자리 수	네 자리 수	덧셈과 뺄셈	곱셈	곱셈구구
3단계	덧셈과 뺄셈	곱셈	나눗셈	분수와 소수	
4단계	큰 수	곱셈과 나눗셈	규칙과 관계	분수의 덧셈과 뺄셈	소수의 덧셈과 뺄셈
5단계	자연수의 혼합 계산	약수와 배수, 약분과 통분	분수의 덧셈과 뺄셈	수의 범위와 어림하기, 평균	분수와 소수의 곱셈
6단계	분수의 나눗셈	소수의 나눗셈	비와 비율	비례식과 비례배분	

도형·측정

	1단원	2단원	3단원	4단원	5단원
P단계	위치 알기	여러 가지 모양	비교하기	분류하기	
1단계	여러 가지 모양	비교하기	시계 보기		
2단계	여러 가지 도형	길이 재기	분류하기	시각과 시간	
3단계	평면도형	길이와 시간	원	들이와 무게	
4단계	각도	평면도형의 이동	삼각형	사각형	다각형
5단계	다각형의 둘레와 넓이	합동과 대칭	직육면체		
6단계	각기둥과 각뿔	직육면체의 부피와 겉넓이	공간과 입체	원의 넓이	원기둥, 원뿔, 구

이번 1단원에서는
수 세기, 수의 순서, 수의 크기 비교에 대해 배울 거예요.
수학을 공부하면서 가장 기초가 되는 단원이니 열심히 공부해 보아요.

개념 1 5까지의 수를 세어 볼까요

알고 싶어요!

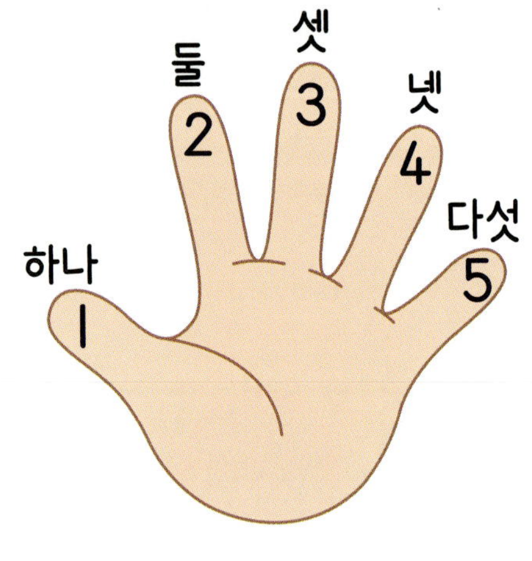

하나씩 수를 세어 봅니다.

💡 1부터 5까지의 수를 차례로 세어요.

🍎	1	•	하나 / 일
🍅🍅	2	• •	둘 / 이
🍋🍋🍋	3	• • •	셋 / 삼
🍐🍐🍐🍐	4	• • • •	넷 / 사
🍈🍈🍈🍈🍈	5	• • • • •	다섯 / 오

알고 싶어요!

두 손을 모두 펴서 수를 세어 보세요.
손가락으로 1부터 10까지의 수를 셀 수 있어요.

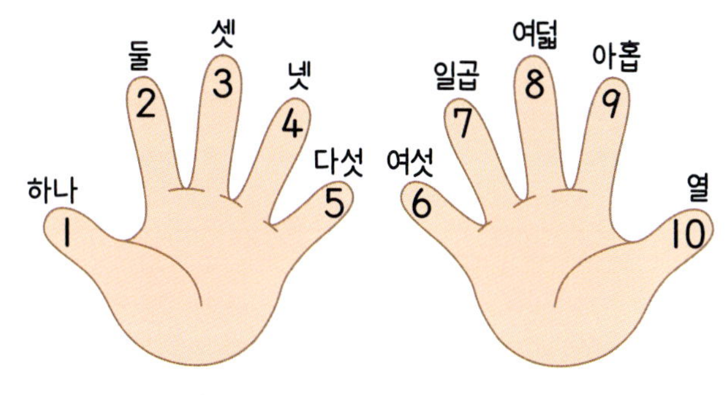

1	2	3	4	5
하나	둘	셋	넷	다섯

6	7	8	9	10
여섯	일곱	여덟	아홉	열

6	7	8	9	10

💡 6부터 10까지의 수를 차례로 세어요.

사과	6		여섯 / 육
감	7		일곱 / 칠
레몬	8		여덟 / 팔
배	9		아홉 / 구
멜론	10		열 / 십

큰 소리로
차근차근 수를
세어 보아요.

🔖 [부록]의 자료를 사용하세요.

그림의 수만큼 붙임딱지 붙이기

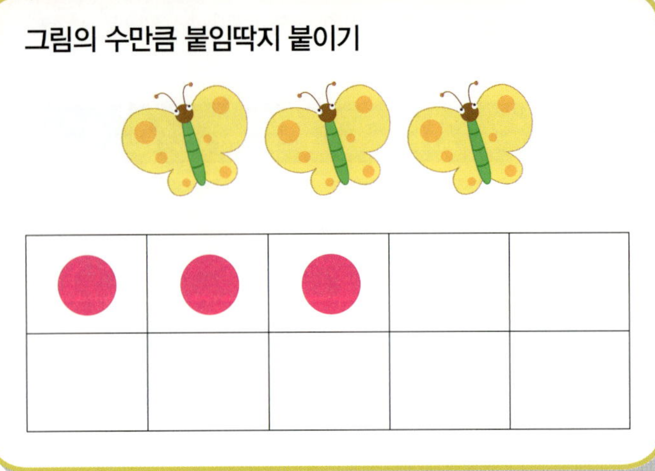

01~05 그림의 수만큼 붙임딱지를 붙여 보세요.

01

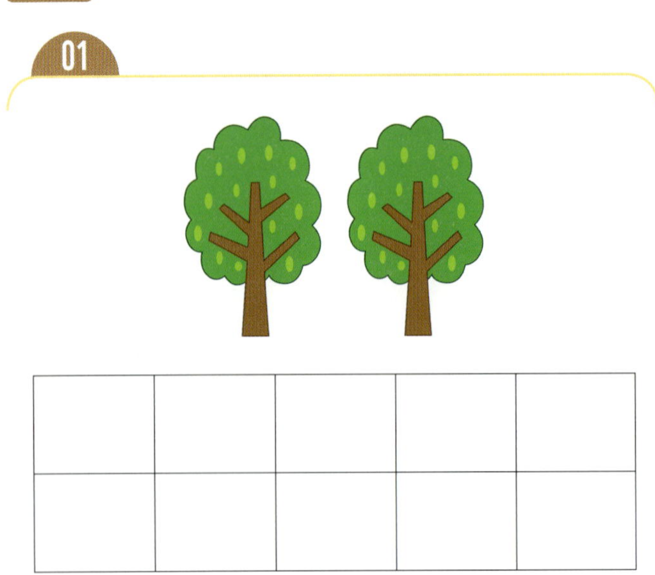

02

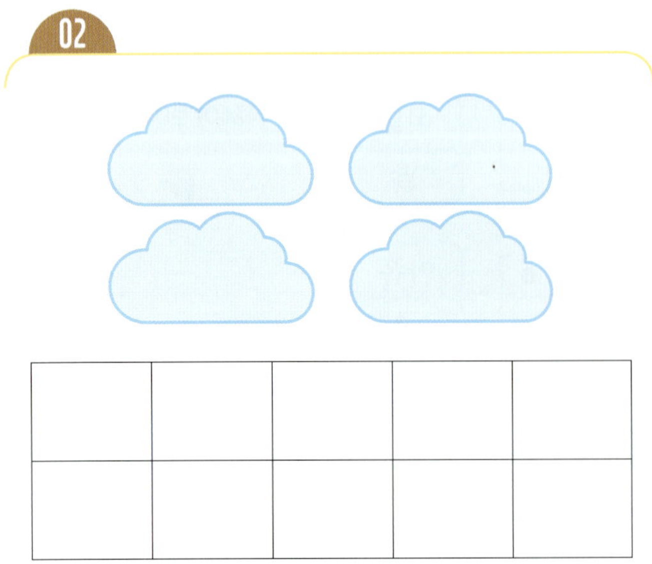

03

04

05

알맞은 수에 ◯표 하기

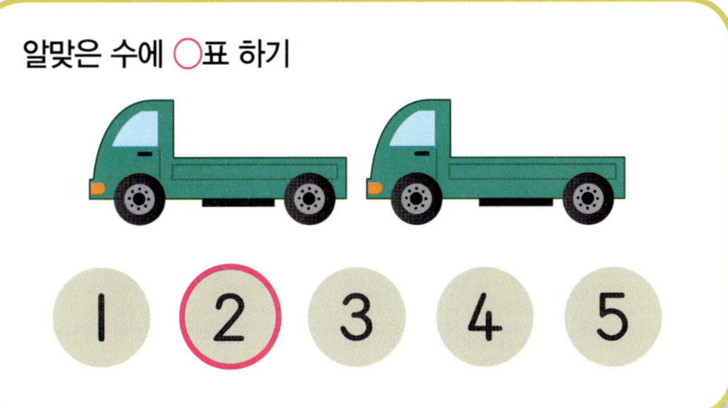

1 **2** 3 4 5

06 ~ 10 세어 보고 알맞은 수에 ◯표 하세요.

06

1 2 3 4 5

07

1 2 3 4 5

08

6 7 8 9 10

09

6 7 8 9 10

10

6 7 8 9 10

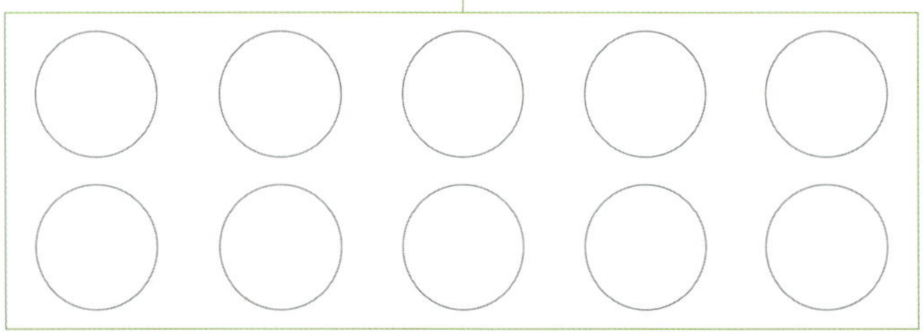

[부록]의 자료를 사용하세요.

01~04 수만큼 색칠해 보세요.

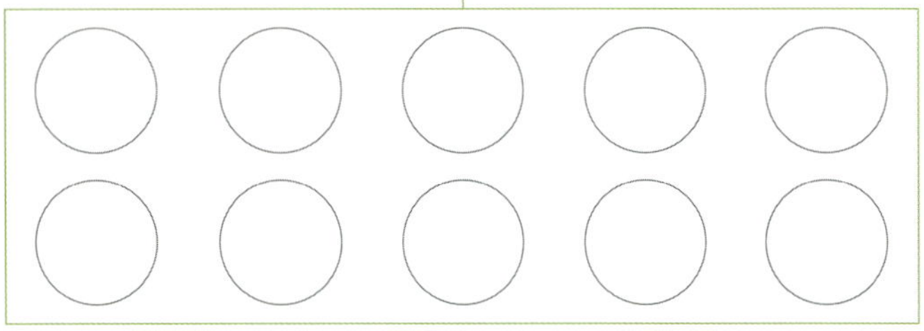

05~07 수에 알맞게 빈 곳에 붙임딱지를 붙여 보세요.

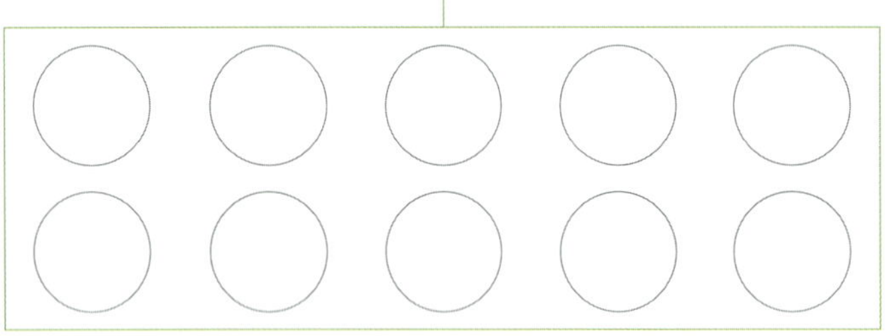

01

2

02

4

03

8

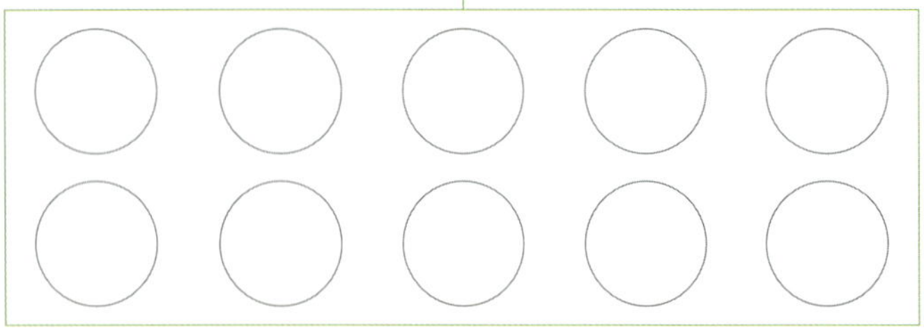

04

9

05

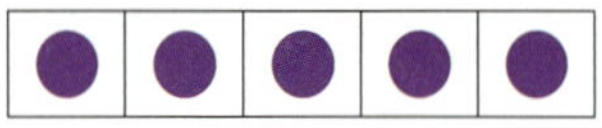

5

06

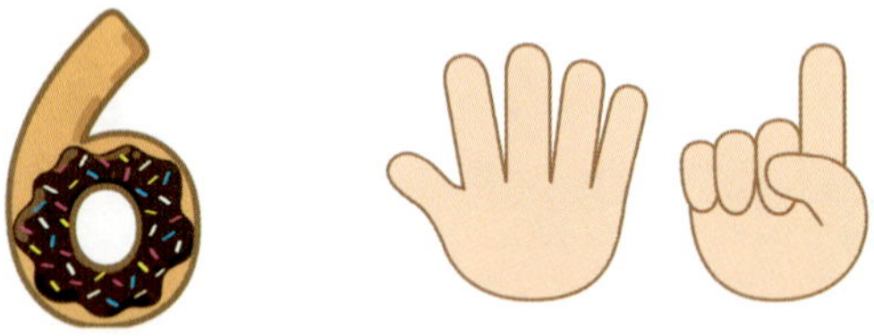

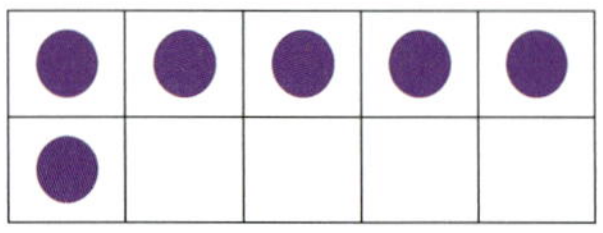

6

07

3

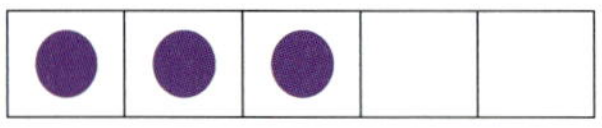

[08~11] 수만큼 그림을 ◯로 묶어 보세요.

[12~14] 같은 수끼리 이어 보세요.

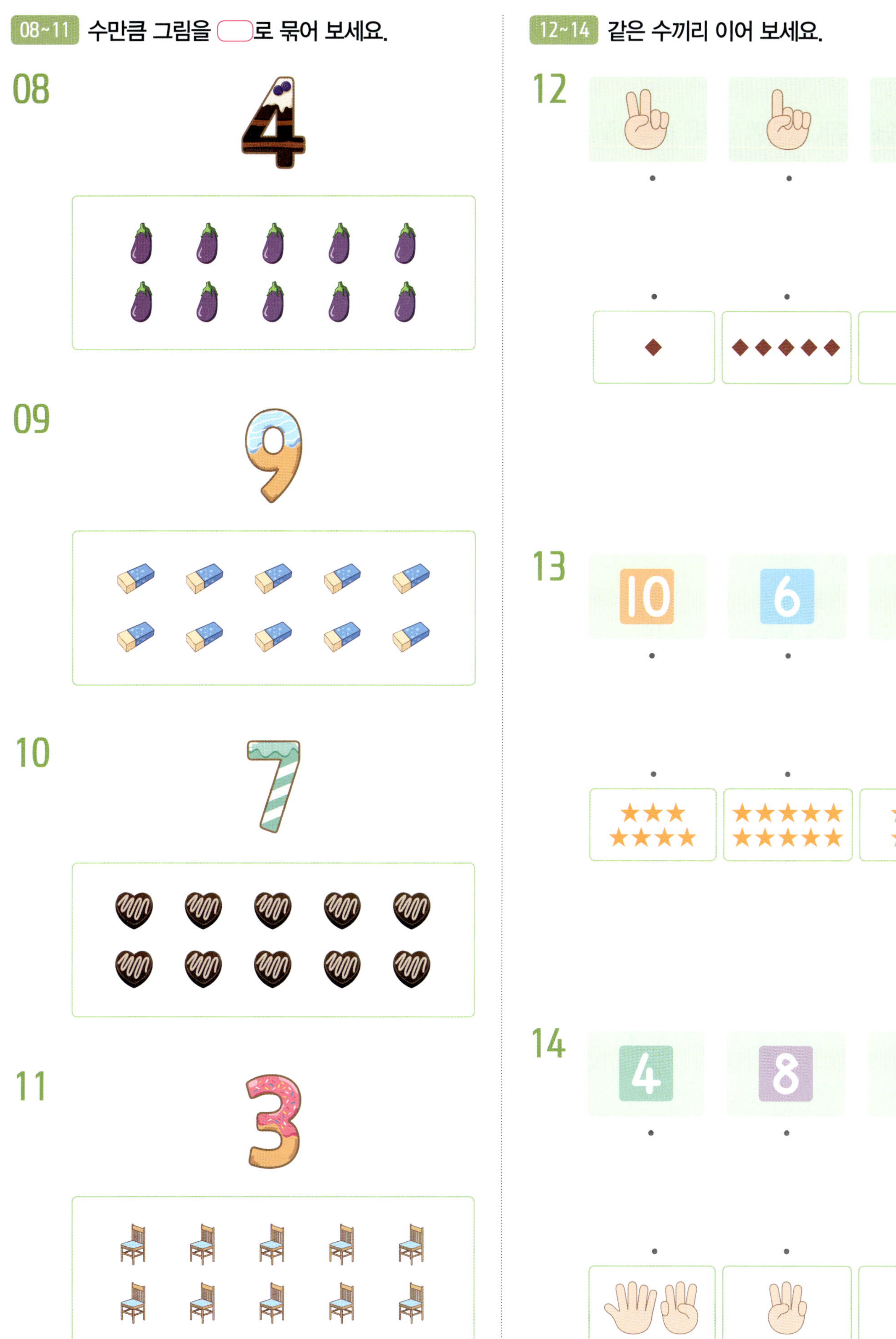

08

09

10

11

12

13

14

수 세기 (1)

그림의 수를 세어 □ 안에 알맞은 수를 써넣으세요.

 □  □

해결하기

의 수를 세어 보고 수를 씁니다.

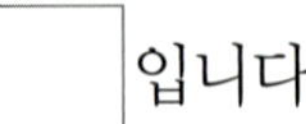의 수는 □ 입니다.

의 수를 세어 보고 수를 씁니다.

의 수는 □ 입니다.

1-1

□ □

1-2

□ □

1-3

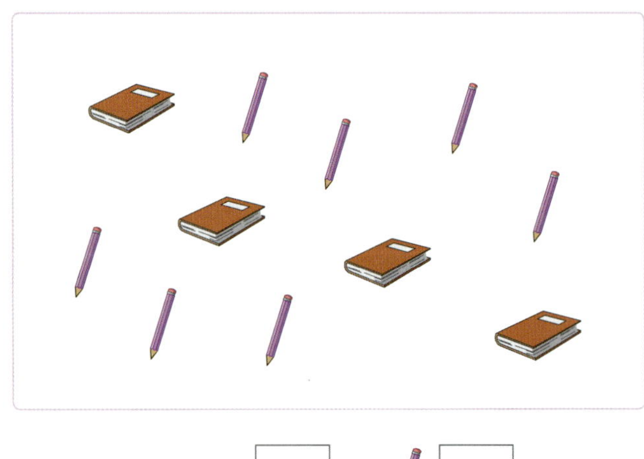

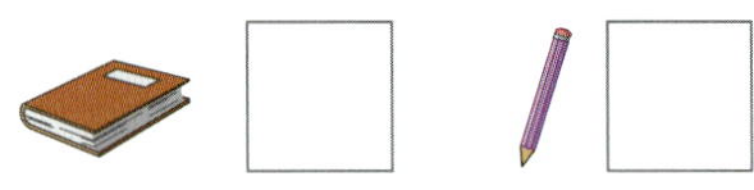 □ □

<table>
<tr><td>대표 응용
2</td><td>수 세기 (2)</td></tr>
</table>

다음 중 다른 수를 나타내는 칸에 색칠해 보세요.

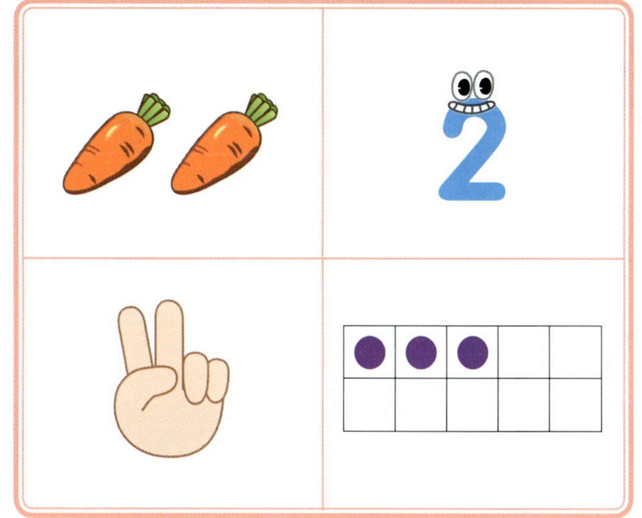

해결하기

1단계 당근의 수와 손가락 수는 ☐ 을/를 나타냅니다.

2단계 ☐ 을/를 나타내는 칸에 색칠합니다.

2-1

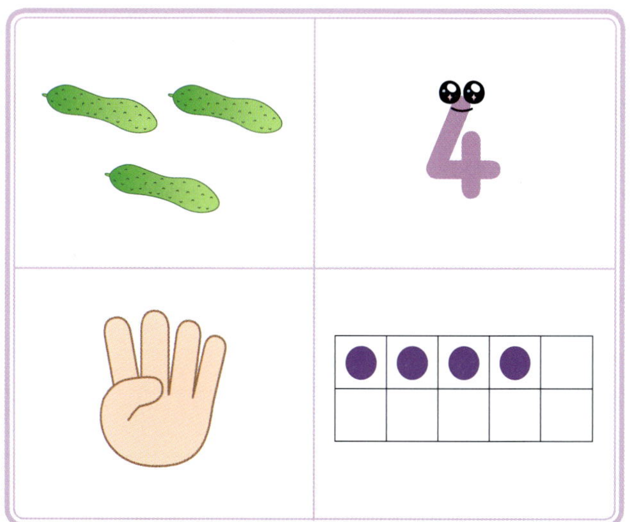

2-2

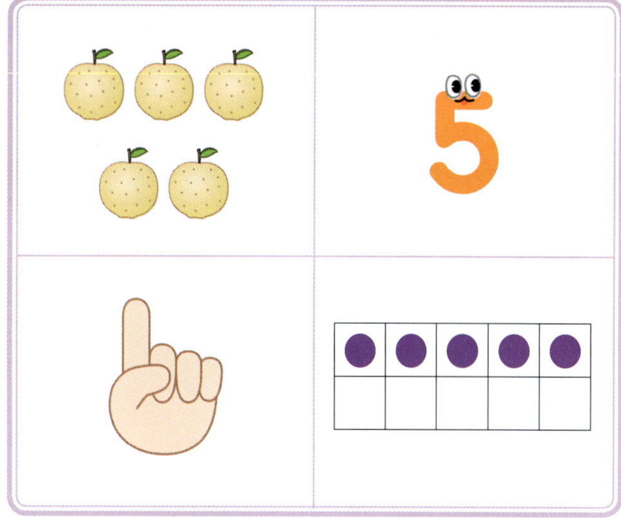

2-3

개념 1 수의 순서를 알아볼까요

알고 싶어요!

차례차례 줄을 서서 화장실에 가요.

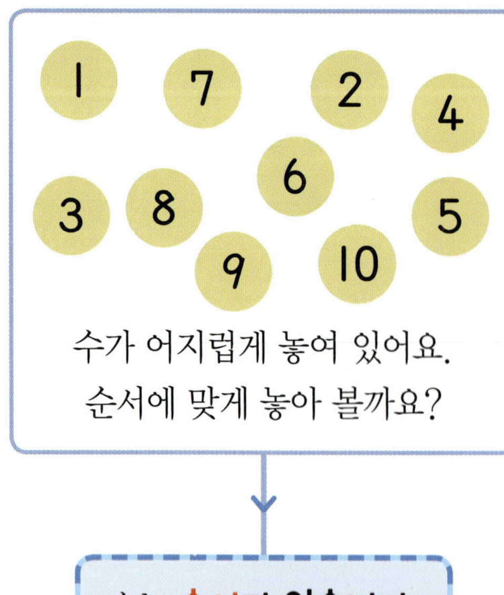

1 2 3 4 5 6 7 8 9 10

💡 수의 순서를 알아보아요.

수를 순서대로 세어 봅니다.

5 다음 수는 6

3 다음에는 4,
4 다음에는 5예요.

1 2 3 4 5 6 7 8 9 10

수를 거꾸로 세어 봅니다.

10 9 8 7 6 5 4 3 2 1

6 앞의 수는 5

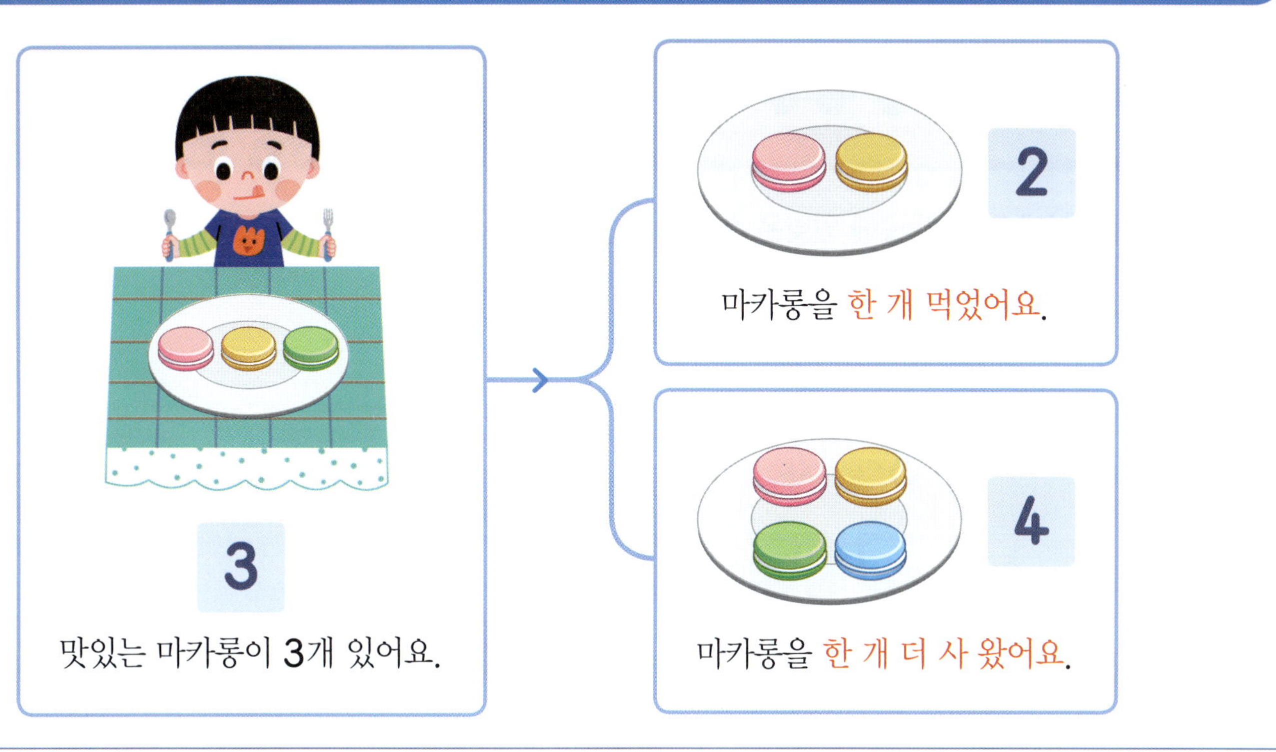

💡 1만큼 더 큰 수와 1만큼 더 작은 수를 알아보아요.

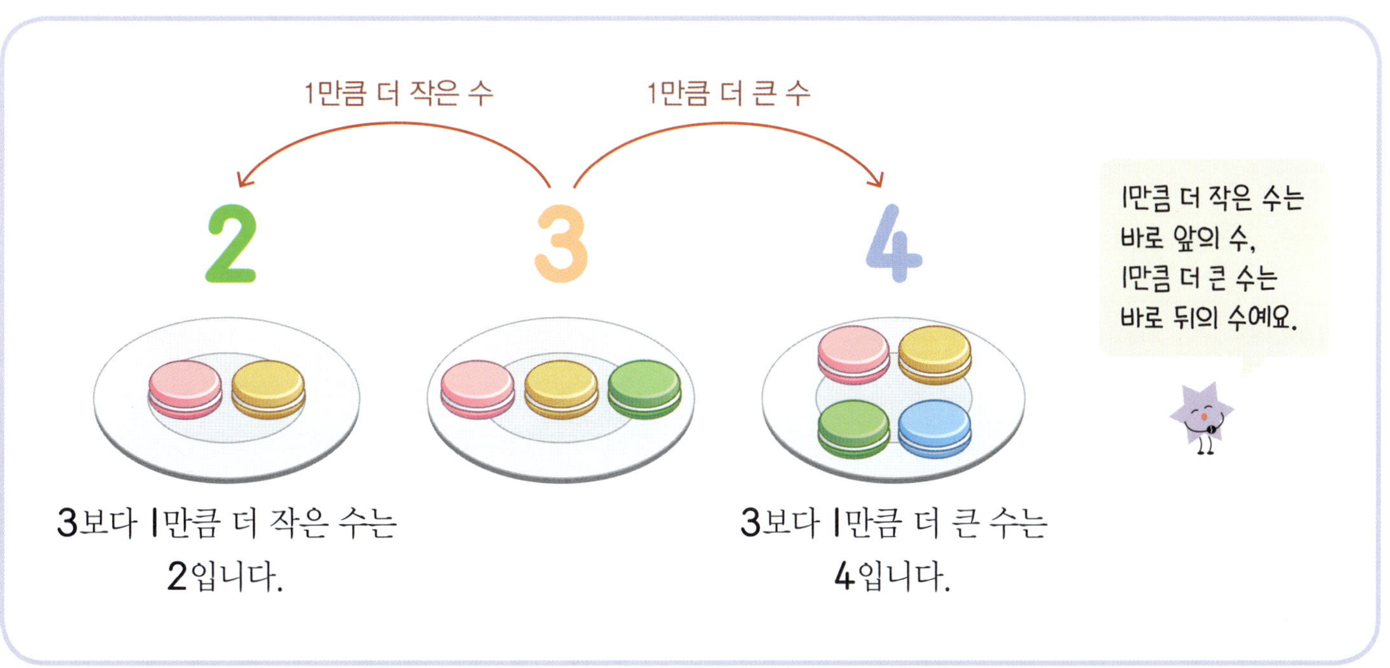

3보다 1만큼 더 작은 수는
2입니다.

3보다 1만큼 더 큰 수는
4입니다.

수의 순서에 맞게 붙임딱지 붙이기

1　2　**3**　4　5

[부록]의 자료를 사용하세요.

01~07 수의 순서에 맞게 빈 곳에 알맞은 수 붙임딱지를 붙여 보세요.

01

1　○　3　4　5

02

1　2　3　4　○

03

○　2　3　4　5

04

3　4　○　○　7

05

1　○　3　○　5

06

4　○　6　7　○

07

○　6　7　○　9

수를 순서대로 잇기

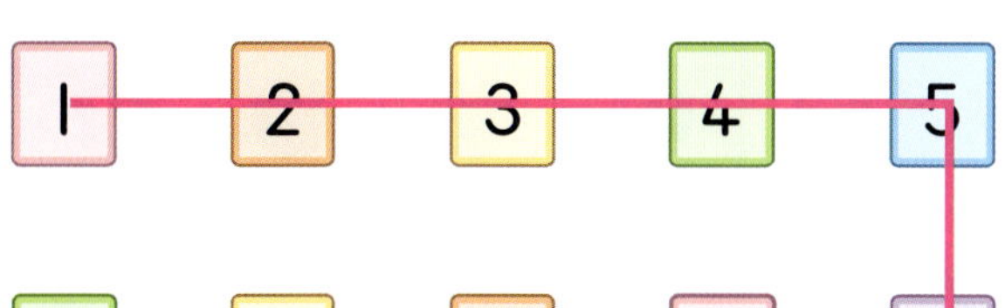

08~14 1부터 수를 순서대로 이어 보세요.

08

1	3	5	7	9
2	4	6	8	10

09

1	4	5	8	9
2	3	6	7	10

10

1	9	3	7	5
10	2	8	4	6

11

1	8	7	6	3
10	9	2	5	4

12

1	2	5	7	8
3	4	6	9	10

13

1	10	3	6	5
2	9	8	7	4

14

1	2	3	7	10
4	5	6	8	9

I만큼 더 큰 수 찾기

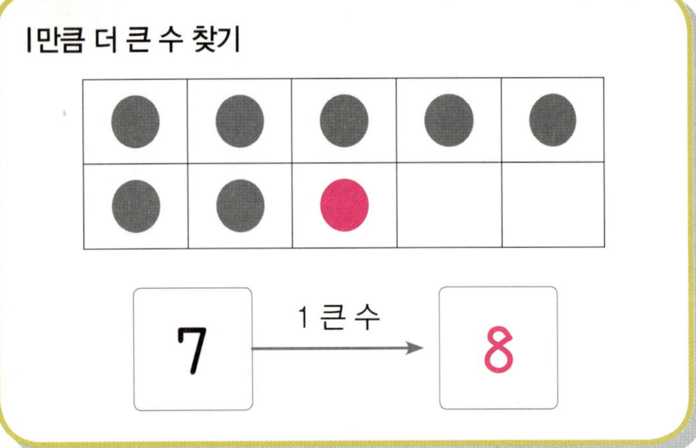

$$7 \xrightarrow{\text{1 큰 수}} 8$$

I만큼 더 작은 수 찾기

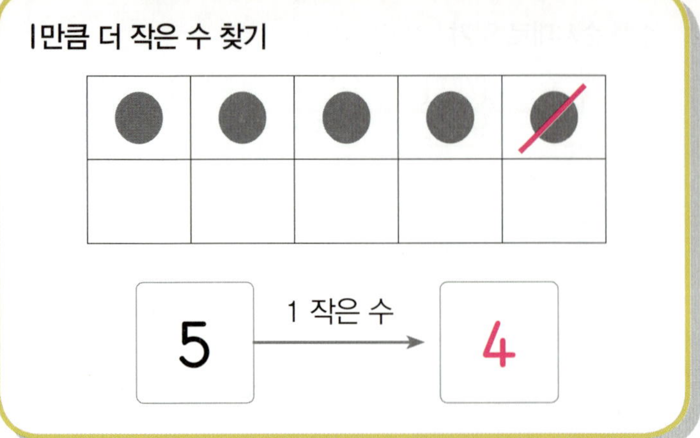

$$5 \xrightarrow{\text{1 작은 수}} 4$$

15~17 ●를 한 개 더 그리고, ☐ 안에 알맞은 수를 써넣으세요.

15

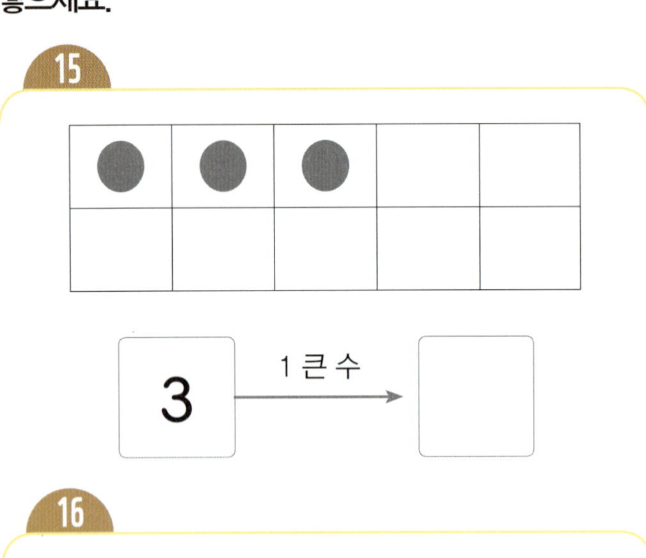

$$3 \xrightarrow{\text{1 큰 수}} \boxed{}$$

16

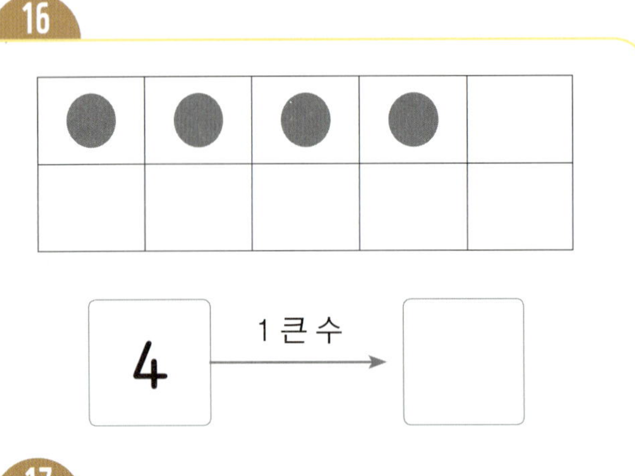

$$4 \xrightarrow{\text{1 큰 수}} \boxed{}$$

17

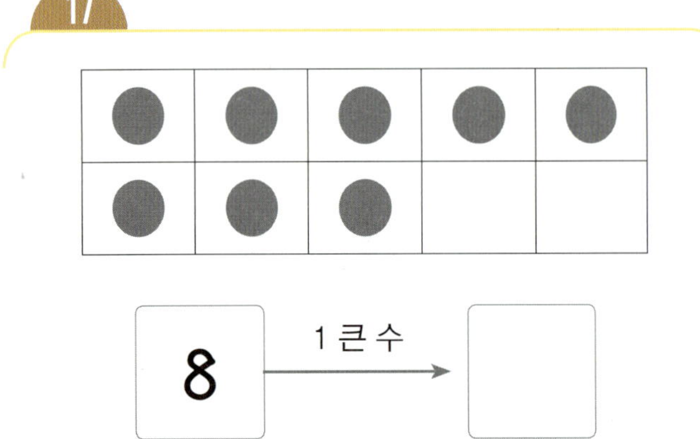

$$8 \xrightarrow{\text{1 큰 수}} \boxed{}$$

18~20 ●를 한 개 /로 지우고, ☐ 안에 알맞은 수를 써넣으세요.

18

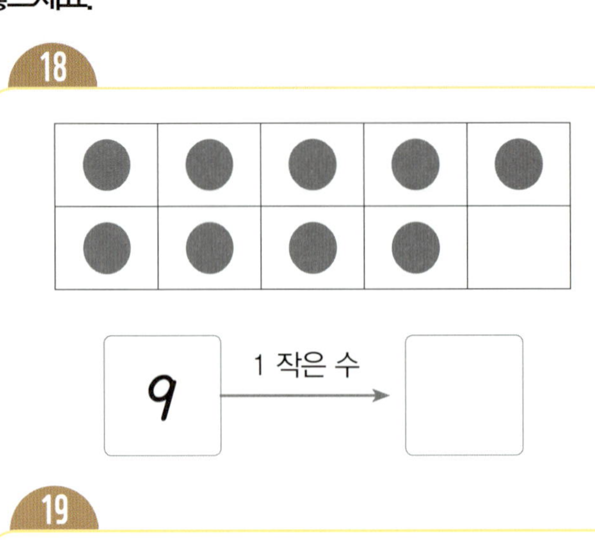

$$9 \xrightarrow{\text{1 작은 수}} \boxed{}$$

19

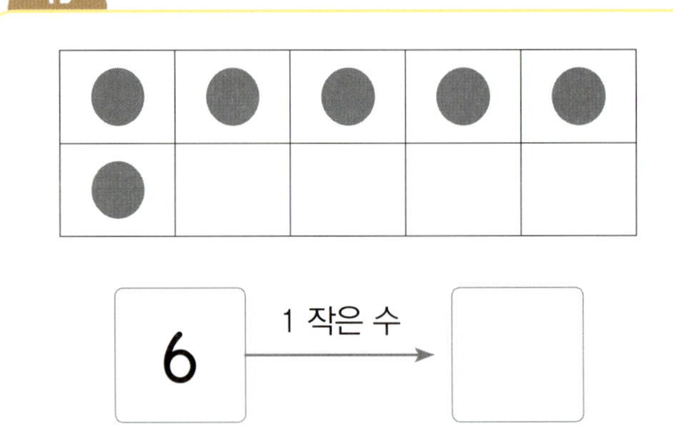

$$6 \xrightarrow{\text{1 작은 수}} \boxed{}$$

20

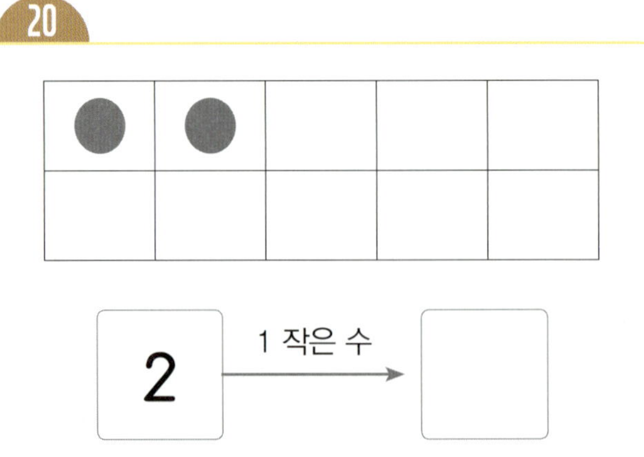

$$2 \xrightarrow{\text{1 작은 수}} \boxed{}$$

수만큼 ◯를 그리고, 알맞은 수 쓰기

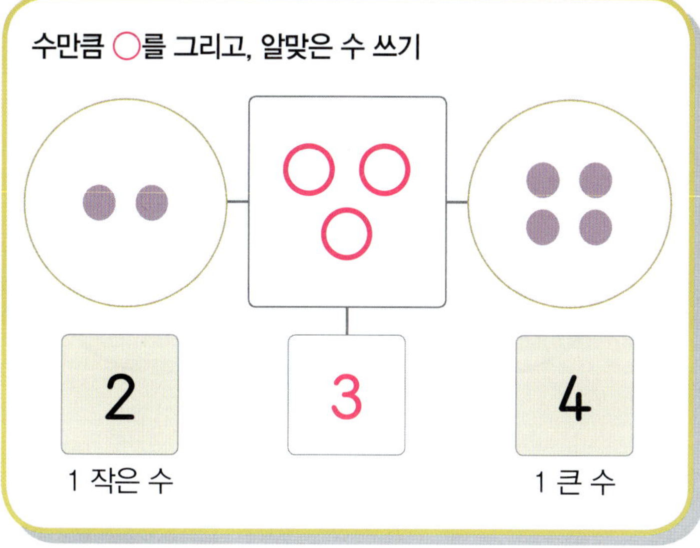

2	3	4
1 작은 수		1 큰 수

21~25 수만큼 ◯를 그리고, ☐ 안에 알맞은 수를 써 넣으세요.

21

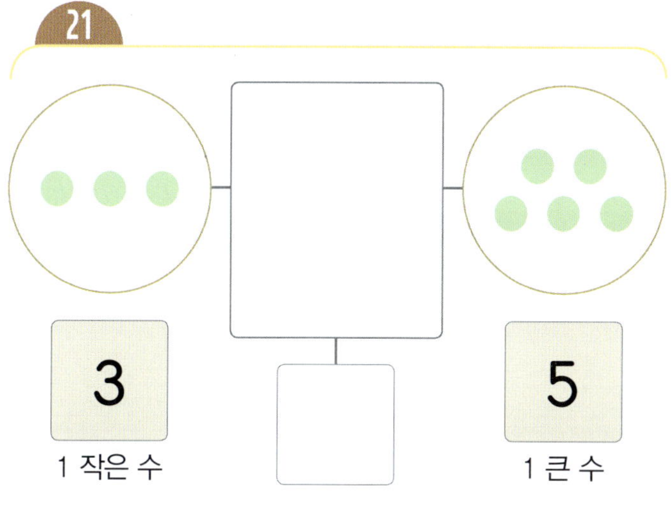

3		5
1 작은 수		1 큰 수

22

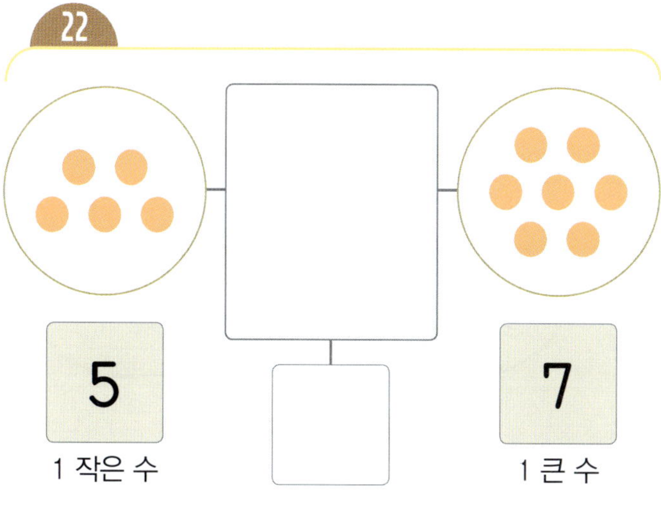

5		7
1 작은 수		1 큰 수

23

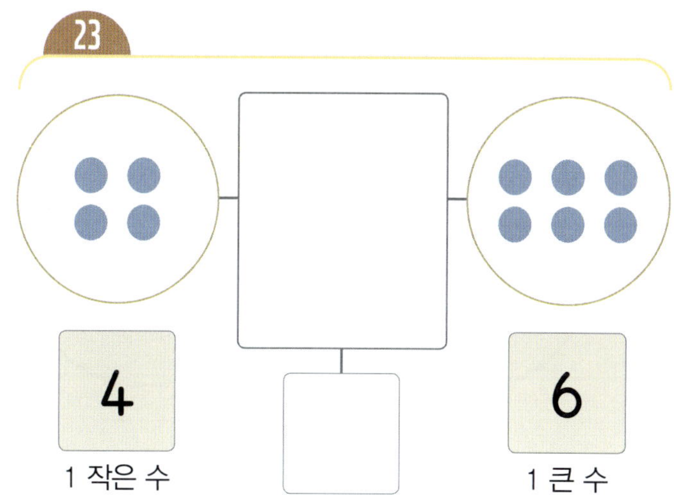

4		6
1 작은 수		1 큰 수

24

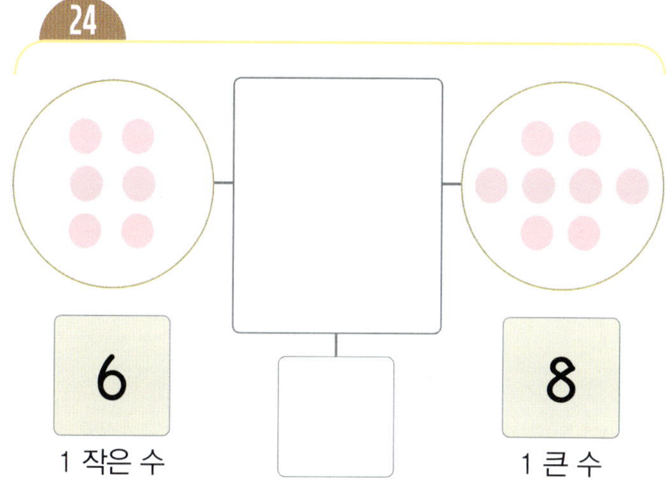

6		8
1 작은 수		1 큰 수

25

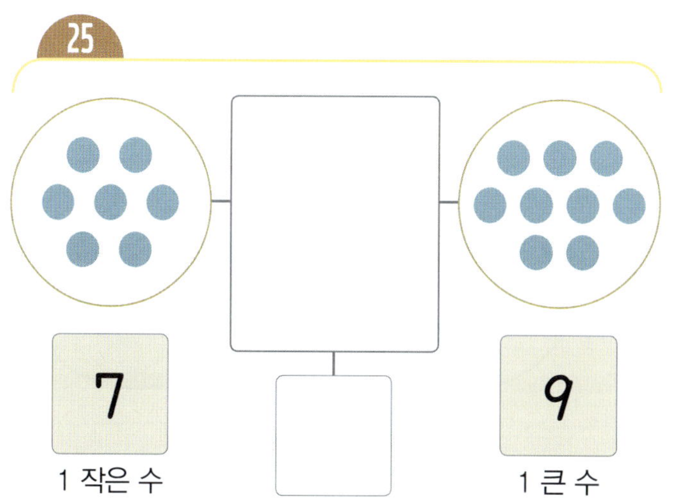

7		9
1 작은 수		1 큰 수

수해력을 높여요

01~04 오른쪽 접시에 알맞은 수만큼 붙임딱지를 붙이고, ☐ 안에 알맞은 수를 써넣으세요.

05~08 오른쪽 접시에 알맞은 수만큼 붙임딱지를 붙이고, ☐ 안에 알맞은 수를 써넣으세요.

01

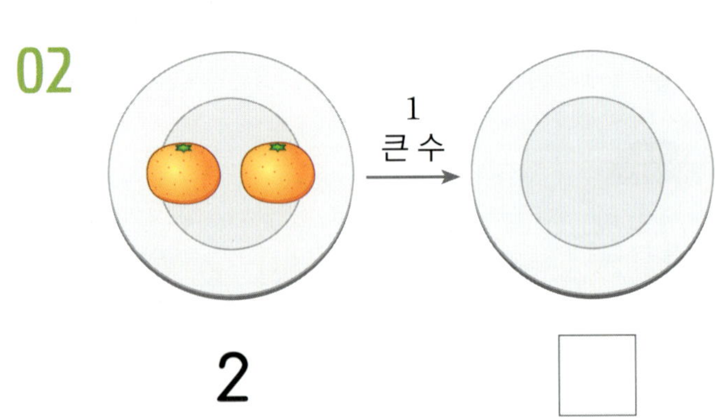

3

05

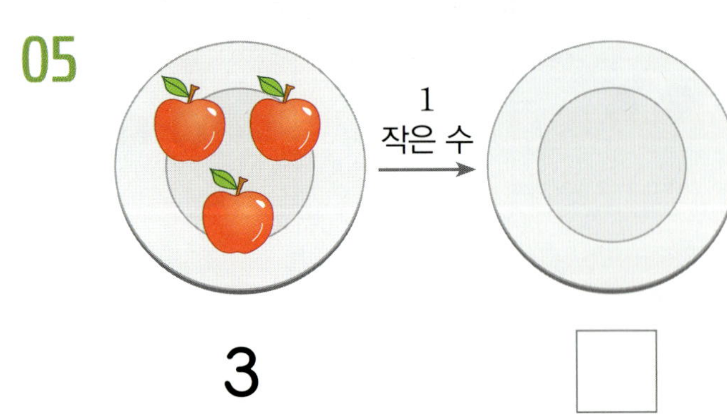

3

02

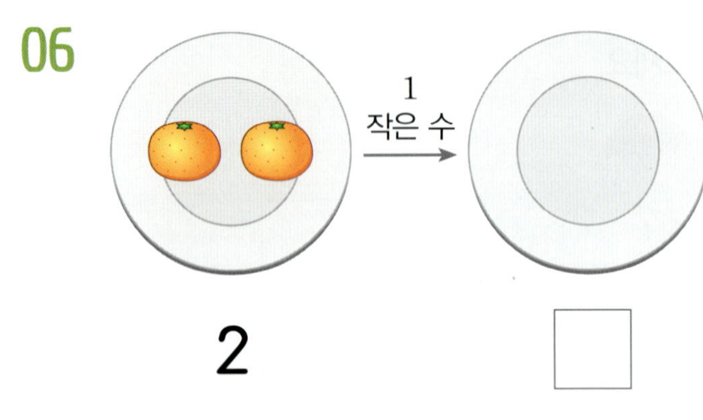

2

06

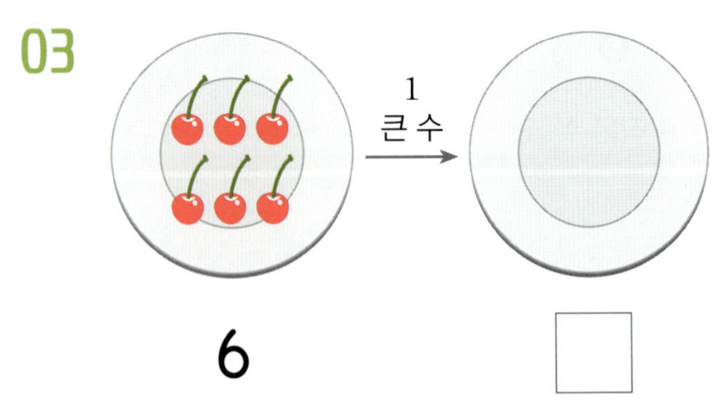

2

03

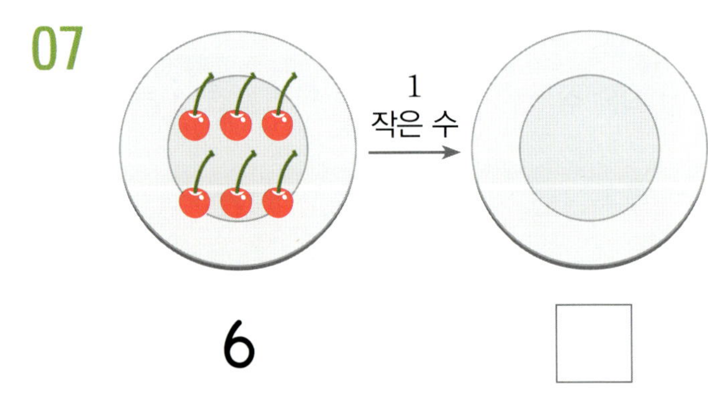

6

07

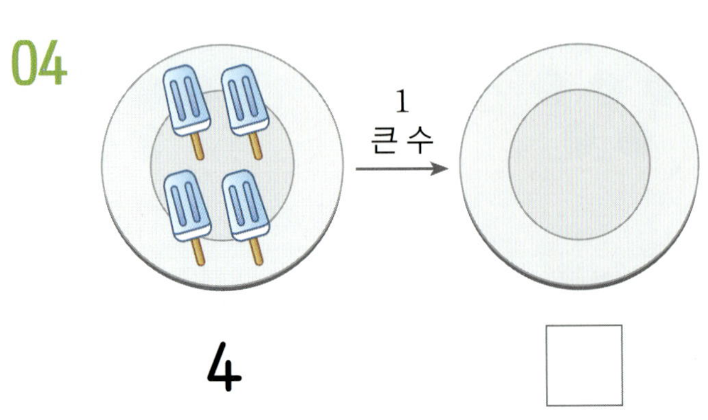

6

04

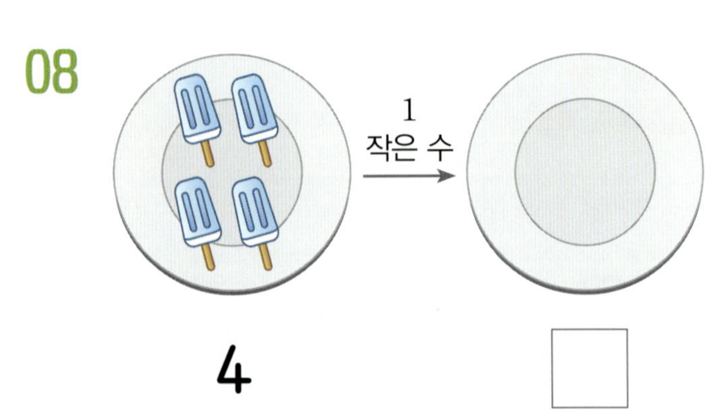

4

08

4

 **09** 실생활 활용

10층 건물을 엘리베이터를 타고 올라갔다 내려 오려고 합니다. 빈칸에 알맞은 수를 써넣으세요.

 **10** 교과 융합

윤아는 한글 공부를 하기 위해 책을 펼쳤습니다. □ 안에 들어갈 쪽수에 ○표 하세요.

(1)

2	3	4

(2)

5	6	7

(3)

8	9	10

대표 응용
1 1부터 10까지의 수의 순서 (1)

1부터 10까지의 수를 순서대로 세어 보고 없는 수를 찾아 써 보세요.

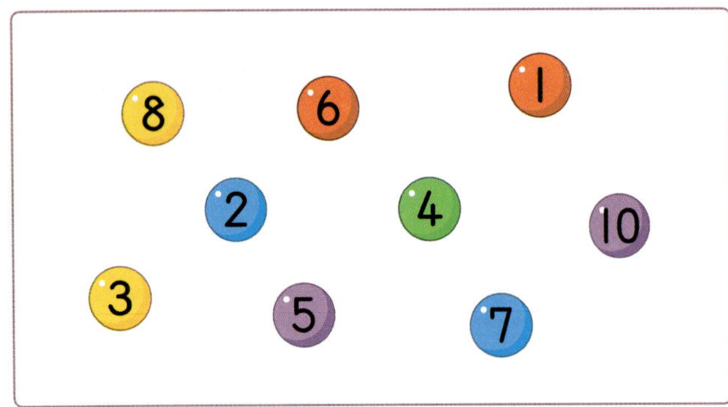

없는 수 [ ]

해결하기

[1단계]

1부터 10까지 순서대로 ○표 하며 수를 셉니다.

[2단계]

1부터 10까지의 수 중 없는 수는 [ ]입니다.

1-1

1부터 10까지의 수를 순서대로 세어 보고 없는 수를 찾아 써 보세요.

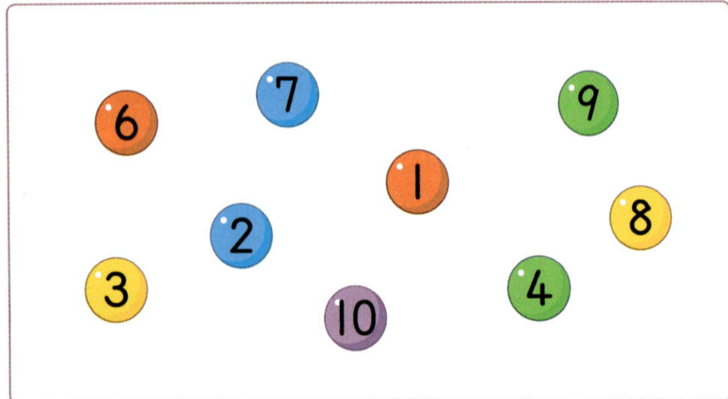

없는 수 [ ]

1-2

1부터 10까지의 수를 순서대로 세어 보고 한 번 더 있는 수를 찾아 써 보세요.

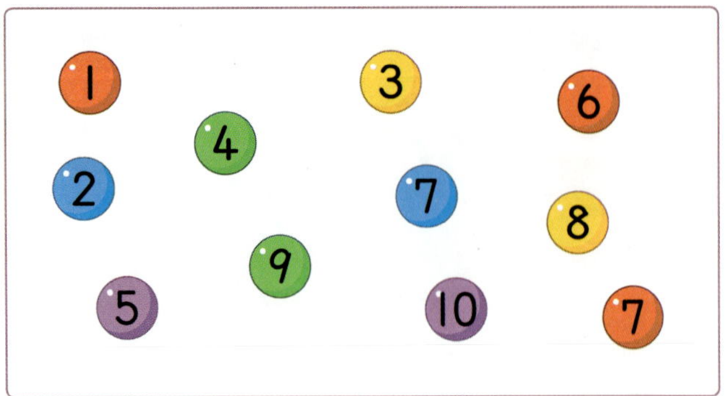

더 있는 수 [ ]

1-3

1부터 10까지의 수를 순서대로 세어 보고 한 번 더 있는 수를 찾아 써 보세요.

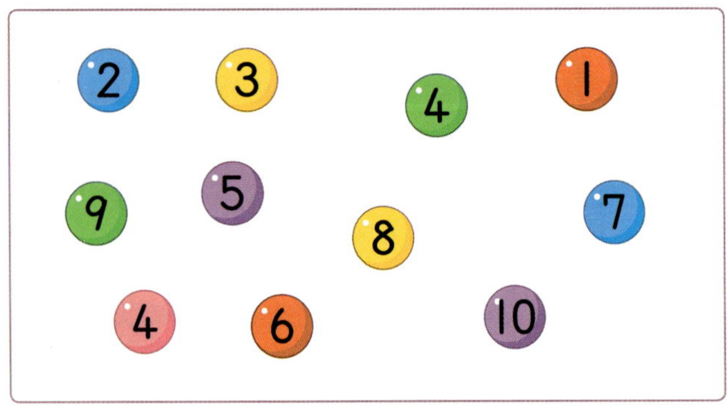

더 있는 수 [ ]

대표 응용 2 ─ 1부터 10까지의 수의 순서 (2)

수의 순서가 잘못된 곳을 모두 찾아 색칠해 보세요.

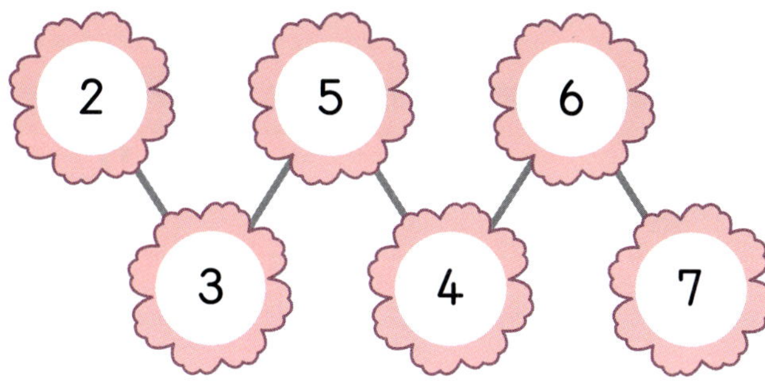

해결하기

1단계

2부터 7까지의 수의 순서는

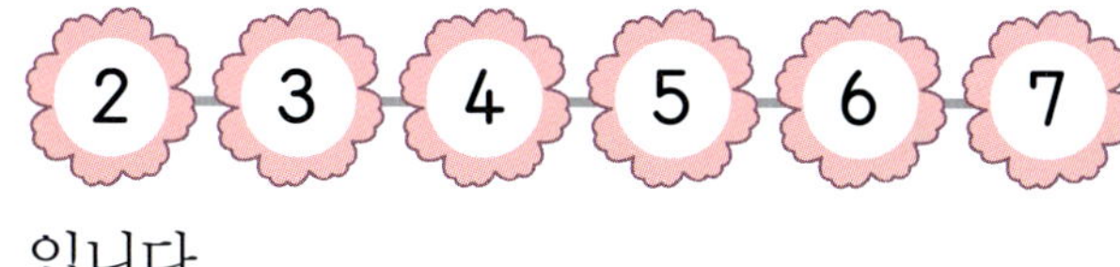

입니다.

2단계

수의 순서가 잘못된 곳은 ☐ 와 ☐ 입니다.

3단계

☐ 와 ☐ 에 색칠합니다.

2-1

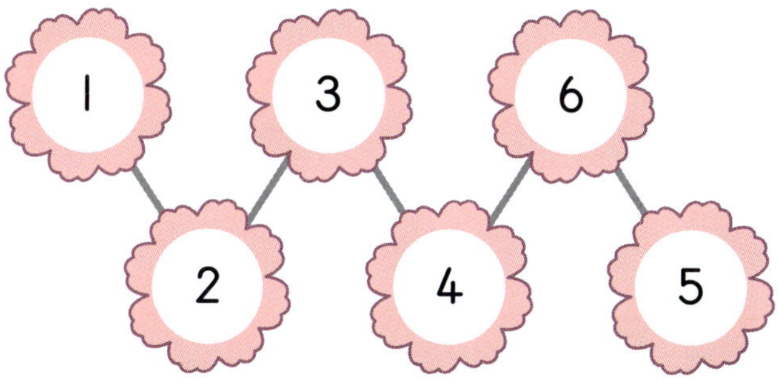

2-2

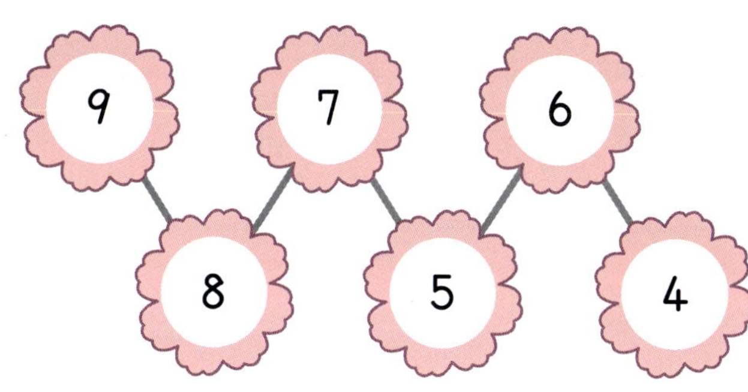

2-3

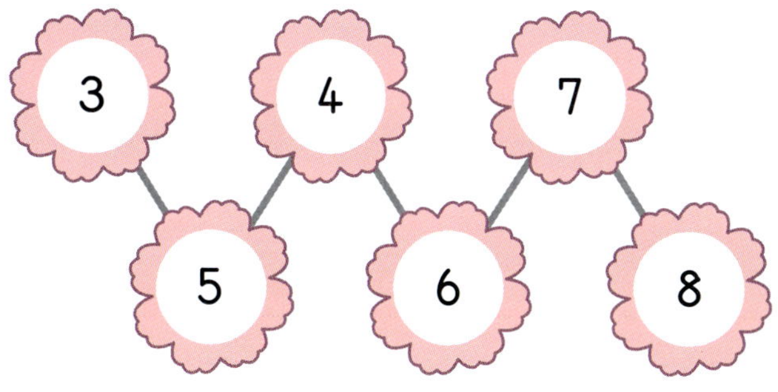

2-4

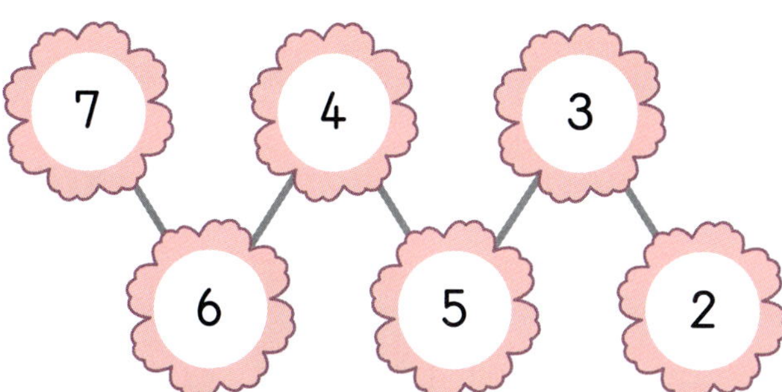

개념 1 수의 크기를 비교해 볼까요

알고 싶어요!

장난감의 수만큼 ●를 그려서 비교해요.

만아요

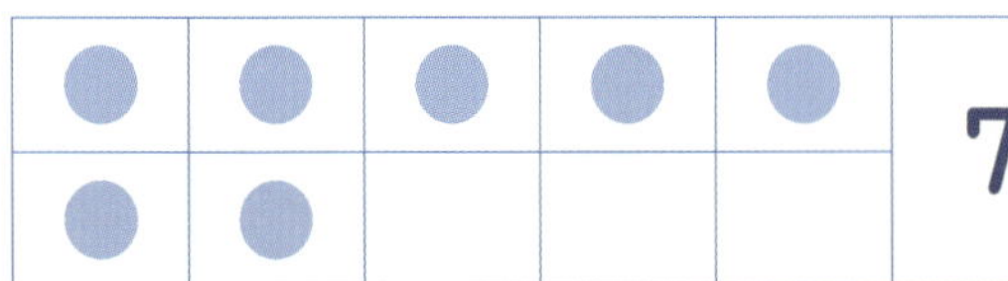 7

장난감 수는 **7**개입니다.

적어요

 2

장난감 수는 **2**개입니다.

7은 2보다 큰 수입니다.

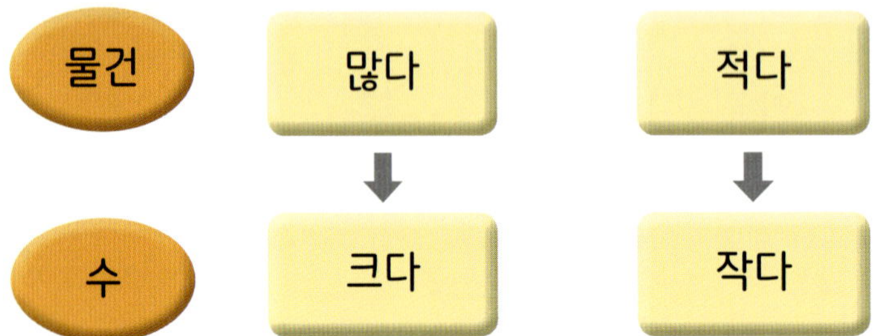

[수만큼 칸에 색칠해서 수의 크기 비교하기]

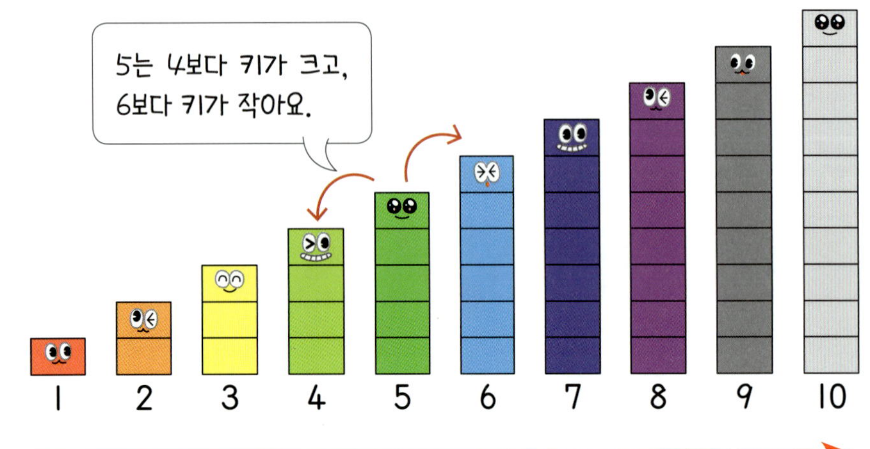

1부터 10까지 수가 점점 커집니다.

알고 싶어요!

수 친구들의 키를 비교해요.

키가 큰 순서대로 서 보았어요.

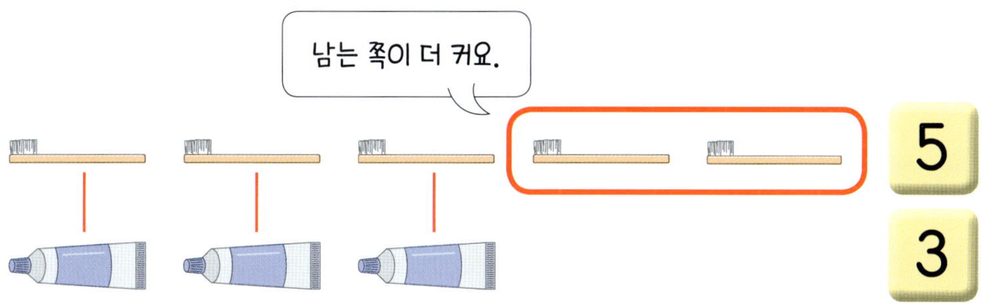

💡 칫솔은 치약보다 더 많습니다. ➡ 5는 3보다 큽니다.

[다양한 방법으로 수의 크기 비교하기]

5는 2보다 큽니다. 2는 5보다 작습니다.

4는 6보다 작습니다. 6은 4보다 큽니다.

왼쪽 수보다 큰 수에 색칠하기

4 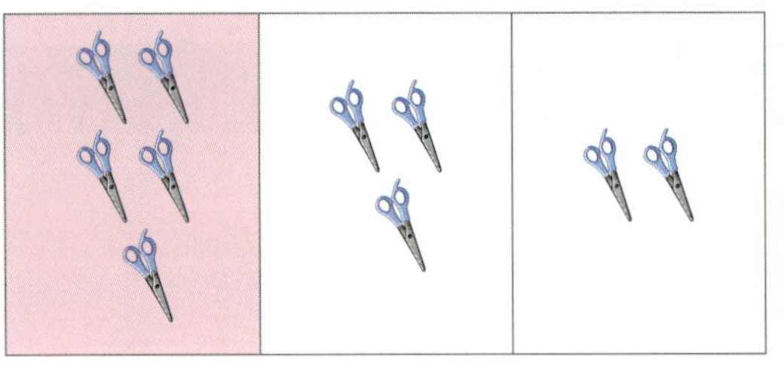

왼쪽 수보다 작은 수에 색칠하기

4 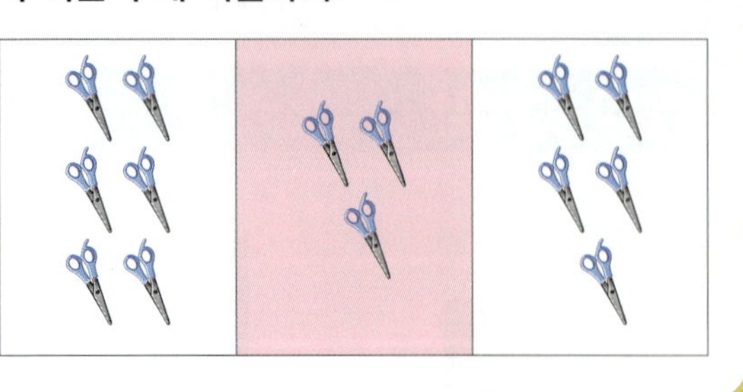

01~04 왼쪽 수보다 큰 수에 색칠해 보세요.

05~08 왼쪽 수보다 작은 수에 색칠해 보세요.

01

7 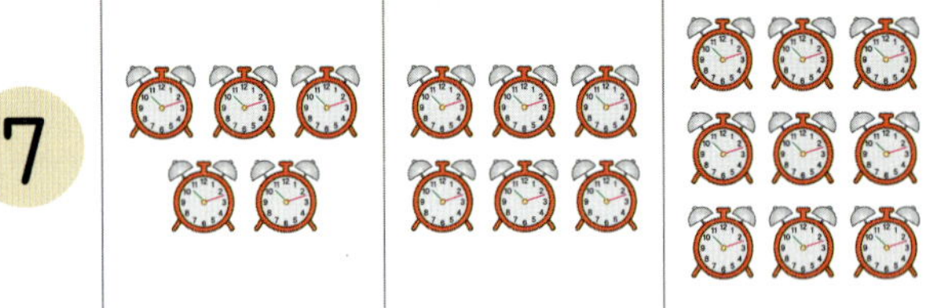

05

7 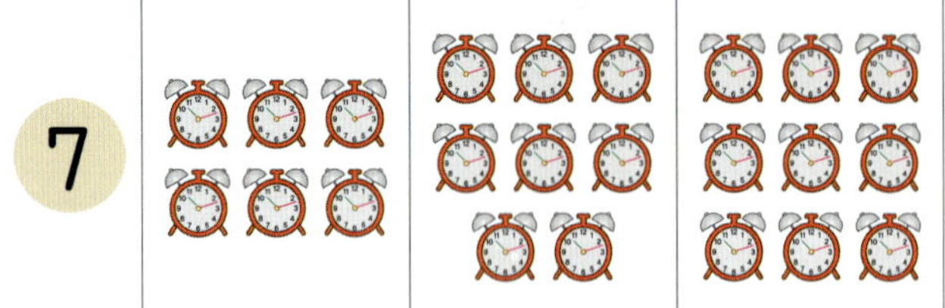

02

3 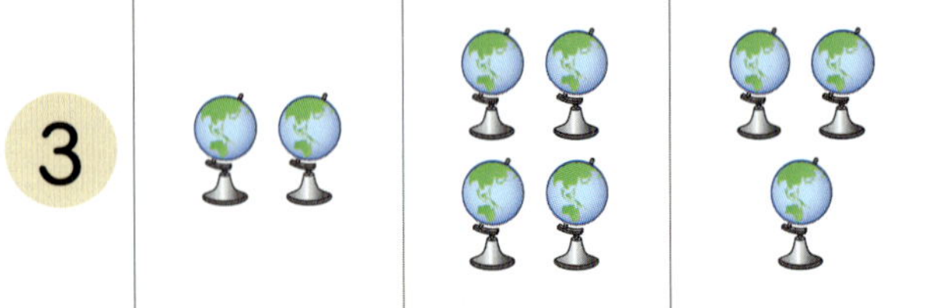

06

3 

03

6 

07

6 

04

5 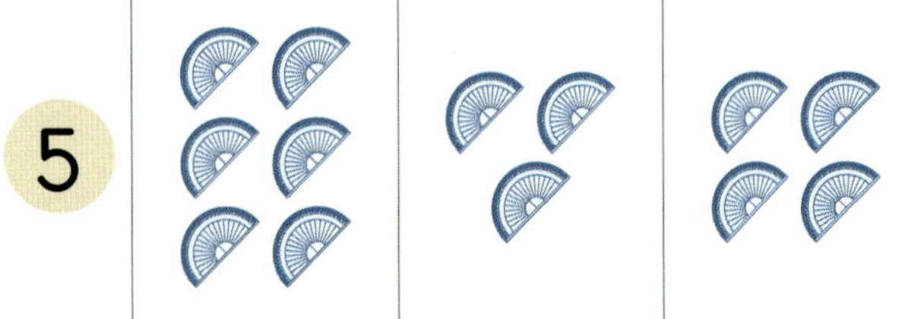

08

5 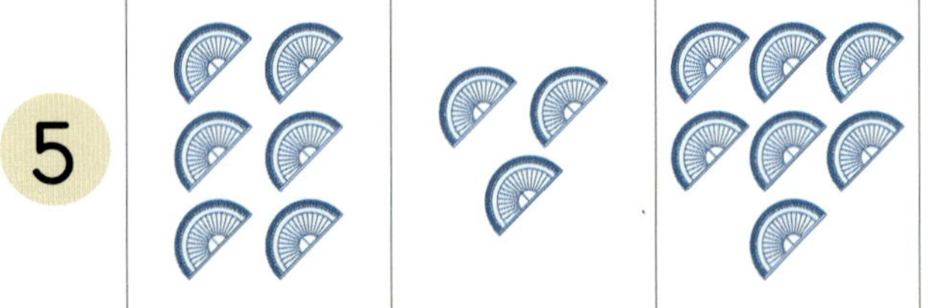

수만큼 ●를 그리고, 더 큰 수에 ◯표 하기

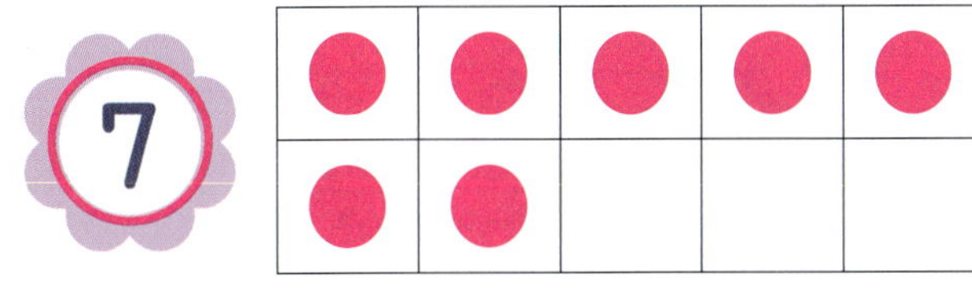

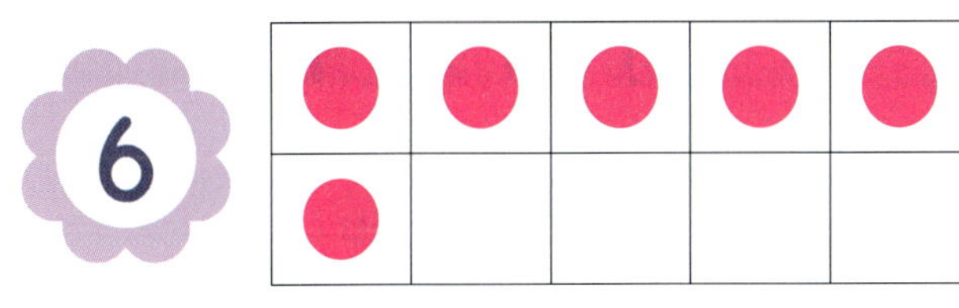

09~13 수만큼 ●를 그리고, 더 큰 수에 ◯표 하세요.

09

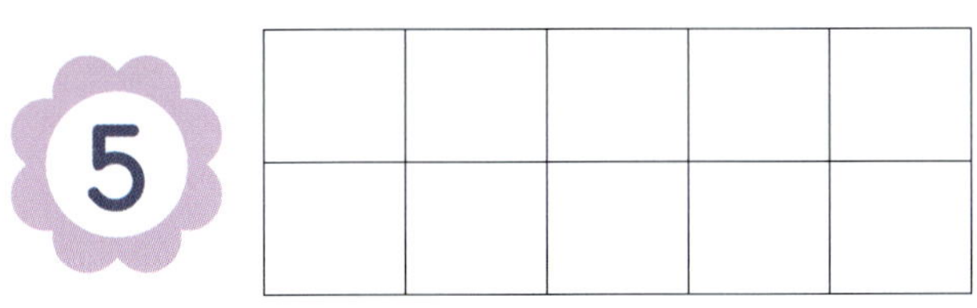

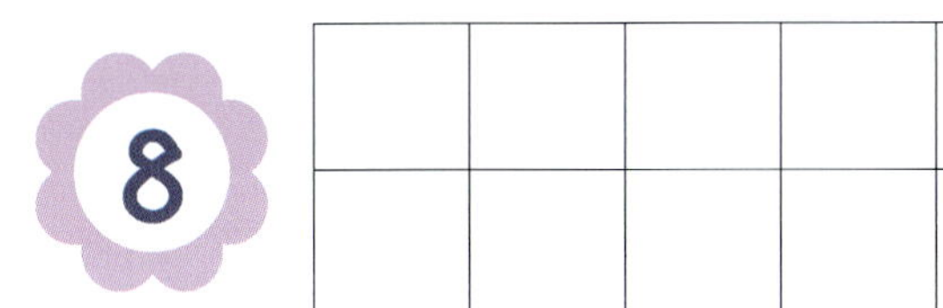

10

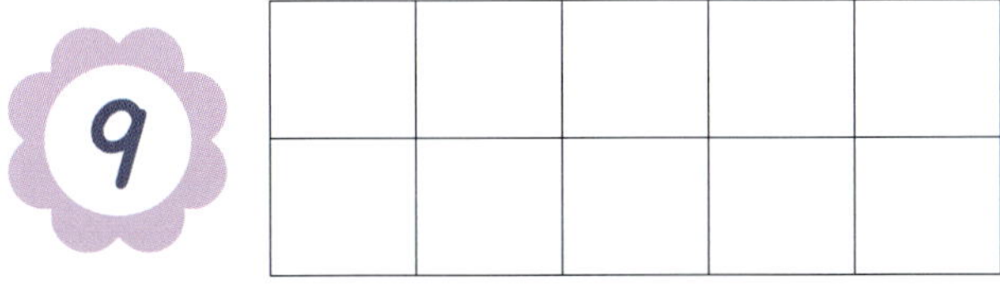

11~13 수만큼 ●를 그리고, 더 작은 수에 ◯표 하세요.

11

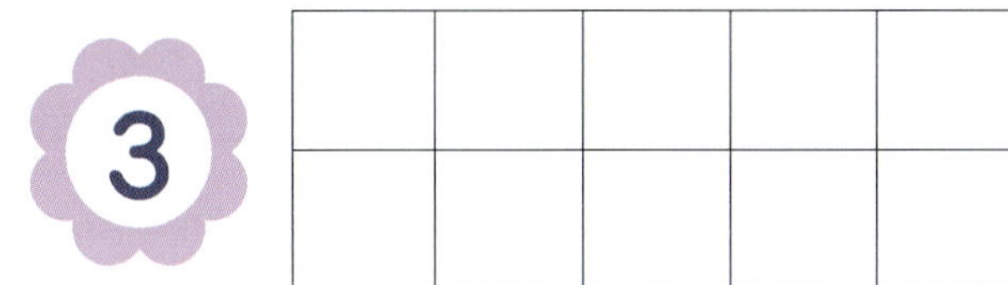

12

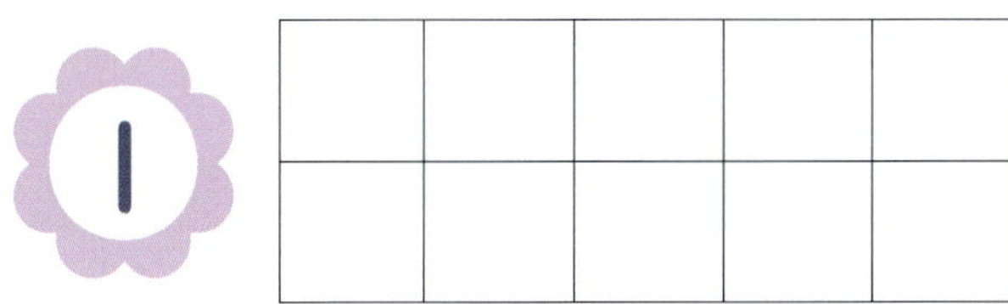

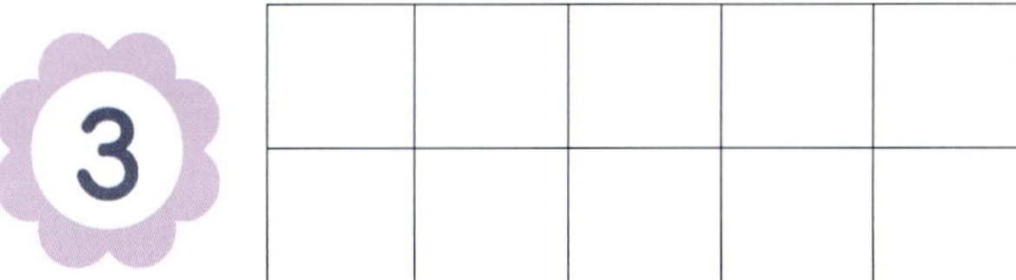

13

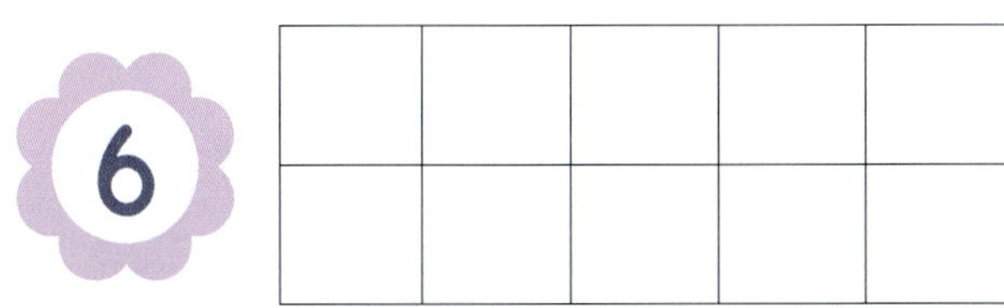

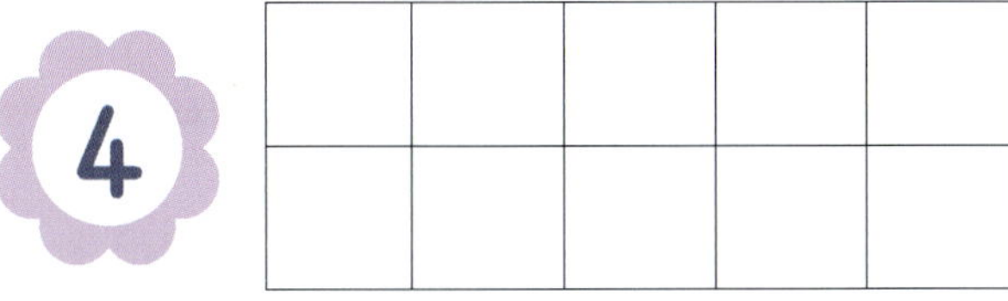

01~03 알맞은 말에 ○표 하세요.

01

3

5

3은 5보다 (작습니다 , 큽니다).

02

8

6

8은 6보다 (작습니다 , 큽니다).

03

2

4

2는 4보다 (작습니다 , 큽니다).

04 그림이 나타내는 수보다 큰 수에 모두 색칠해 보세요.

4   5   6   7

05 그림이 나타내는 수보다 작은 수에 모두 색칠해 보세요.

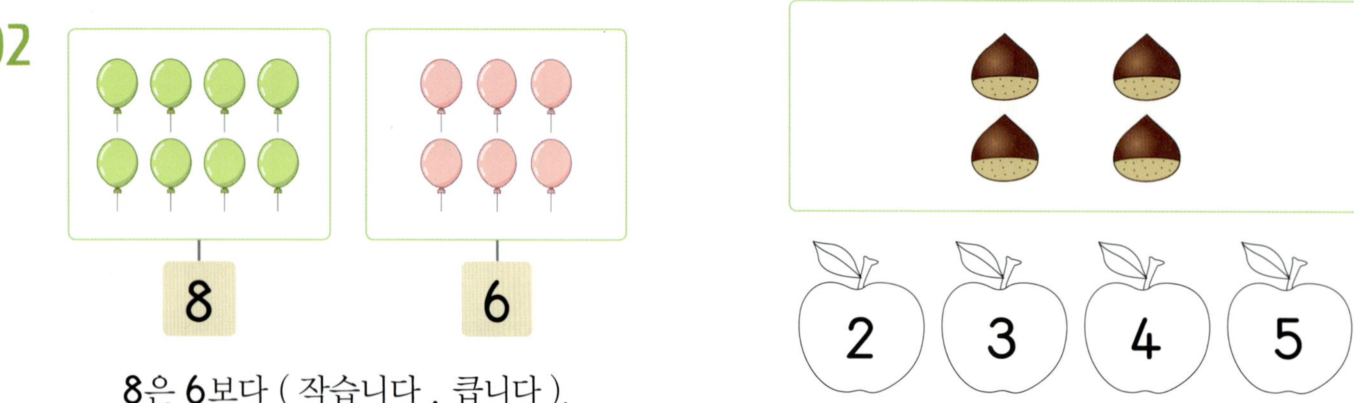

2   3   4   5

06 그림이 나타내는 수보다 큰 수를 모두 찾아 ○표 하세요.

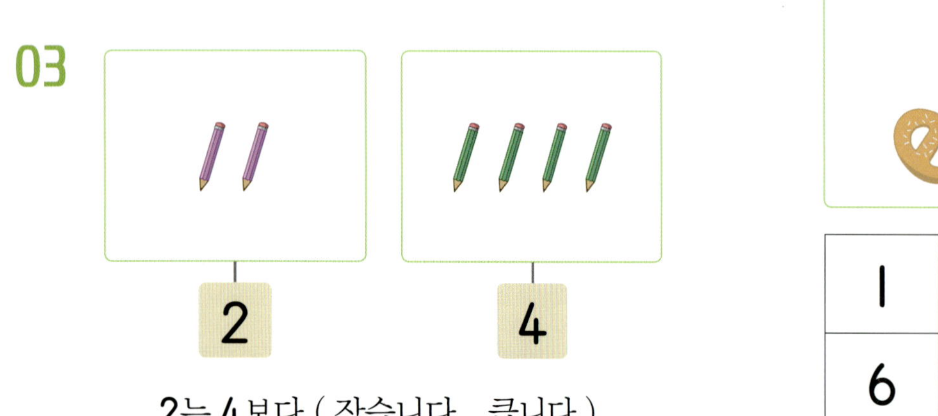

1	2	3	4	5
6	7	8	9	10

07 그림이 나타내는 수보다 작은 수를 모두 찾아 ◯표 하세요.

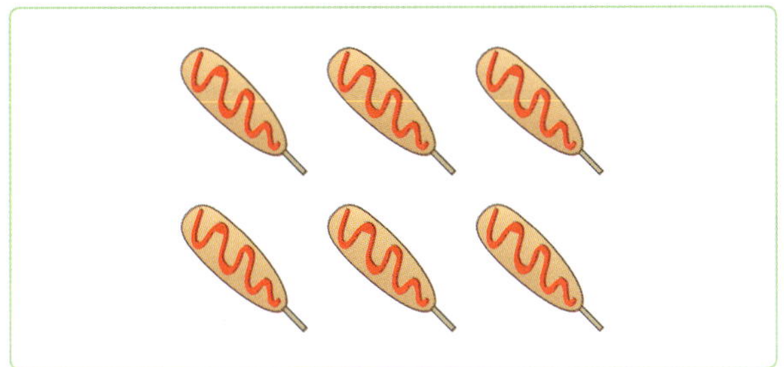

1	2	3	4	5
6	7	8	9	10

08 주어진 수보다 큰 수가 있는 칸에 색칠해 보세요.

8

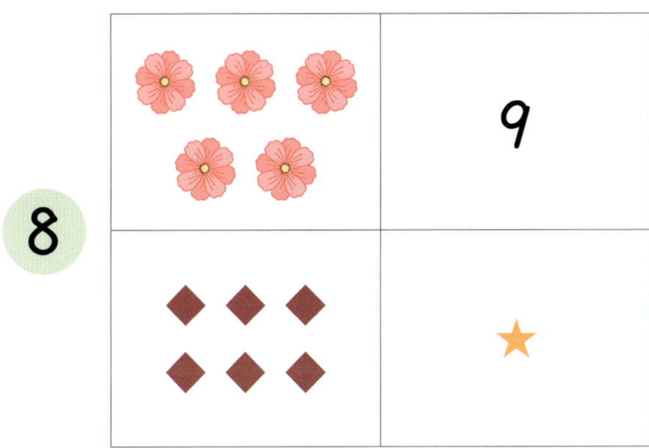

09 주어진 수보다 작은 수가 있는 칸에 색칠해 보세요.

5

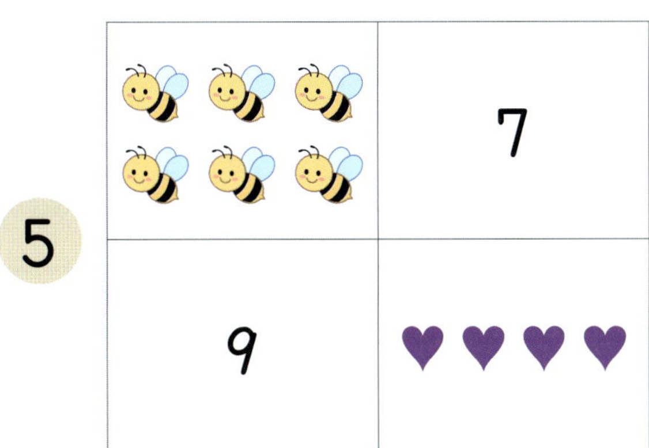

10 실생활 활용

재호는 지우개와 연필의 수를 비교하고 있습니다. 지우개와 연필을 하나씩 짝을 지어 묶어 보고, 알맞은 말에 ◯표 하세요.

- 짝을 짓고 남은 물건은 (지우개 , 연필) 입니다.
- 연필이 지우개보다 (많습니다 , 적습니다).

11 교과 융합

지훈이와 형은 누가 책을 더 많이 읽었는지 짝을 지어 비교해 보았습니다. 하나씩 선을 그어 보고, 알맞은 말에 ◯표 하세요.

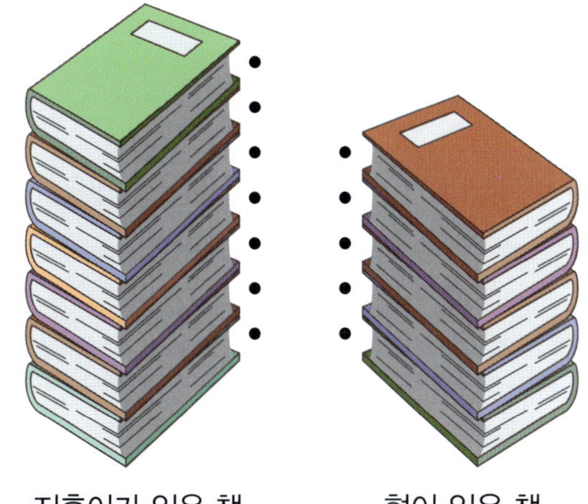

지훈이가 읽은 책　　　　형이 읽은 책

지훈이가 읽은 책이 형이 읽은 책보다
(많습니다 , 적습니다).

 # 수해력을 완성해요

수의 크기 비교하기 (1)

큰 순서대로 풍선 안에 수를 써넣으세요.

4 7 2 3

해결하기

1단계 4, 7, 2, 3의 각 칸에 색칠합니다.

1	2	3	4	5	6	7	8	9	10

2단계 오른쪽으로 갈수록 수의 크기가 큽니다.
수의 크기가 큰 순서대로 쓰면

☐ , ☐ , ☐ , ☐ 입니다.

1-1

큰 순서대로 풍선 안에 수를 써넣으세요.

6 8 1 9

1-2

작은 순서대로 풍선 안에 수를 써넣으세요.

3 1 8 5

1-3

작은 순서대로 풍선 안에 수를 써넣으세요.

7 3 9 6

 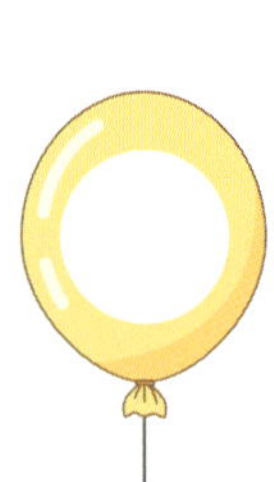  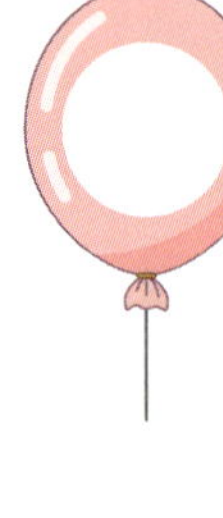

대표 응용 2 · 수의 크기 비교하기 (2)

각 그림이 나타내는 수를 쓰고, 가장 큰 수에 ○표 하세요.

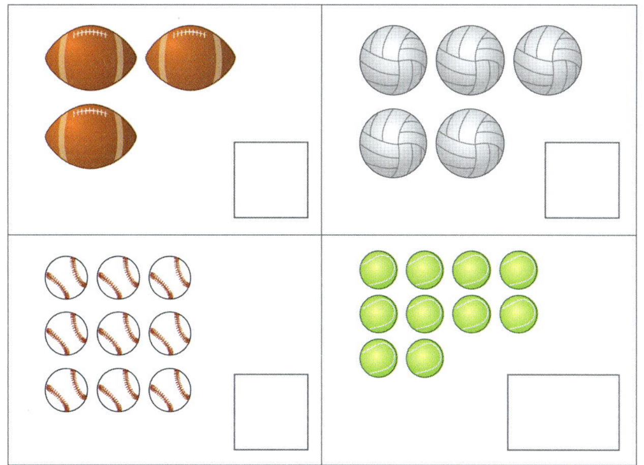

해결하기

1단계 각 그림이 나타내는 수를 씁니다.

2단계

나타내는 수가 가장 큰 수인 [ ]에 ○표 합니다.

2-1

각 그림이 나타내는 수를 쓰고, 가장 큰 수에 ○표 하세요.

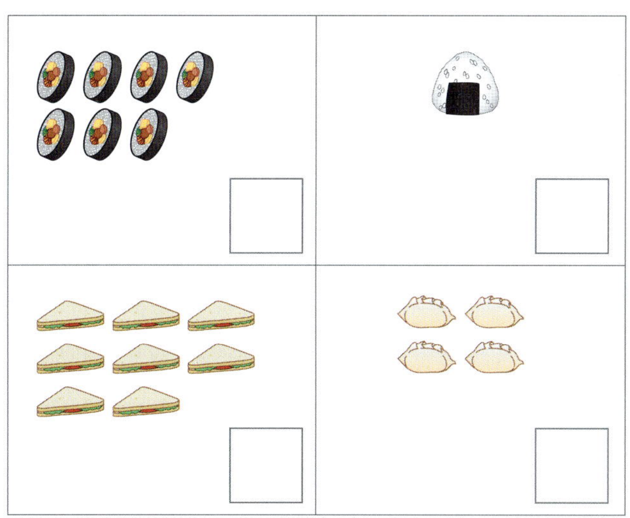

2-2

각 그림이 나타내는 수를 쓰고, 가장 작은 수에 ○표 하세요.

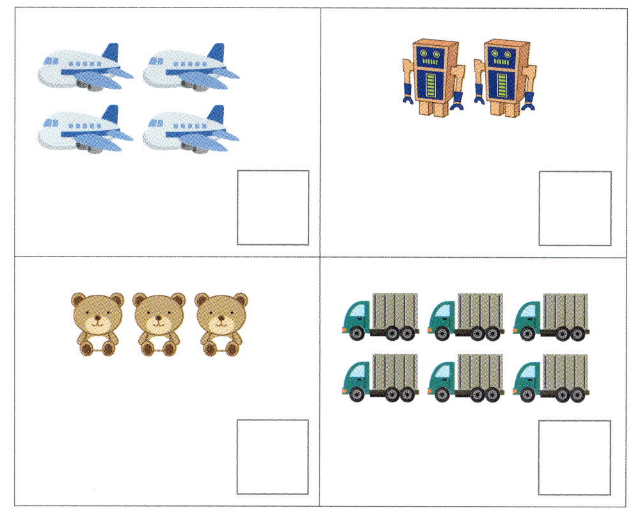

2-3

각 그림이 나타내는 수를 쓰고, 가장 작은 수에 ○표 하세요.

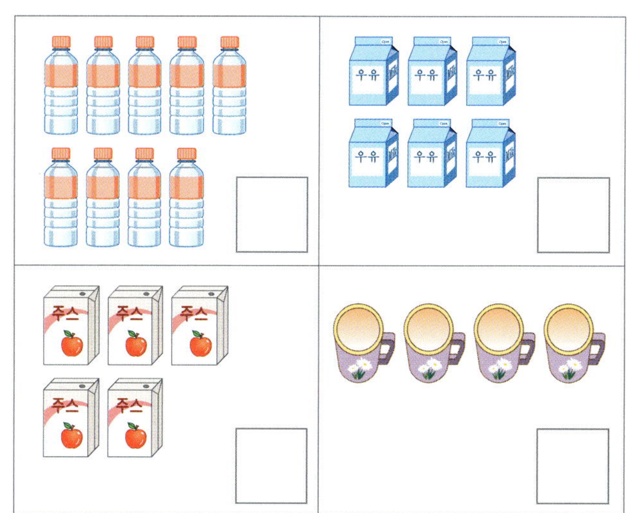

개념 **1** 20까지의 수를 세어 볼까요

알고 있어요!

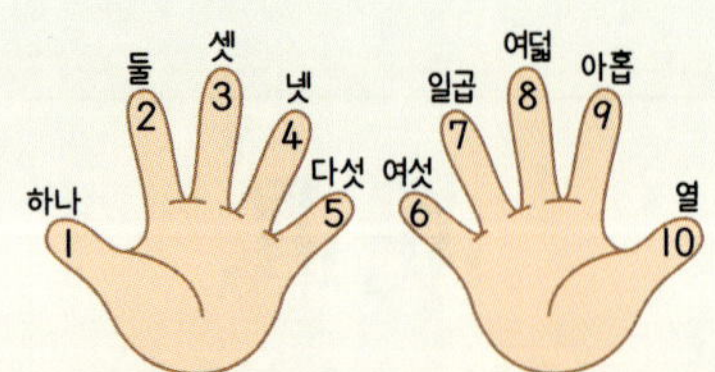

'하나', '둘', '셋', '넷',
'다섯', '여섯', '일곱',
'여덟', '아홉', '열'
하고 세면 손가락의 수는
10입니다.

알고 싶어요!

10보다 더 많은 수를 셀 수 있어요.

딸기의 수만큼 ● 를 그려 봅니다.

●	●	●	●	●	10
●	●	●	●	●	
●	●	●	●	●	5

딸기의 수는 15입니다.

| 11 | 12 | 13 | 14 | 15 | 16 | 17 | 18 | 19 | 20 |

[11~20까지의 수 알아보기]

11	12	13	14	15
십일 · 열하나	십이 · 열둘	십삼 · 열셋	십사 · 열넷	십오 · 열다섯

16	17	18	19	20
십육 · 열여섯	십칠 · 열일곱	십팔 · 열여덟	십구 · 열아홉	이십 · 스물

앞에서 배운 10까지의 수를 기초로 20까지의 수를 셀 수 있어요.

알고 있어요!

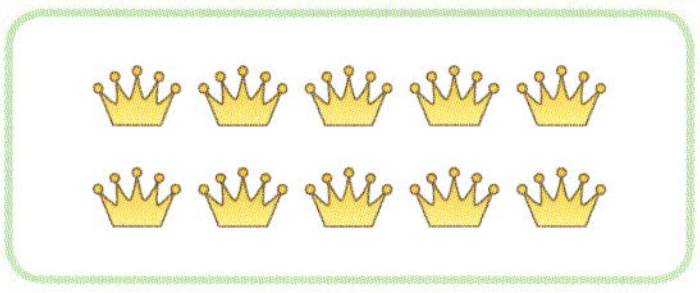

왕관의 수는 **10**입니다.

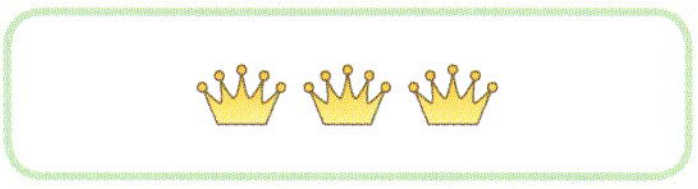

왕관의 수는 **3**입니다.

알고 싶어요!

왕관의 수를 **10**개씩 묶고 수로 나타내어 보아요.

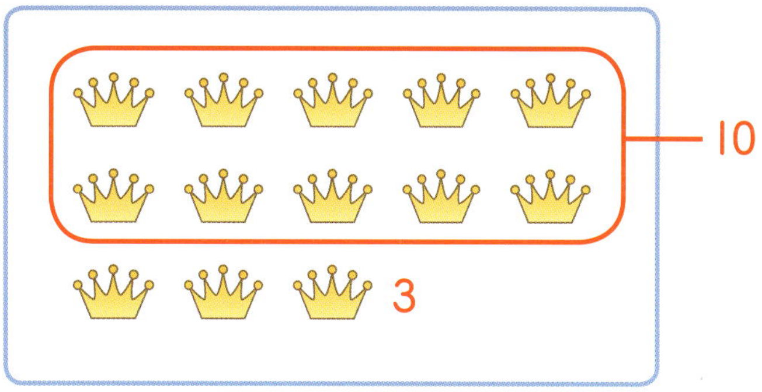

10

3

왕관의 수는 13입니다.

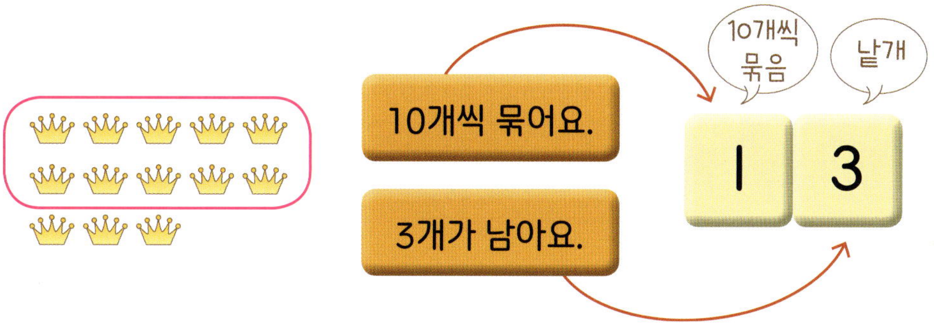

10개씩 묶어요.

3개가 남아요.

[10개씩 묶어 세어 보기]

	10개씩 1묶음	**12**	십이
	낱개: 2개		열둘
	10개씩 1묶음	**14**	십사
	낱개: 4개		열넷
	10개씩 1묶음	**17**	십칠
	낱개: 7개		열일곱

10개씩 묶고, 알맞은 수에 ◯표 하기

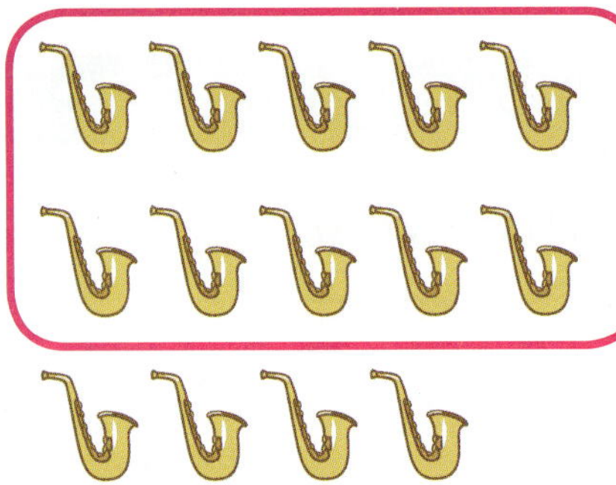

13	⑭	15

01~05 10개씩 묶고, 알맞은 수에 ◯표 하세요.

01

12	13	14

02

15	16	17

03

12	13	14

04

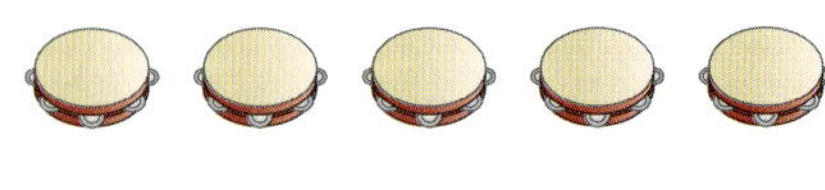

18	19	20

05

13	14	15

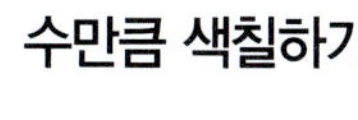

수만큼 색칠하기

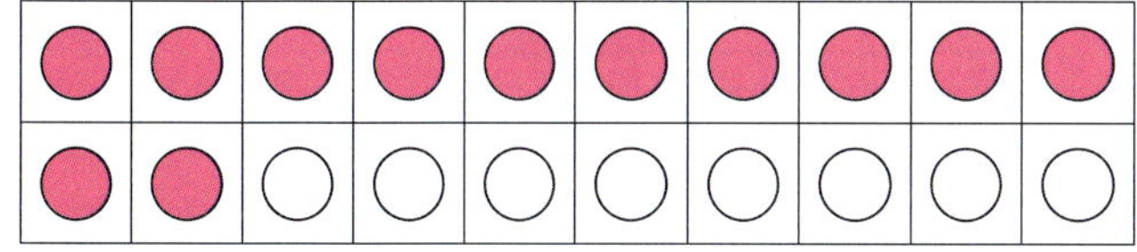

06~12 수만큼 색칠해 보세요.

06

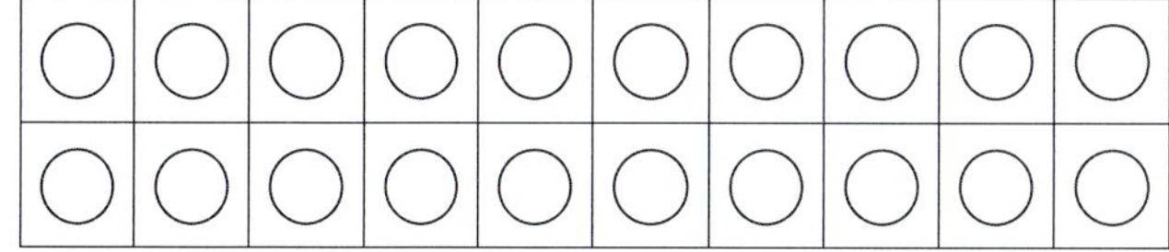

07

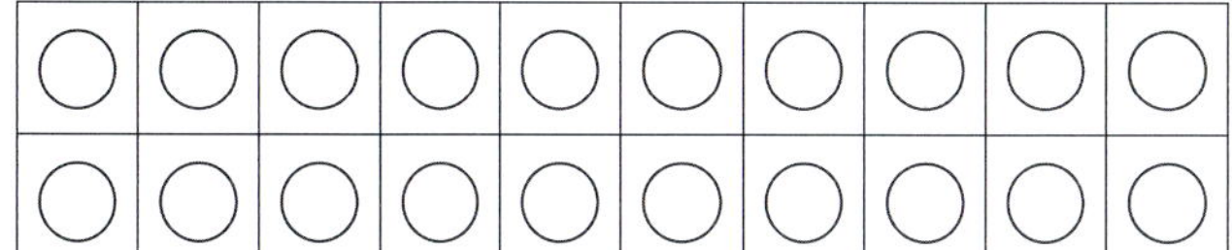

08

09

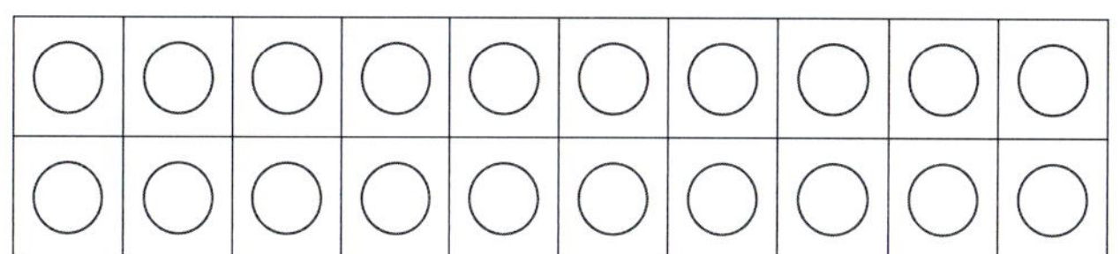

10

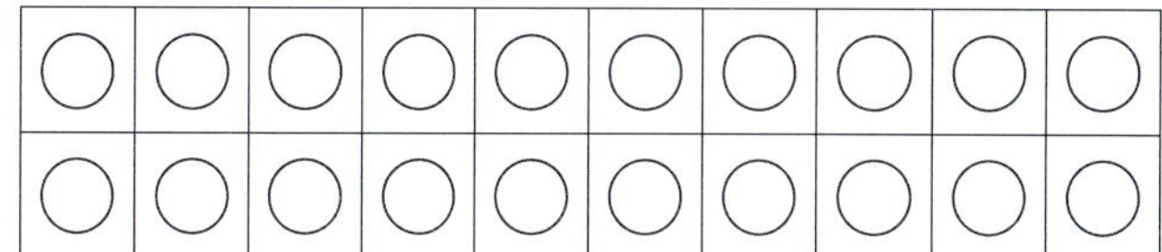

11

12

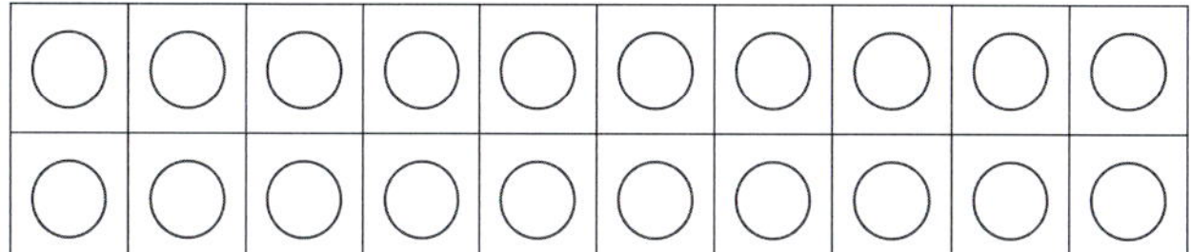

 그림의 수를 세어 알맞은 수에 ◯표 하고, 수만큼 칸에 색칠해 보세요.

01

16　17　18

02

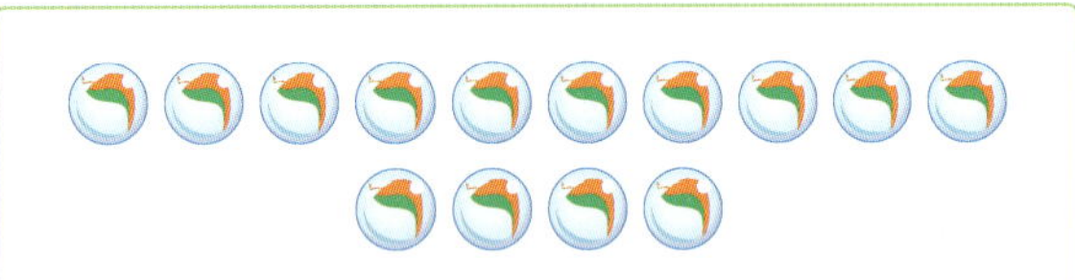

14　15　16

03

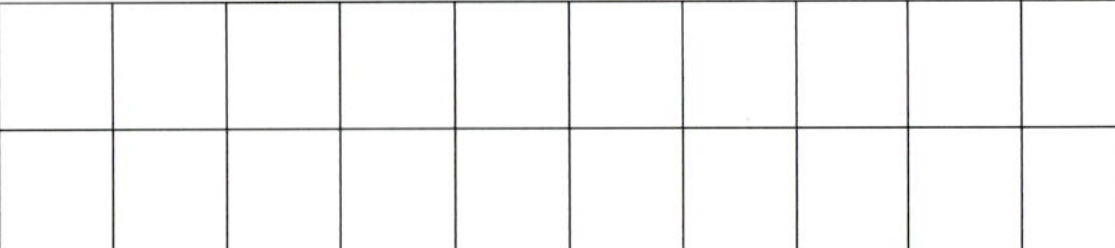

18　19　20

04 주어진 수에 알맞은 그림에 ◯표 하세요.

16

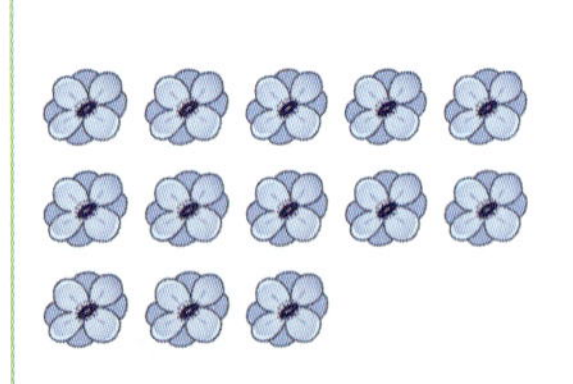

05 같은 수끼리 이어 보세요.

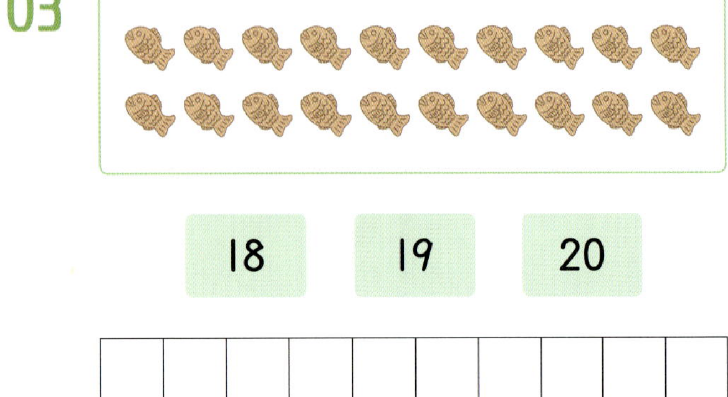

18　·

13　·

15　·

06 그림의 수를 세어 □ 안에 알맞은 수를 써넣으세요.

(1)

(2)

07 같은 수끼리 이어 보세요.

　·　·　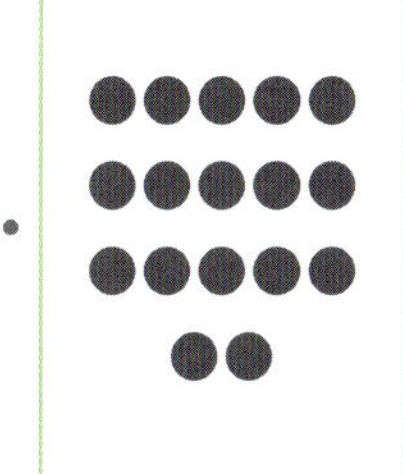

　·　·　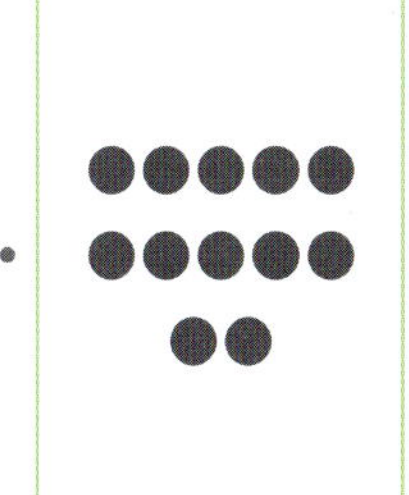

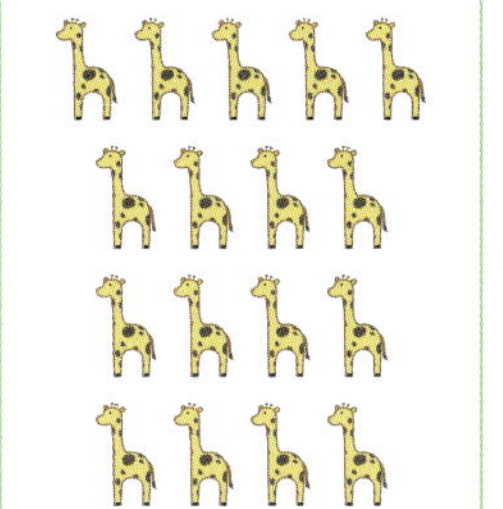　·　·　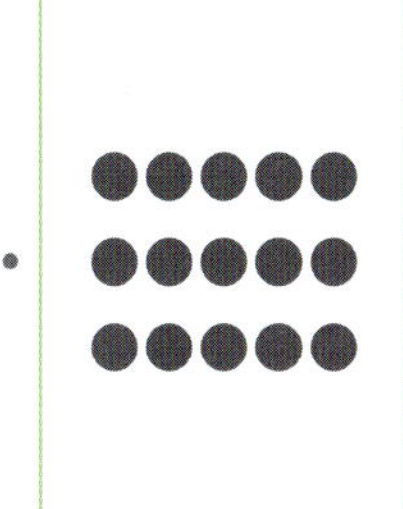

08　실생활 활용

서윤이는 불이 켜진 집의 수를 세어 보았습니다. □ 안에 알맞은 수를 써넣으세요.

불이 켜진 집의 수는 □ 입니다.

09　교과 융합

우리 반 친구들의 수를 세어 보았습니다. □ 안에 알맞은 수를 써넣으세요.

피자를 만들어요

I. 피자 요리법을 잘 보고, 피자 위에 수만큼 피자 토핑 붙임딱지를 붙여 보세요.

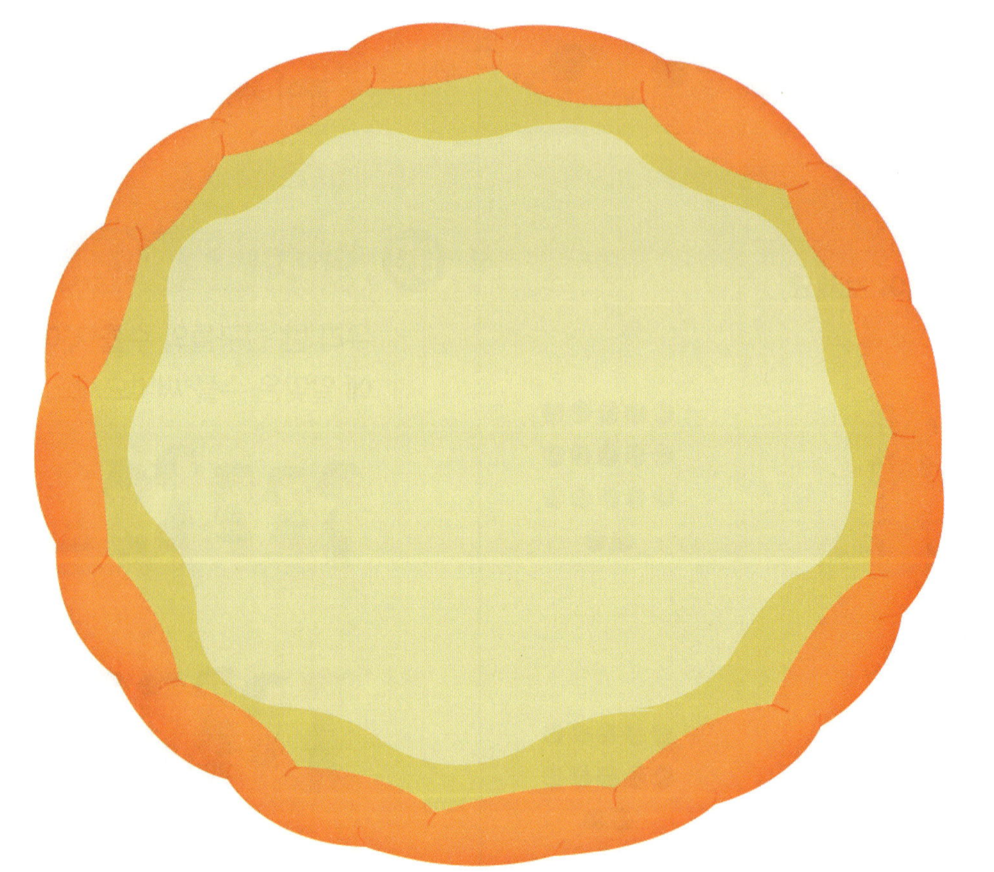

2. 피자에 가장 많이 들어간 토핑에 ◯표 하세요.

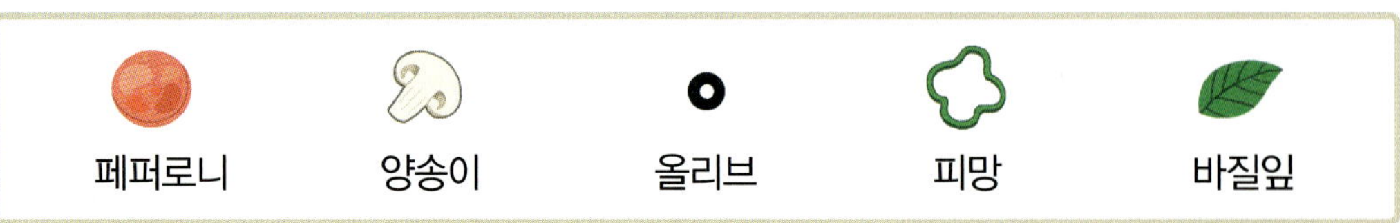

활동 **비밀번호를 알아내요.**

> 1부터 10까지의 수 중 한 개의 수가 보이지 않는 상자가 있습니다.
> 보이지 않는 수가 그 상자를 열 수 있는 비밀번호입니다.
> 비밀번호를 찾아 쓰고 상자를 열어 볼까요?

10	8	9
3	6	2
5	1	4

비밀번호 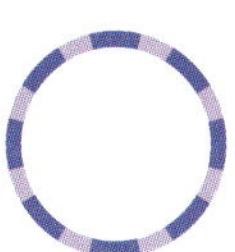

8	10	3
5	1	6
2	7	9

비밀번호 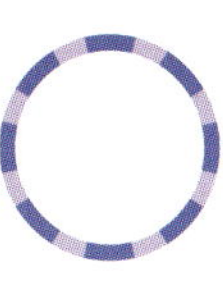

6	10	2
4	7	8
1	5	3

비밀번호 

9	1	10
8	6	7
2	5	4

비밀번호 

02 단원

모으기와 가르기

❓ 등장하는 주요 수학 어휘

모으기 , 가르기

이전에 배운 1부터 10까지의 수를 기억하나요?
이번 2단원에서는 모으기와 가르기에 대해 배울 거예요.
나중에 배우는 더하기와 빼기를 공부하는 데 매우 중요한 단원이에요.

개념 1 · 2~5까지의 수로 모으기를 해 볼까요

알고 있어요!

달걀이 1개 있어요.

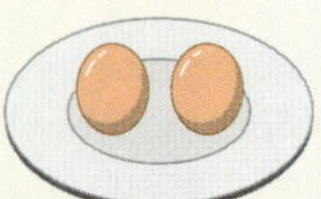
달걀이 2개 있어요.

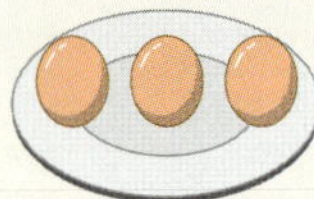
달걀이 3개 있어요.

달걀이 4개 있어요.

달걀이 5개 있어요.

알고 싶어요!

달걀 1개와 달걀 2개를 모으면 달걀은 모두 3개가 돼요.

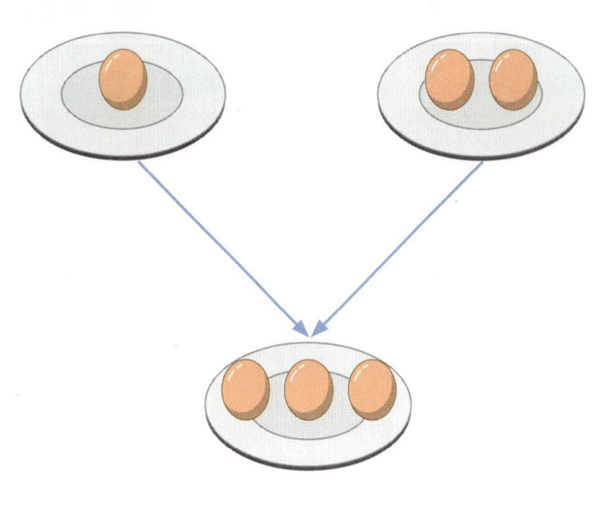

💡 1개와 3개를 모으면 4개가 돼요.

[2~5까지의 수로 모으기]

2개와 2개를 모으면 4개가 됩니다.

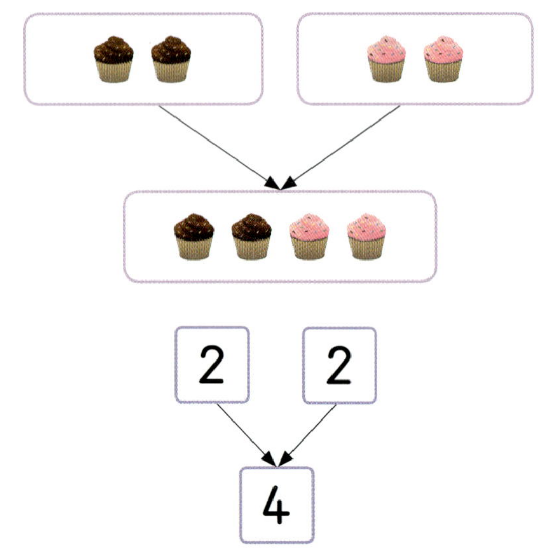

2개와 3개를 모으면 5개가 됩니다.

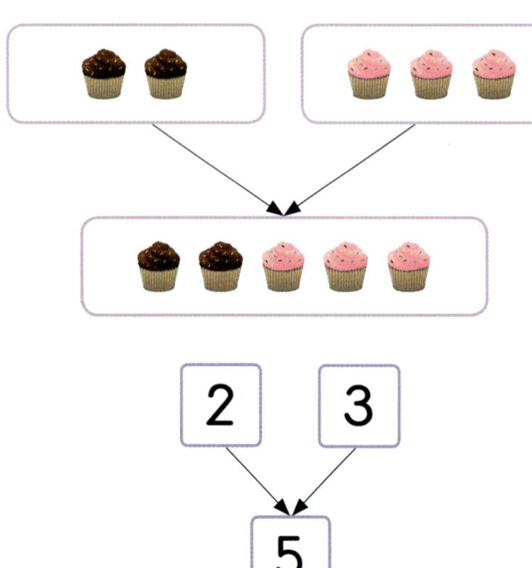

수학 어휘

모으기
두 수를 모아서 한 수로 만드는 것

개념 **2** 2~5까지의 수 가르기를 해 볼까요

알고 있어요!

 달걀이 1개 있어요.

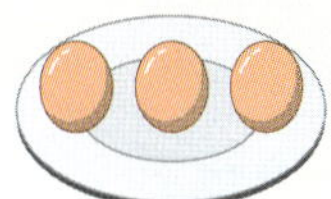 달걀이 2개 있어요.

 달걀이 3개 있어요.

 달걀이 4개 있어요.

달걀이 5개 있어요.

알고 싶어요!

달걀 **3**개는 달걀 **1**개와 달걀 **2**개로 가를 수 있어요.

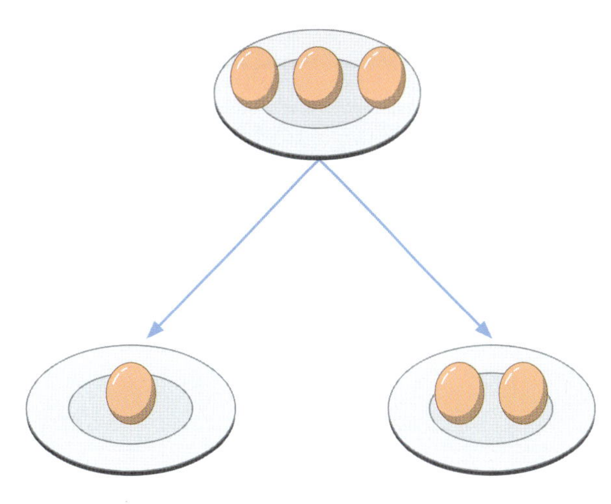

💡 5개는 2개와 3개로 가를 수 있어요.

[2~5까지의 수 가르기]

4개는 **1**개와 **3**개로 가를 수 있습니다.

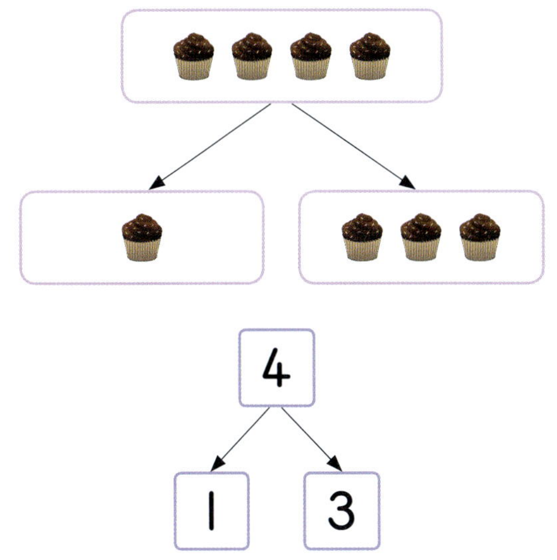

4개는 **2**개와 **2**개로 가를 수 있습니다.

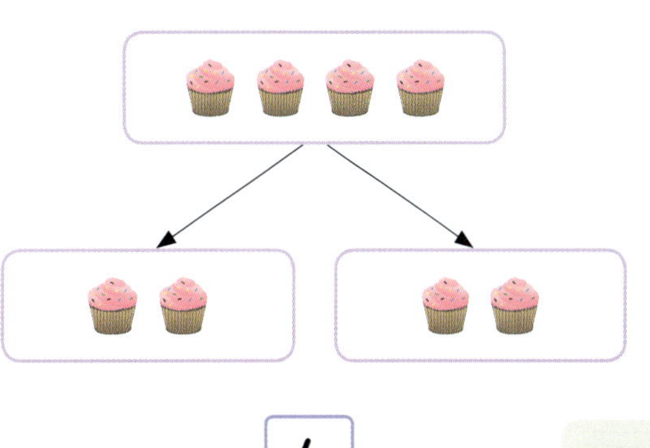

수학 어휘

가르기
한 수를 두 수로 가르는 것

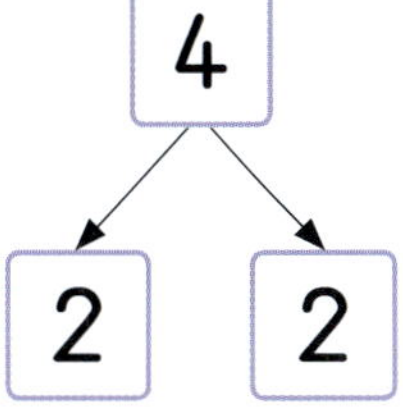
여러 가지 방법으로 가르기를 할 수 있어요.

수해력을 확인해요

ⓘ [부록]의 자료를 사용하세요.

(1) 알맞은 수 색칠하기

1	2	3	4	5

1	2	3	4	5

(2) 모으기를 하여 붙임딱지 붙이기

01~05 알맞은 수에 색칠하고, 모으기를 하여 붙임딱지를 붙여 보세요.

01

(1)

1	2	3	4	5

1	2	3	4	5

(2)

02

(1)

1	2	3	4	5

1	2	3	4	5

(2)

03

(1)

1	2	3	4	5

1	2	3	4	5

(2)

04

(1)

1	2	3	4	5

1	2	3	4	5

(2)

05

(1)

1	2	3	4	5

1	2	3	4	5

(2)

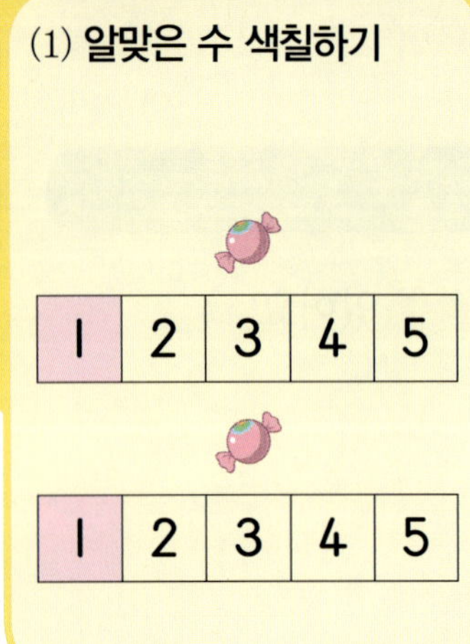

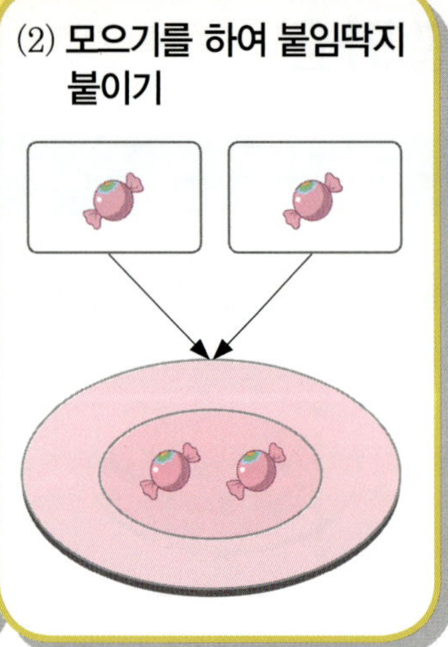

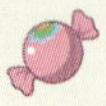

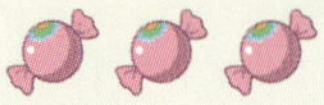

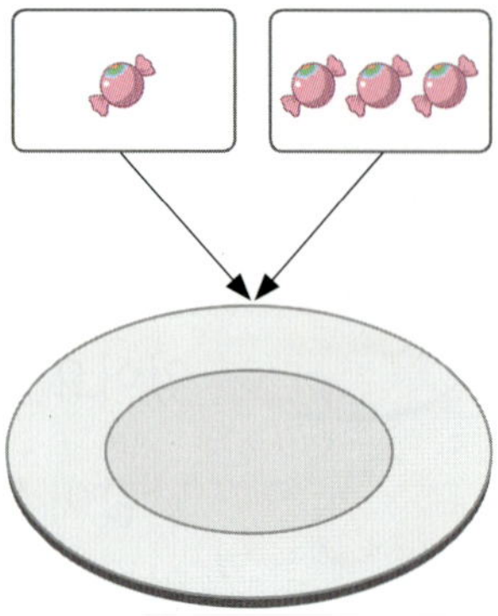

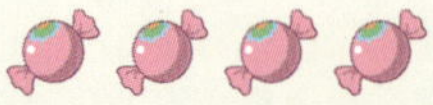

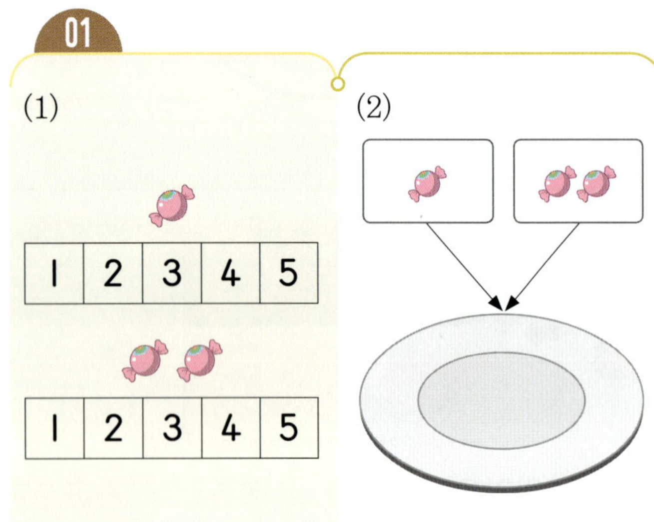

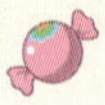

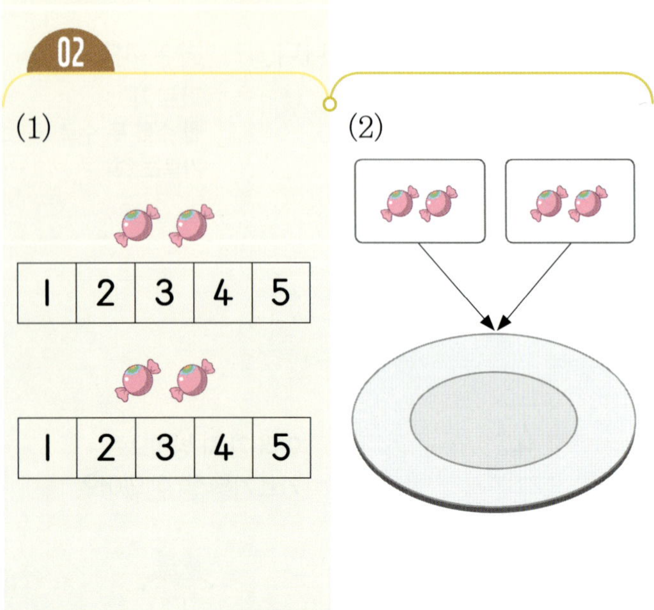

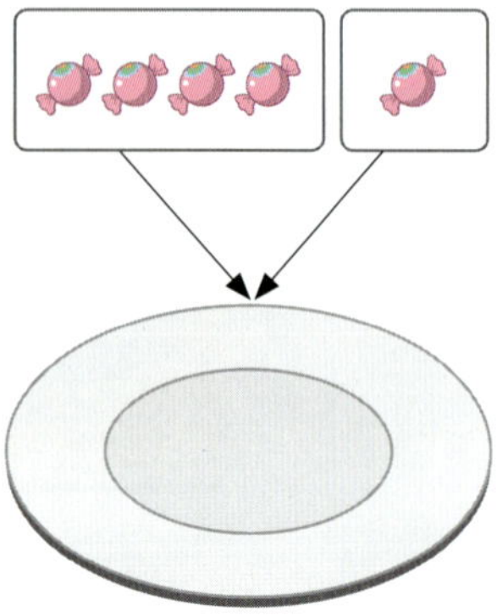

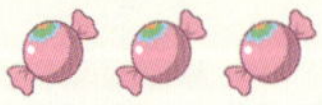

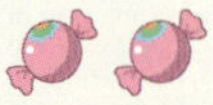

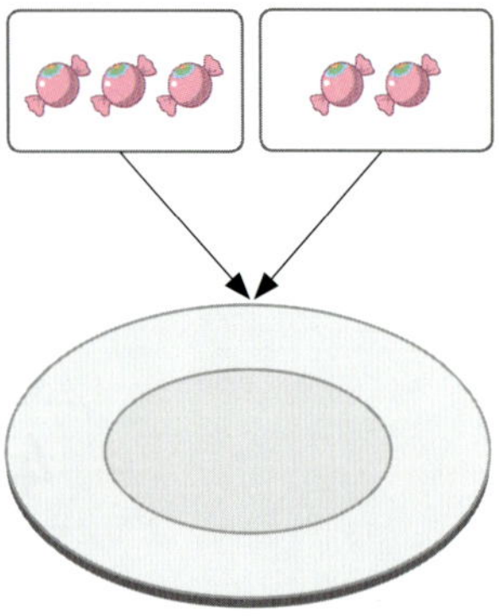

(1) 알맞은 수 색칠하기

(2) 가르기를 하여 붙임딱지 붙이기

| 1 | 2 | 3 | 4 | 5 |

06~10 알맞은 수에 색칠하고, 가르기를 하여 붙임딱지를 붙여 보세요.

06

(1)

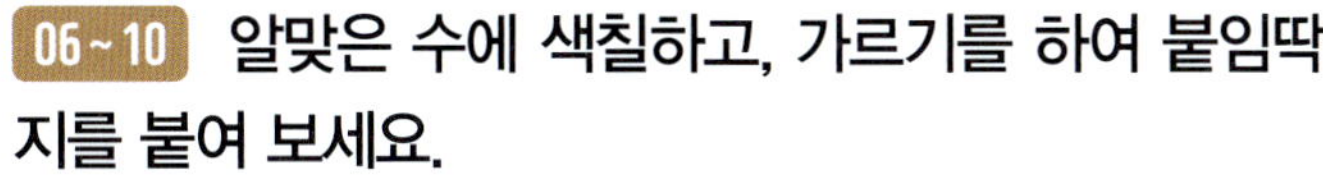

| 1 | 2 | 3 | 4 | 5 |

(2)

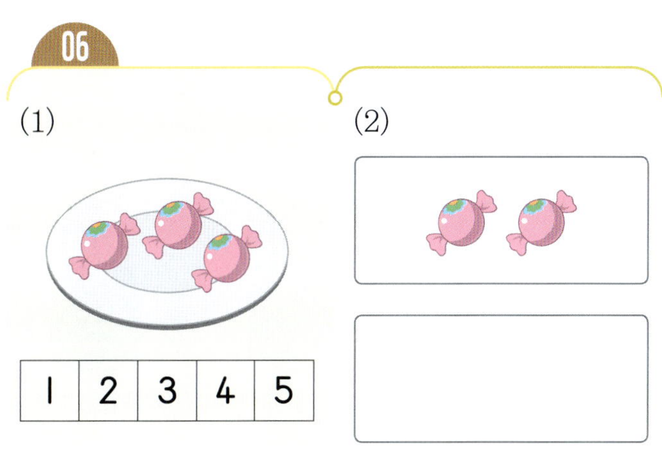

07

(1)

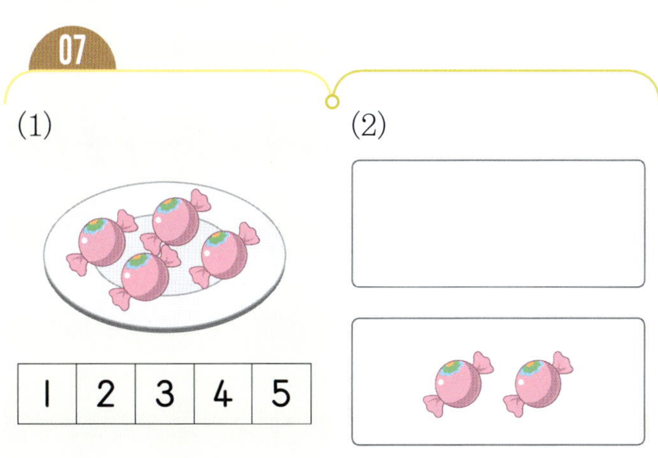

| 1 | 2 | 3 | 4 | 5 |

(2)

08

(1)

| 1 | 2 | 3 | 4 | 5 |

(2)

09

(1)

| 1 | 2 | 3 | 4 | 5 |

(2)

10

(1)

| 1 | 2 | 3 | 4 | 5 |

(2)

수해력을 높여요

01~04 빈 곳에 알맞은 수만큼 ●를 그려 넣으세요.

01

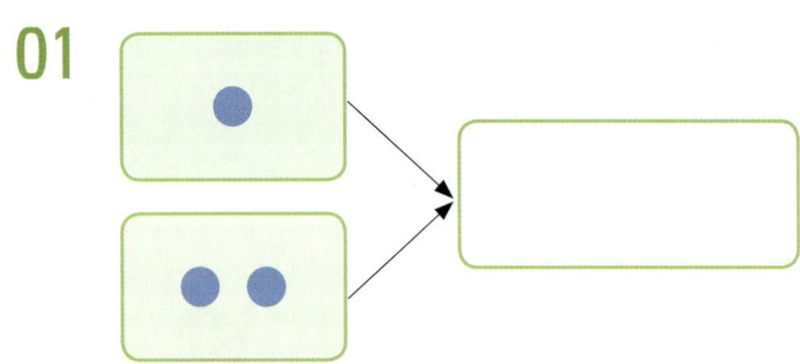

02

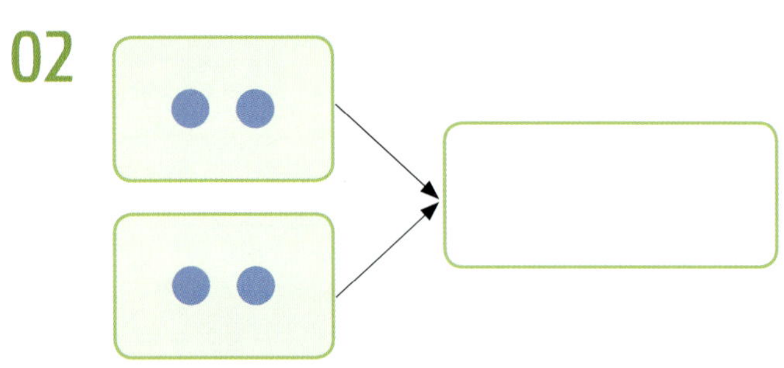

03

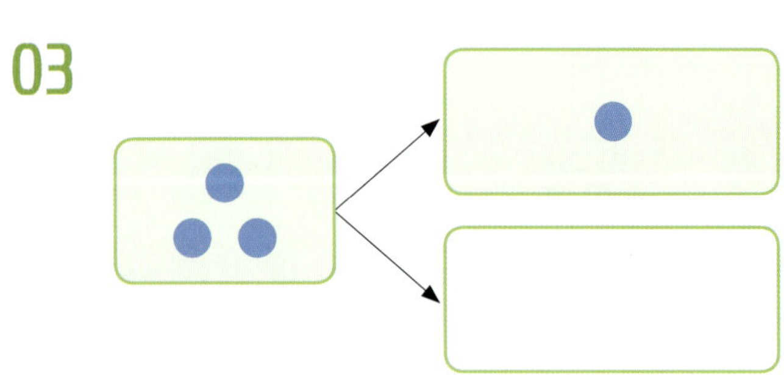

04

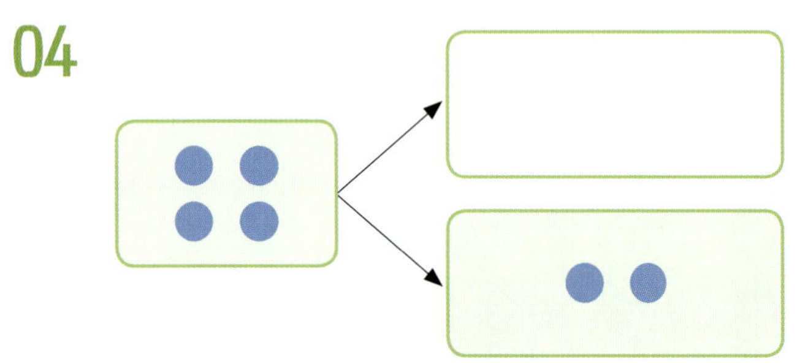

05~08 모으기 또는 가르기를 하여 알맞게 이어 보세요.

05

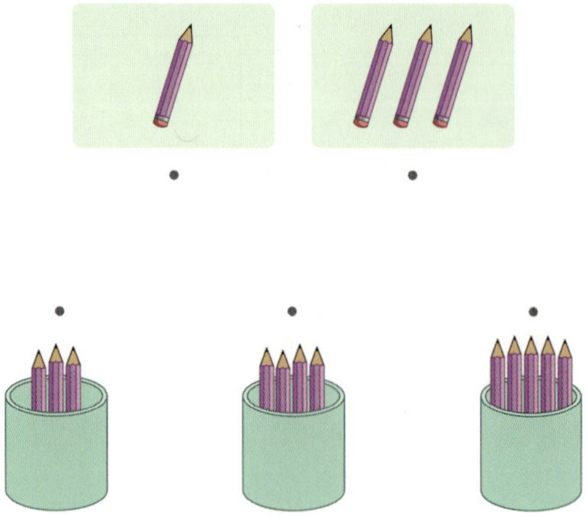

06

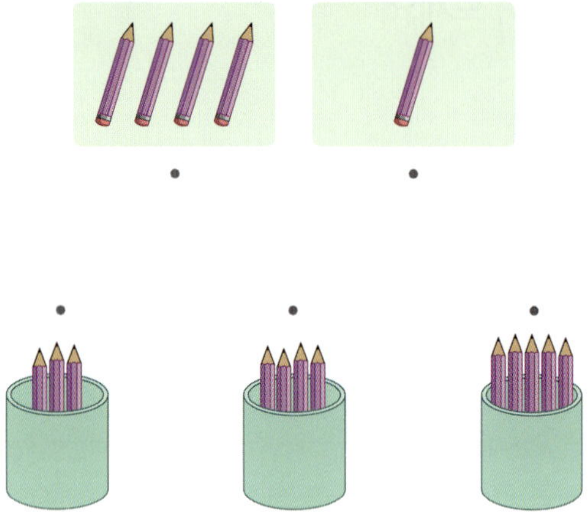

07

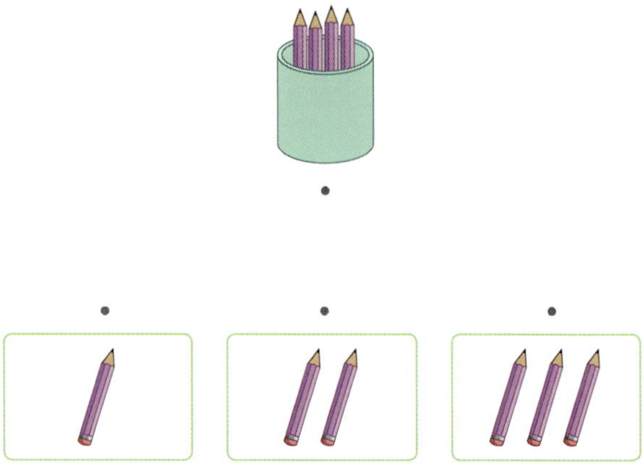

08

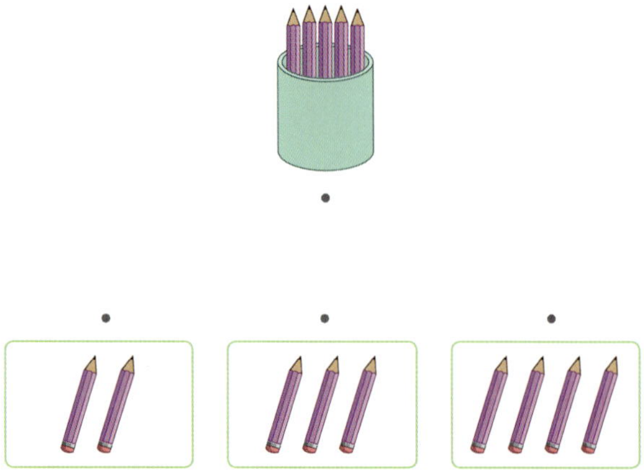

09 점의 개수를 모은 수로 알맞은 수에 ◯표 하세요.

(1)

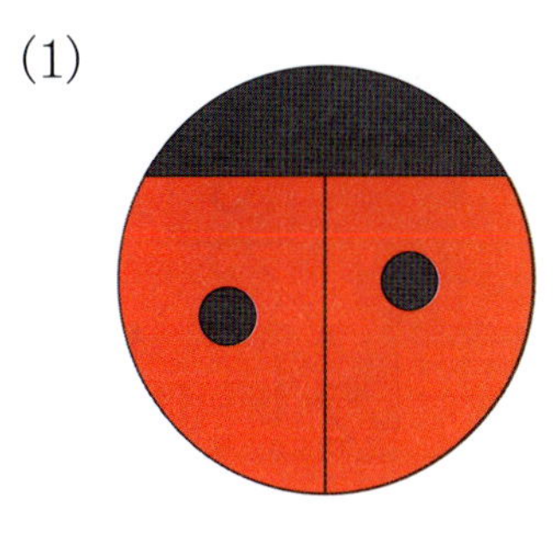

1 2 3
4 5

(2)

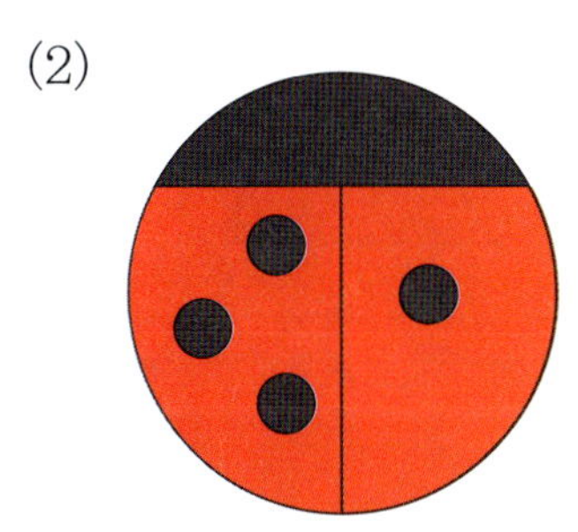

1 2 3
4 5

10 오른쪽 빈 곳에 알맞은 수만큼 점을 그려 넣으세요.

(1)

(2)

⚠ [부록]의 자료를 사용하세요.

11 실생활 활용

케이크 위에 알맞은 수만큼 딸기 붙임딱지를 붙여 보세요.

⚠ [부록]의 자료를 사용하세요.

12 교과 융합

민지와 아빠가 모은 방울토마토의 수가 5개가 되도록 방울토마토 붙임딱지를 붙여 보세요.

(1)

(2)

(3)

수해력을 완성해요

대표 응용 1

2~5까지의 수 모으기와 가르기

빈 곳에 알맞은 수 붙임딱지를 붙이고, 빈 곳에 들어갈 수가 같은 것끼리 이어 보세요.

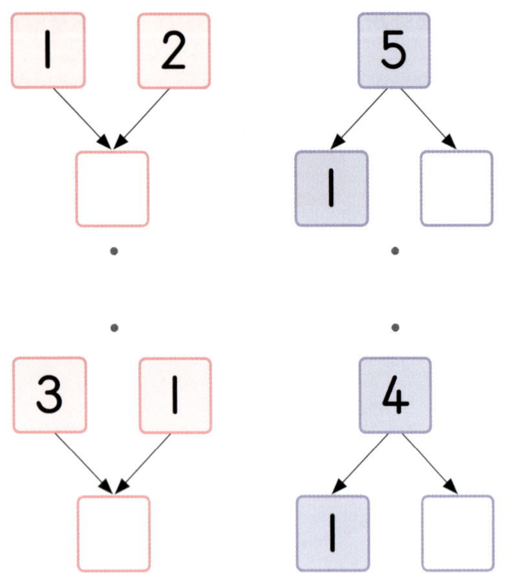

해결하기

1단계

빈 곳에 알맞은 수를 찾아 붙임딱지를 붙입니다.

2단계

빈 곳에 들어갈 수가 같은 것끼리 잇습니다.

1-1

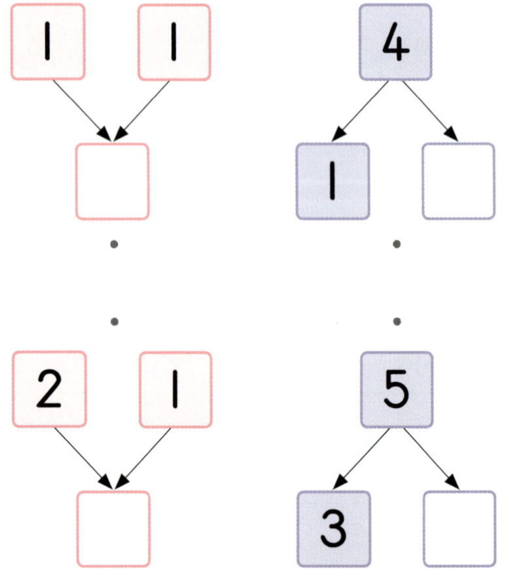

1-2

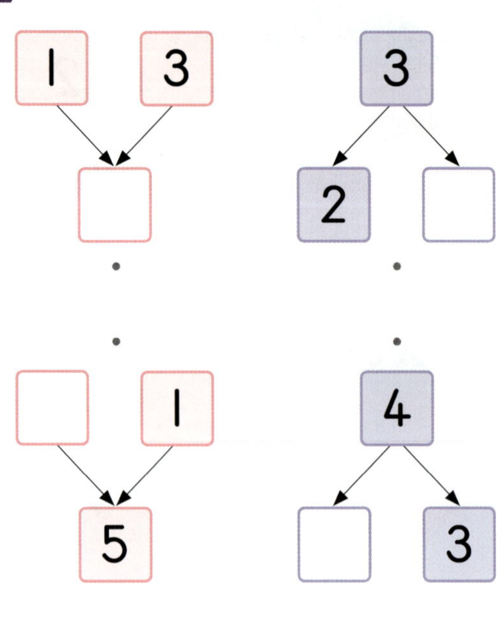

1-3

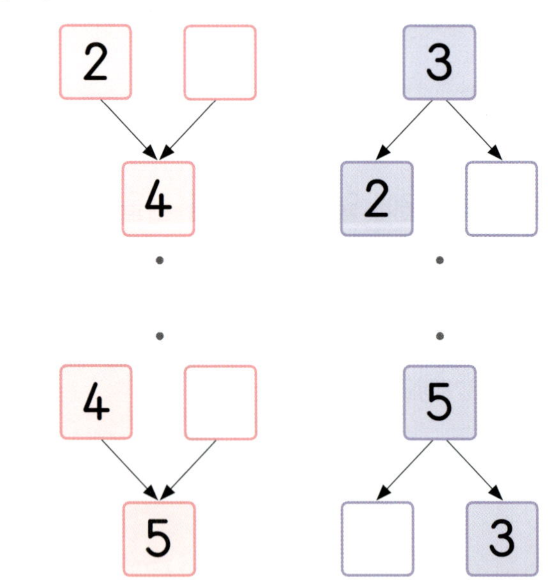

대표 응용 2 — 모으기와 가르기

빈 곳에 알맞은 붙임딱지를 붙여 보세요.

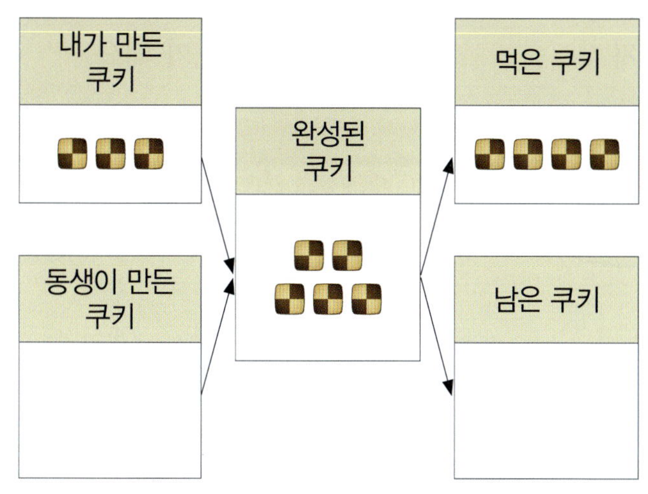

해결하기

1단계

내가 만든 쿠키와 동생이 만든 쿠키를 모으면 5개가 되도록 동생이 만든 쿠키의 수만큼 붙임딱지를 붙입니다.

2단계

완성된 쿠키 5개를 먹은 쿠키의 수와 남은 쿠키의 수로 가르기 하여 빈 곳에 알맞은 수만큼 붙임딱지를 붙입니다.

2-1

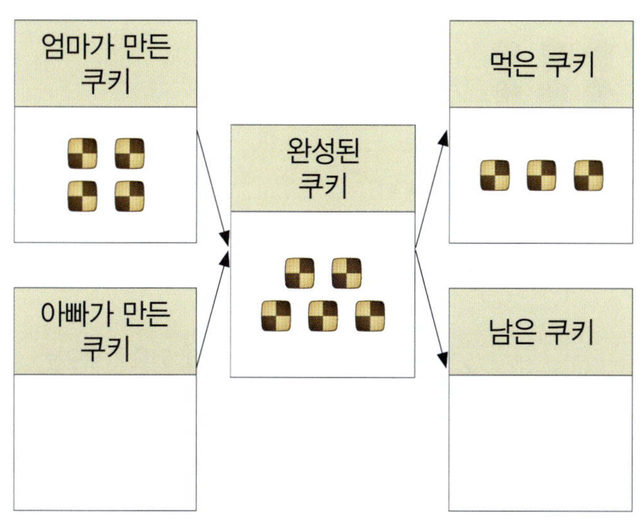

2-2

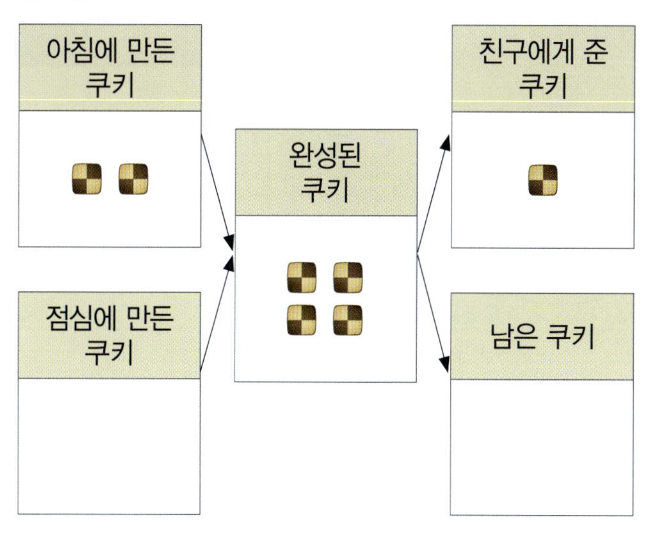

2-3

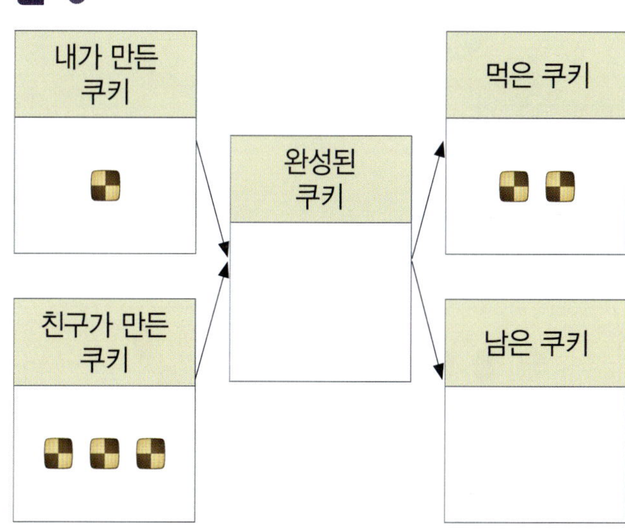

개념 1 6~9까지의 수로 모으기를 해 볼까요

알고 있어요!

2개와 3개를 모으면
5개가 돼요.

알고 싶어요!

과자 3개와 과자 4개를 모으면 과자는 모두 7개가 돼요.

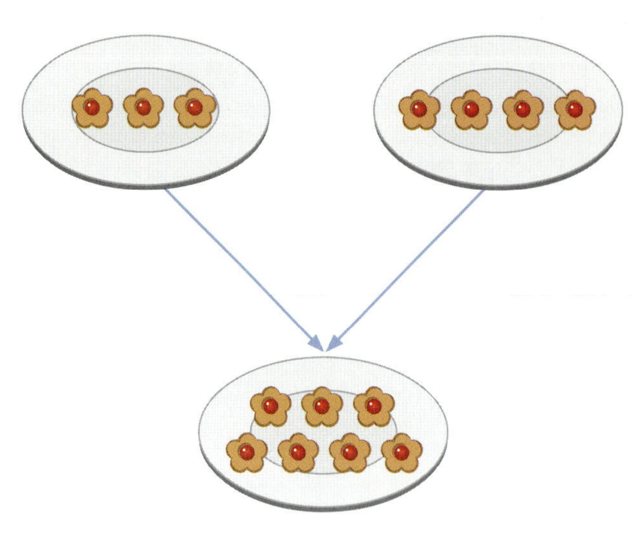

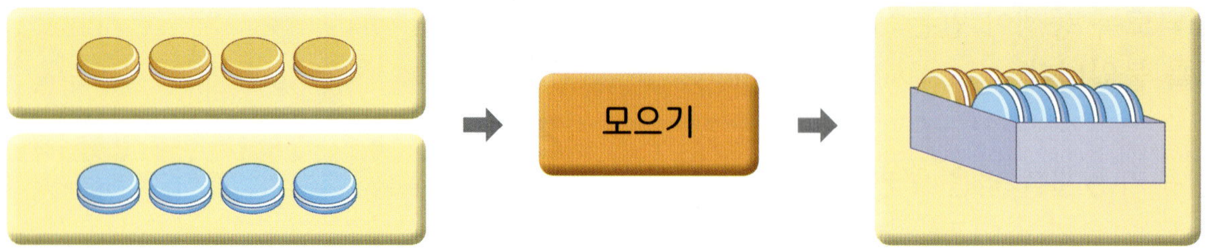

💡 4개와 4개를 모으면 8개가 돼요.

[6~9까지의 수로 모으기]

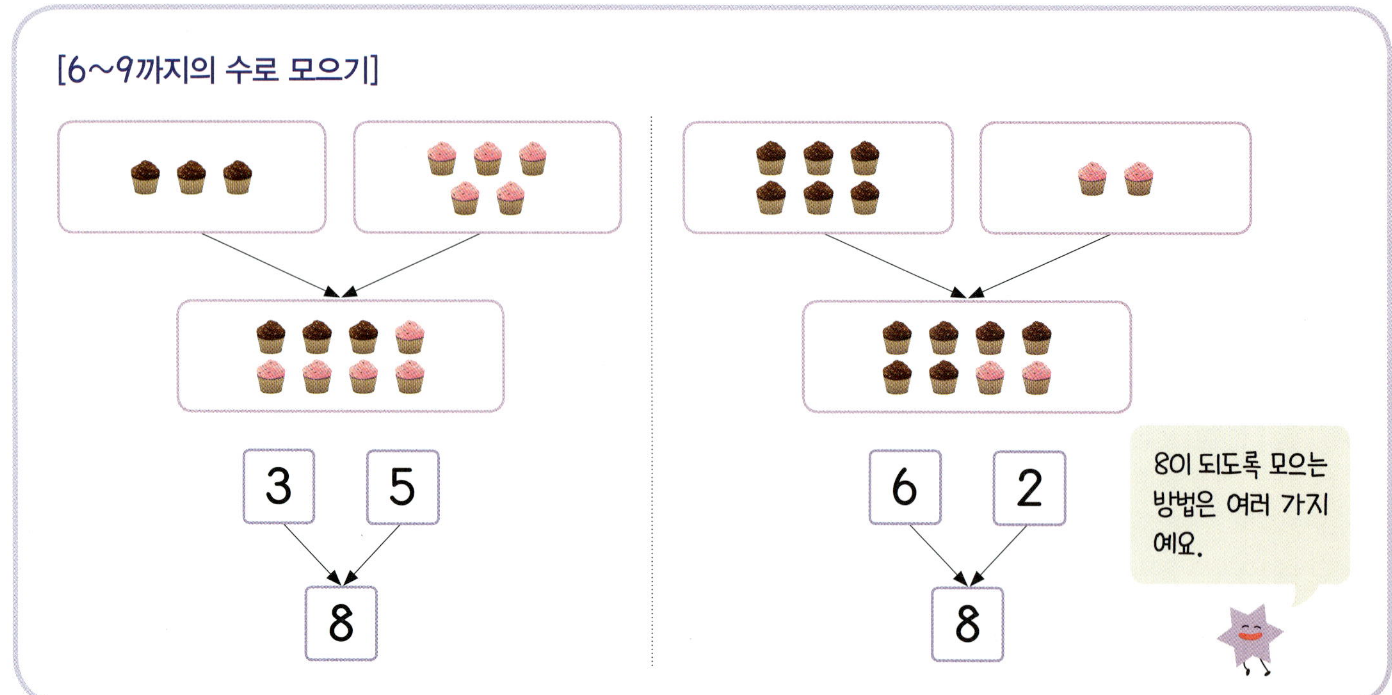

알고 있어요!

5개는 2개와 3개로 가를 수 있어요.

알고 싶어요!

과자 6개는 과자 4개와 과자 2개로 가를 수 있어요.

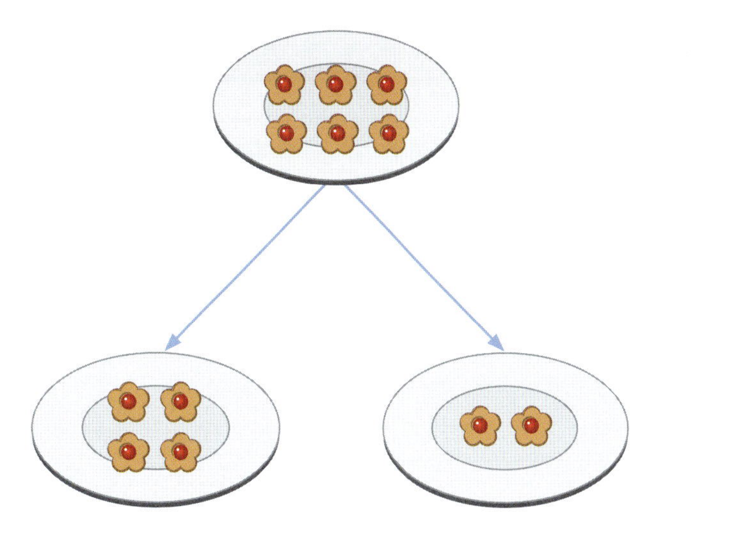

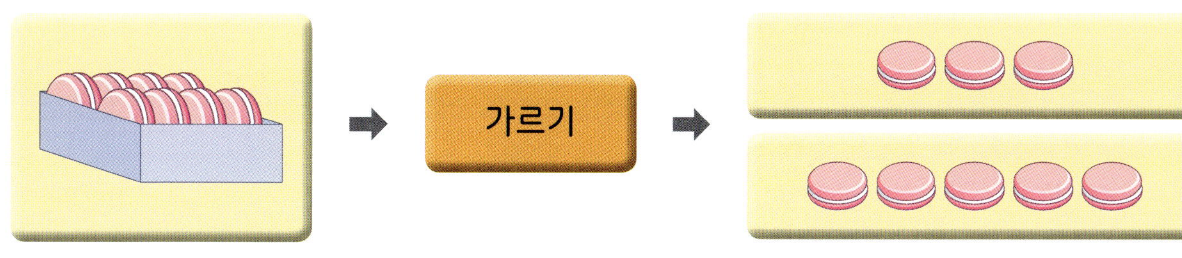

💡 8개는 3개와 5개로 가를 수 있어요.

[6~9까지의 수 가르기]

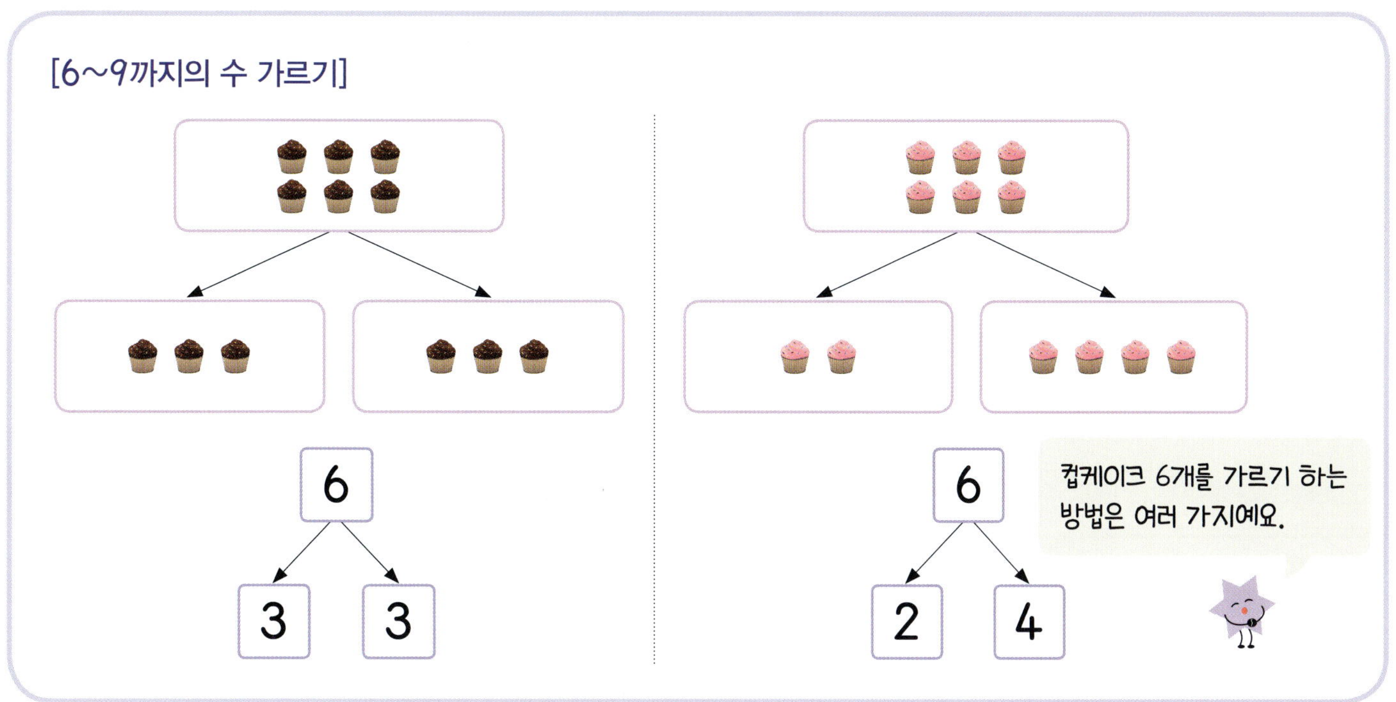

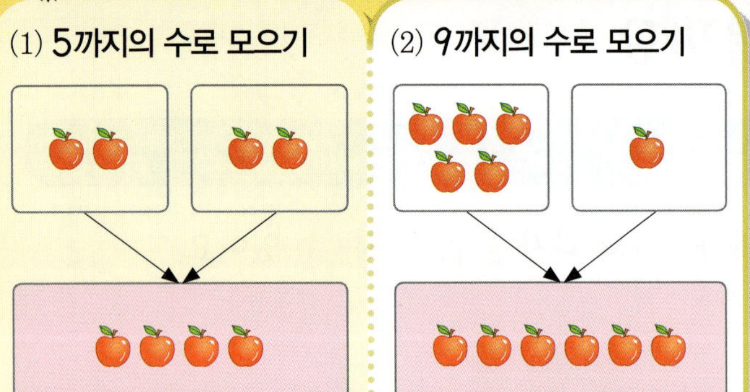

(1) 5까지의 수로 모으기

(2) 9까지의 수로 모으기

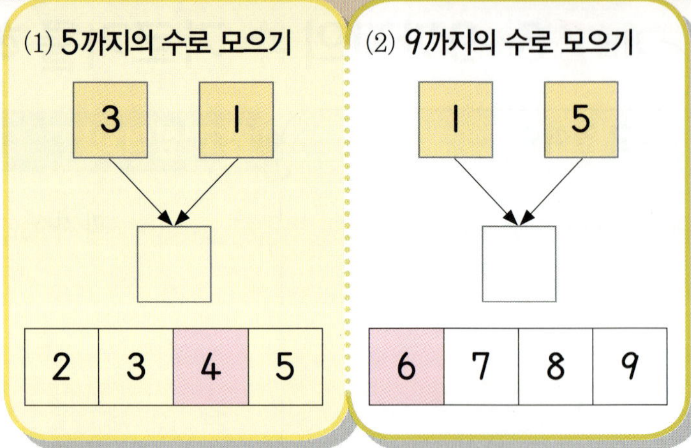

(1) 5까지의 수로 모으기

3 1

| 2 | 3 | 4 | 5 |

(2) 9까지의 수로 모으기

1 5

| 6 | 7 | 8 | 9 |

⚠ [부록]의 자료를 사용하세요.

01~02 빈 곳에 알맞은 붙임딱지를 붙여 보세요.

03~04 빈칸에 알맞은 수에 색칠해 보세요.

01

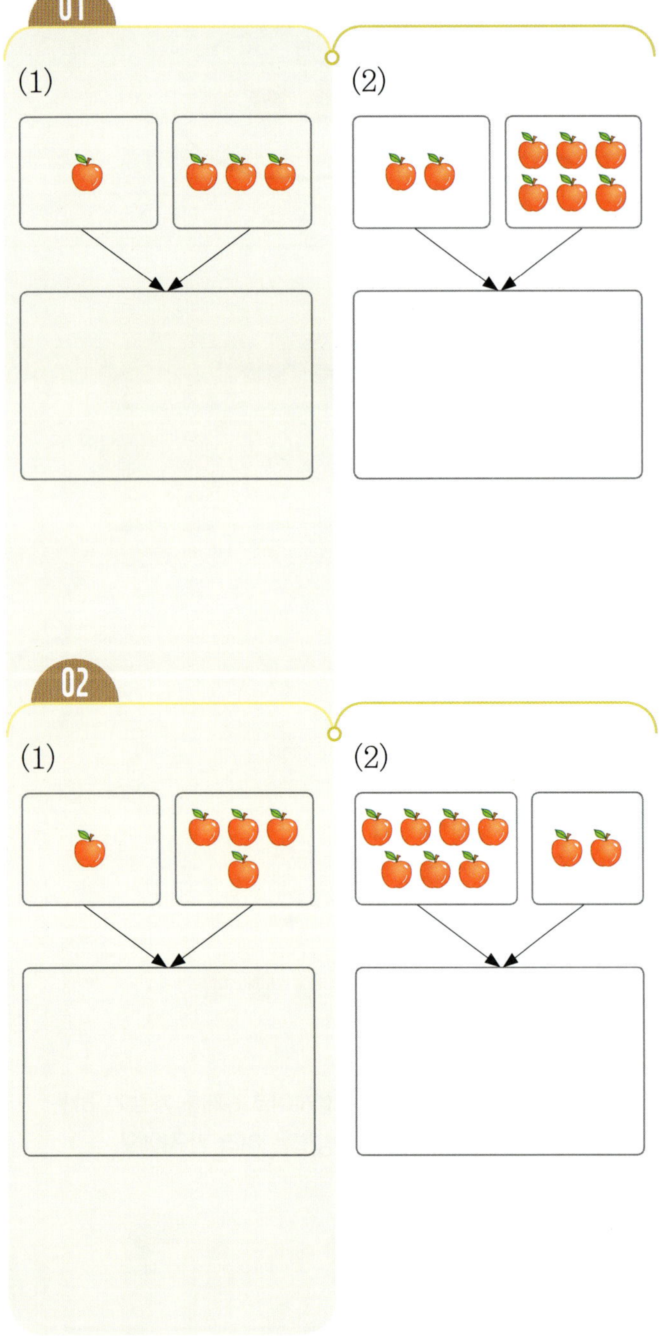

(1)

(2)

02

(1)

(2)

03

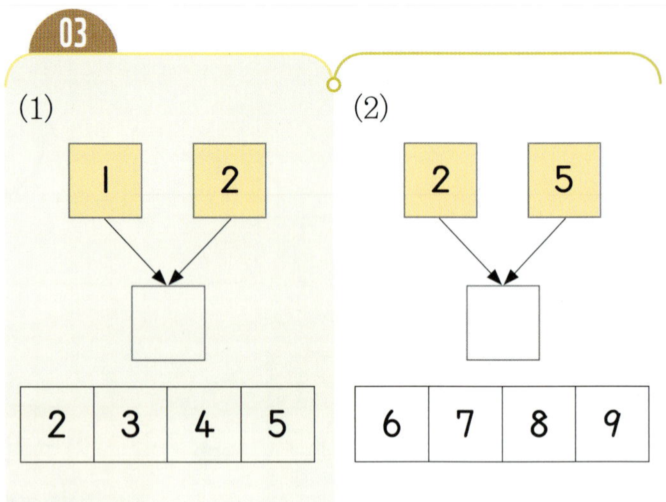

(1)

1 2

| 2 | 3 | 4 | 5 |

(2)

2 5

| 6 | 7 | 8 | 9 |

04

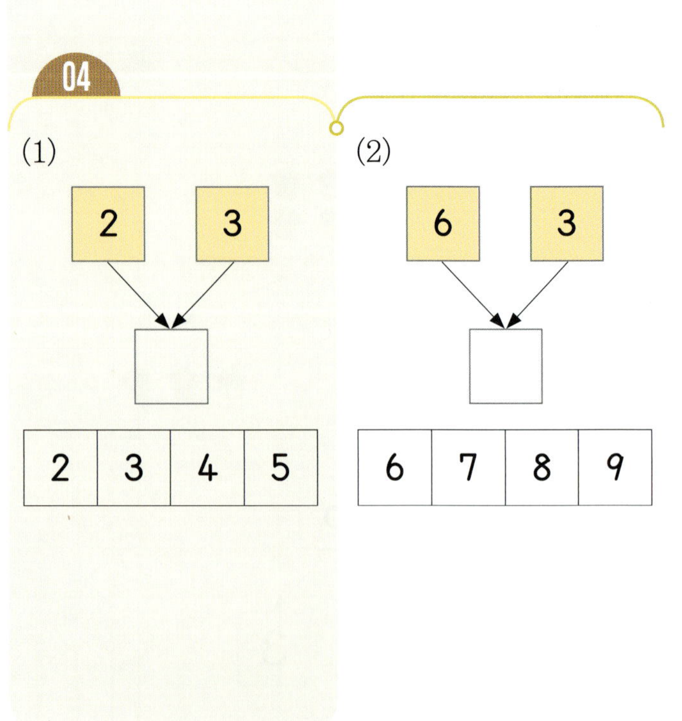

(1)

2 3

| 2 | 3 | 4 | 5 |

(2)

6 3

| 6 | 7 | 8 | 9 |

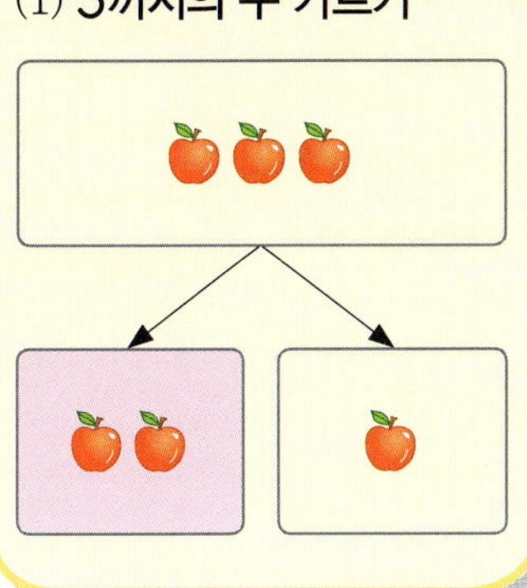

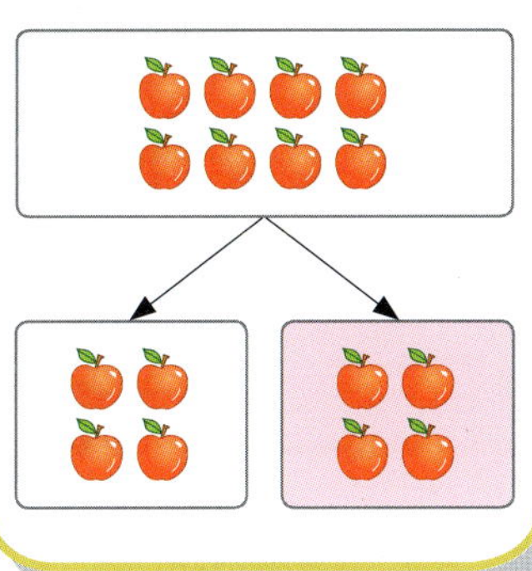

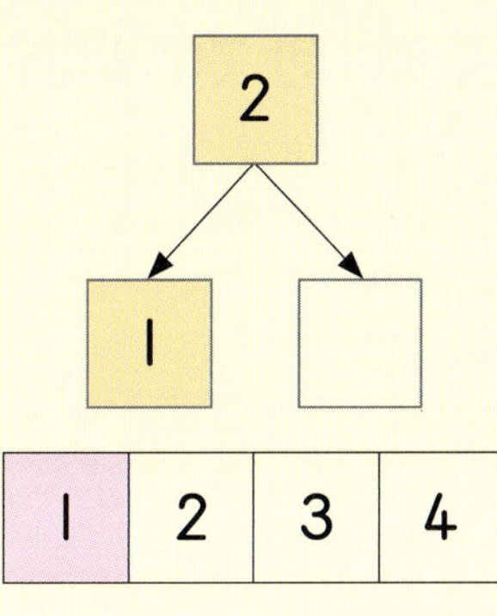

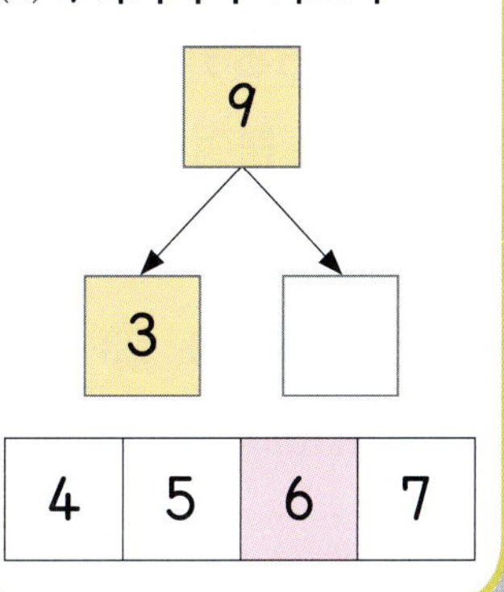

 [부록]의 자료를 사용하세요.

05~06 빈 곳에 알맞은 붙임딱지를 붙여 보세요.

07~08 빈칸에 알맞은 수에 색칠해 보세요.

05

(1)　　　　　　　　(2)

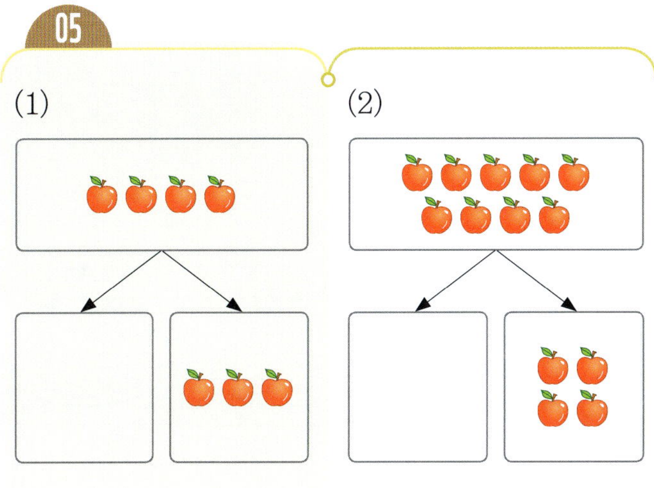

07

(1)　　　　　　　　(2)

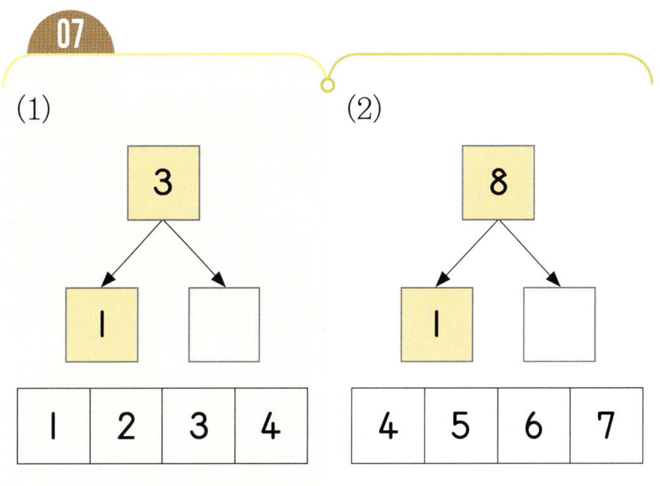

06

(1)　　　　　　　　(2)

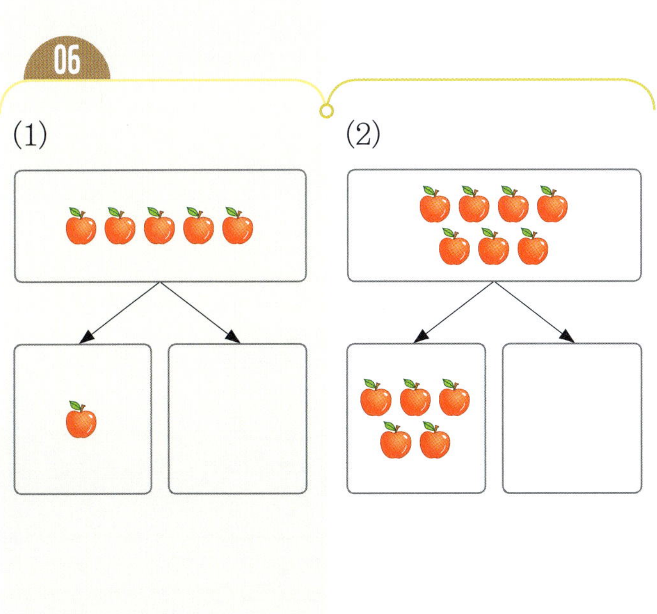

08

(1)　　　　　　　　(2)

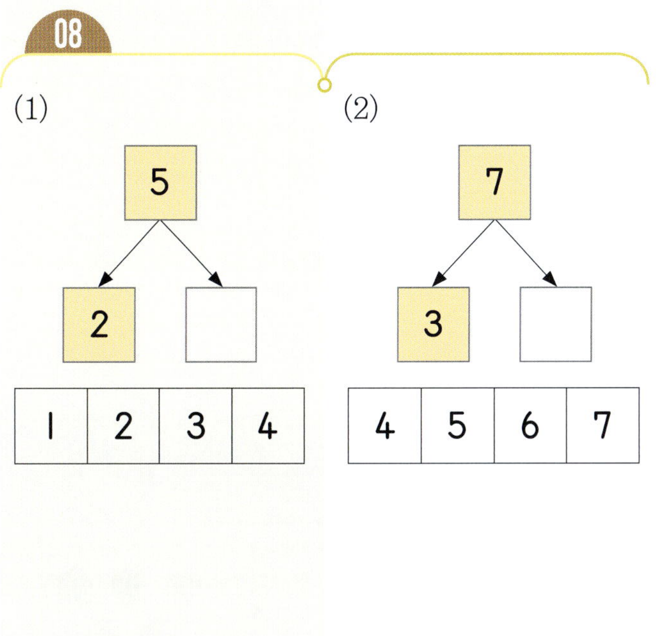

⚠️ [부록]의 자료를 사용하세요.

01~04 모으기 또는 가르기를 하여 빈 곳에 알맞은 붙임딱지를 붙여 보세요.

01

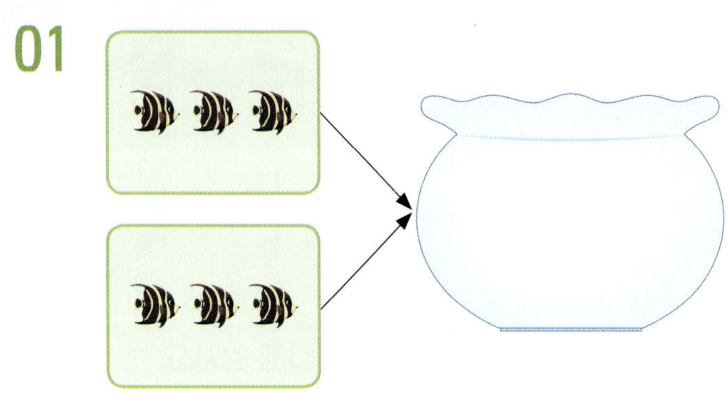

02

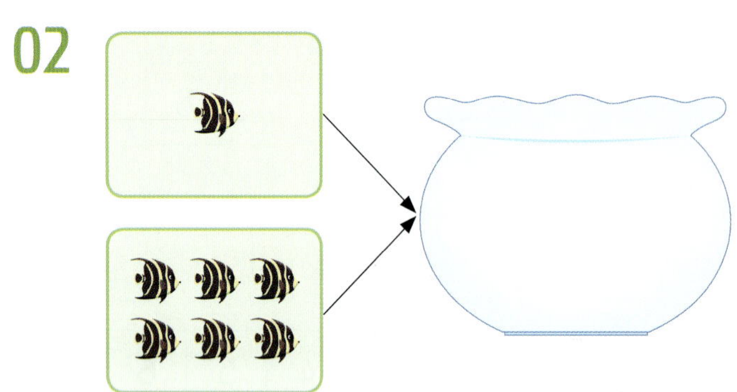

03

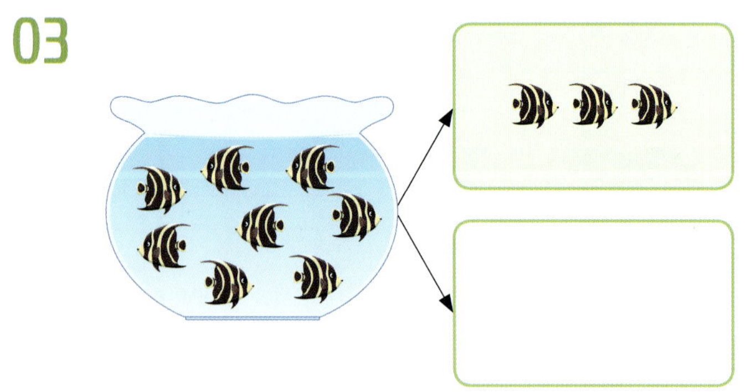

04

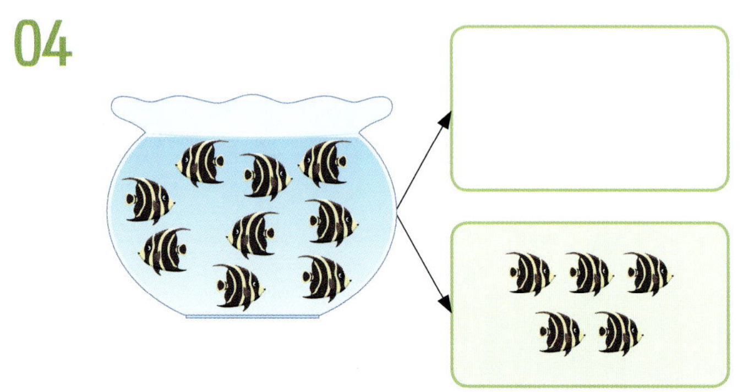

05~08 모으기 또는 가르기를 하여 알맞게 이어 보세요.

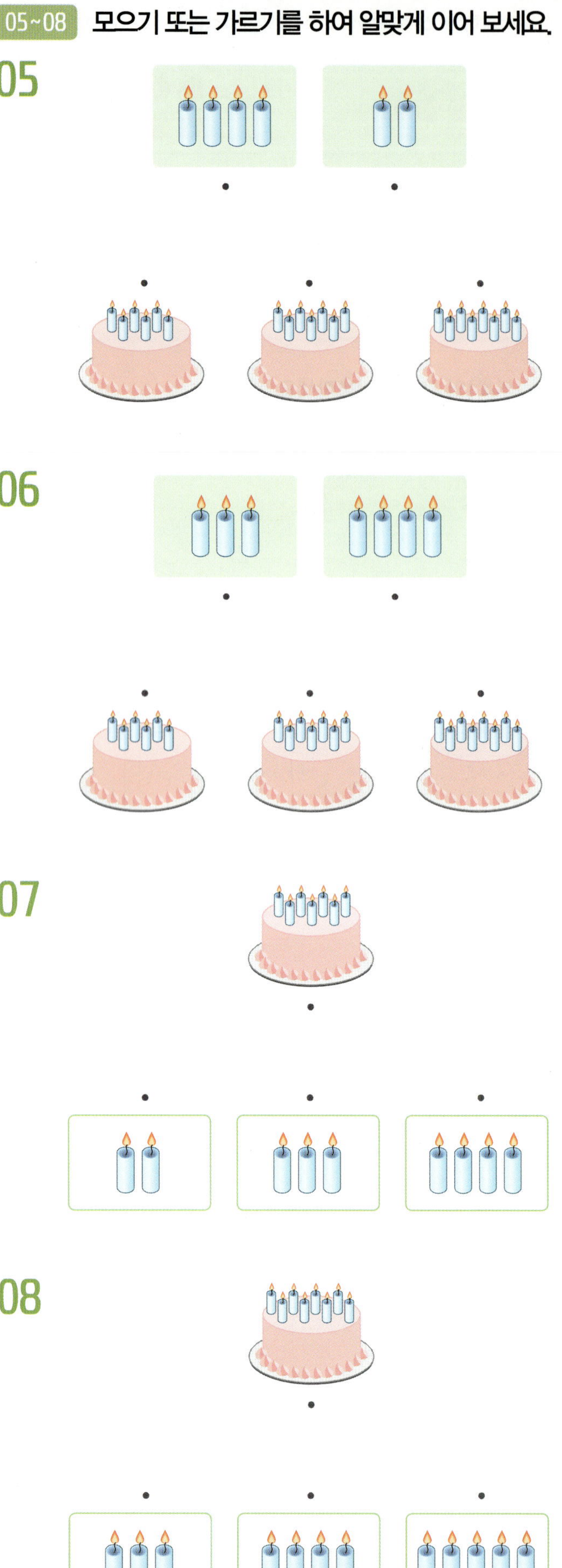

09 양쪽 날개의 점을 모으면 모두 얼마인지 알맞은 수에 ○표 하세요.

(1)

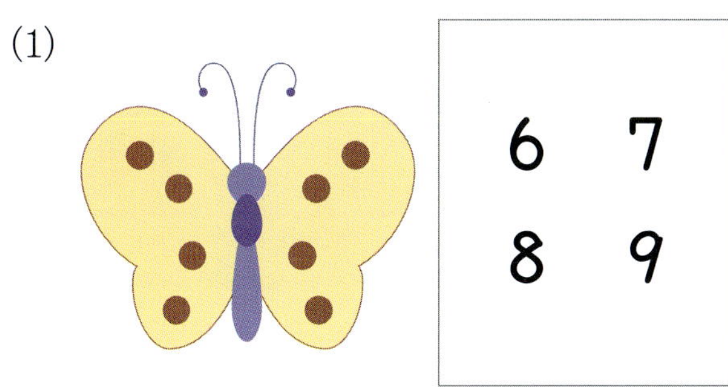

6	7
8	9

(2)

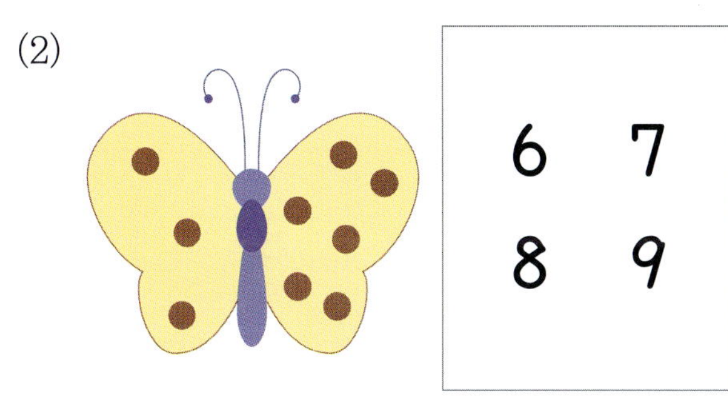

6	7
8	9

10 오른쪽 날개의 빈 곳에 알맞은 수만큼 점을 그려 보세요.

(1) 모은 점의 개수: **7**

(2) 모은 점의 개수: **8**

[부록]의 자료를 사용하세요.

11 실생활 활용

필요한 수만큼 바구니에 캐스터네츠 붙임딱지를 붙여 보세요.

[부록]의 자료를 사용하세요.

12 교과 융합

당근 8개를 다람쥐와 토끼가 나누어 가지려고 합니다. 빈 곳에 알맞은 수만큼 당근 붙임딱지를 붙여 보세요.

(1)

다람쥐	
토끼	

(2)

다람쥐	
토끼	

(3)

다람쥐	
토끼	

대표 응용 1

6~9까지의 수로 모으기

포도만 모아서 붙임딱지를 붙이고, 모은 포도의 수에 색칠해 보세요.

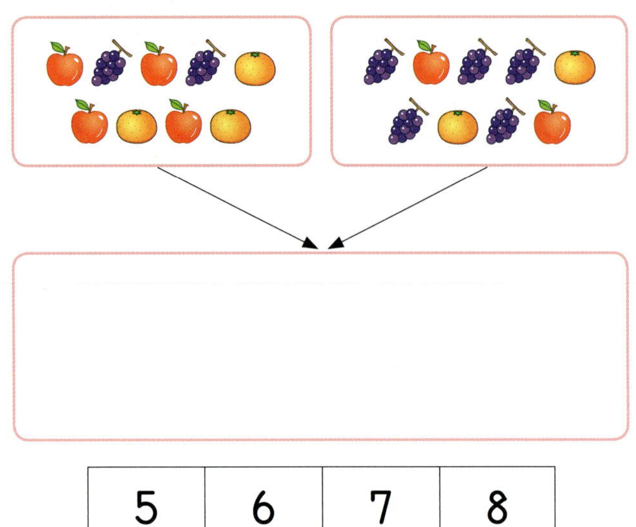

| 5 | 6 | 7 | 8 |

해결하기

1단계

각각의 포도의 개수를 셉니다.

2단계

모은 포도의 수만큼 붙임딱지를 붙이고, 알맞은 수에 색칠합니다.

1-1

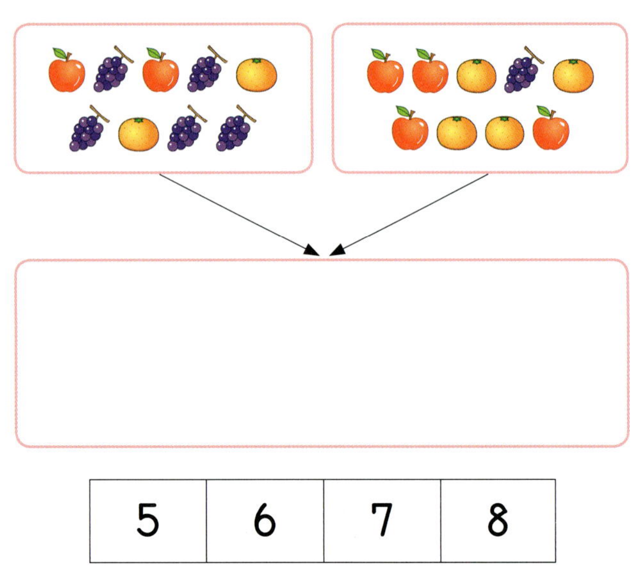

| 5 | 6 | 7 | 8 |

1-2

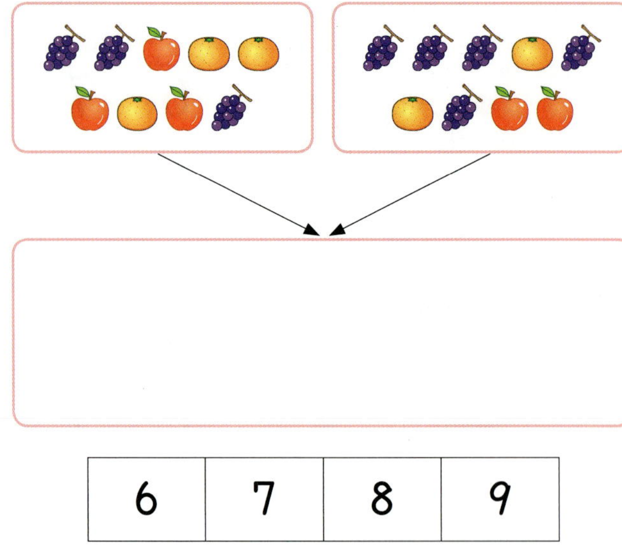

| 6 | 7 | 8 | 9 |

1-3

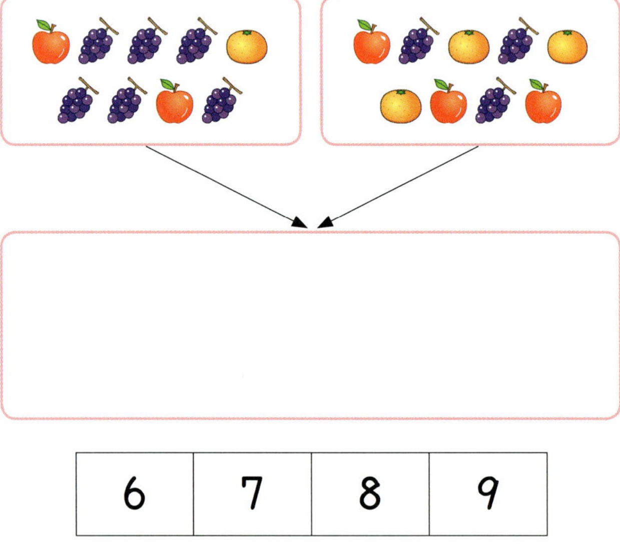

| 6 | 7 | 8 | 9 |

대표 응용 2 모으기와 가르기

빈 곳에 알맞은 붙임딱지를 붙여 보세요.

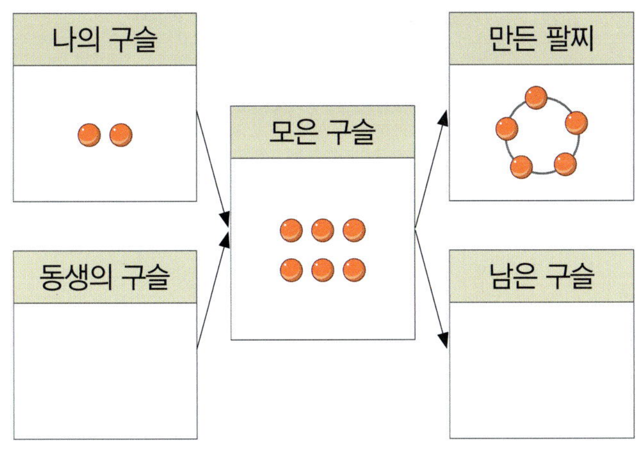

해결하기

1단계

나의 구슬과 동생의 구슬을 모으면 **6**개가 되도록 동생의 구슬의 수만큼 붙임딱지를 붙입니다.

2단계

모은 구슬 **6**개를 팔찌를 만드는 데 사용한 구슬의 수와 남은 구슬의 수로 가르기 하여 빈 곳에 알맞은 수만큼 붙임딱지를 붙입니다.

2-1

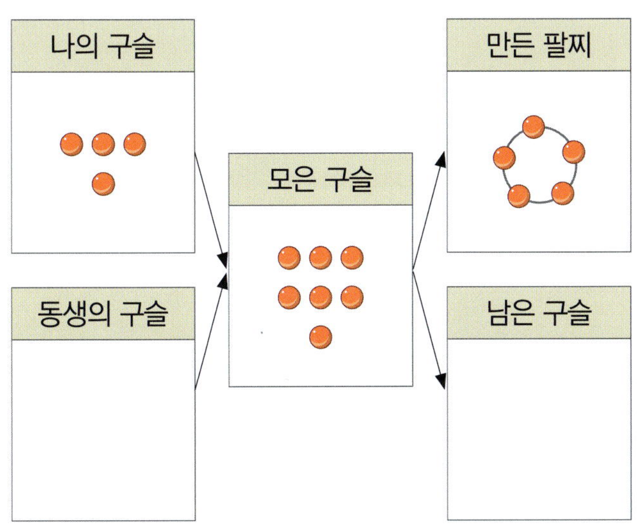

2-2

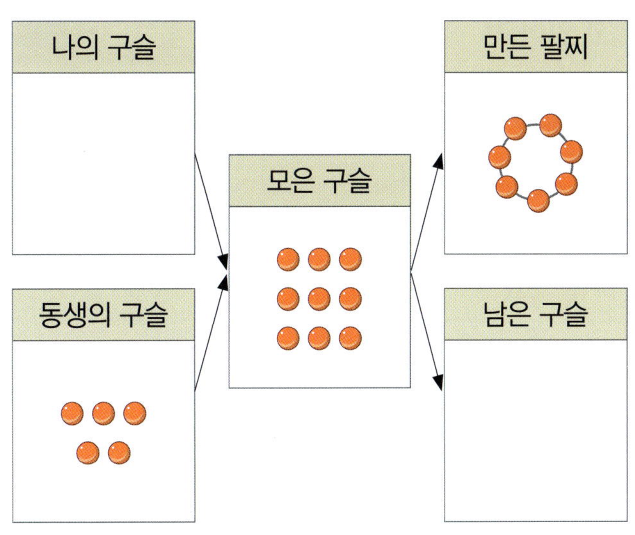

2-3

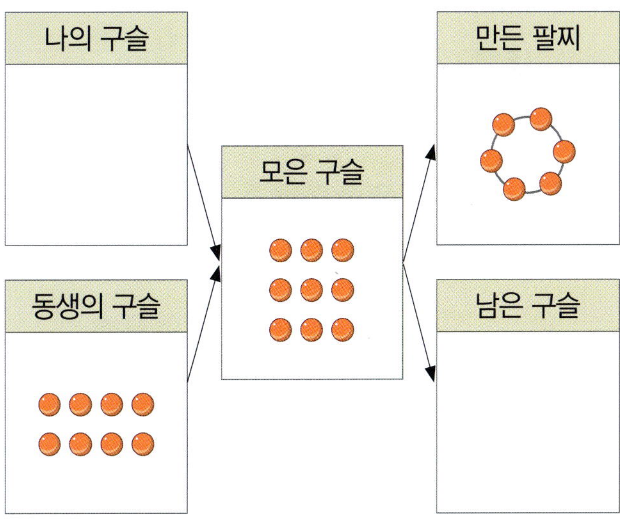

개념 1 두 수를 10으로 모으기를 해 볼까요

알고 있어요!

4개와 5개를 모으면
9개가 돼요.

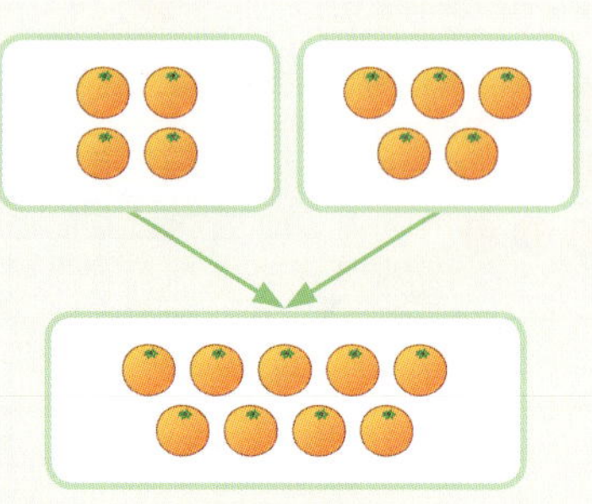

알고 싶어요!

귤 4개와 귤 6개를 모으면 귤은 모두 10개가 돼요.

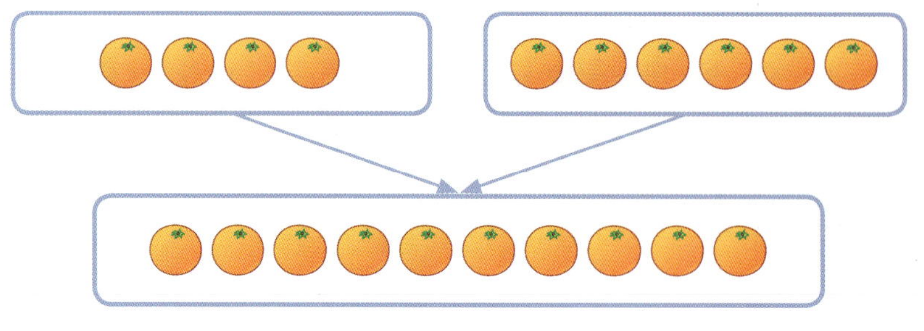

💡 두 수를 9가 되도록 모아요.

💡 두 수를 10이 되도록 모아요.

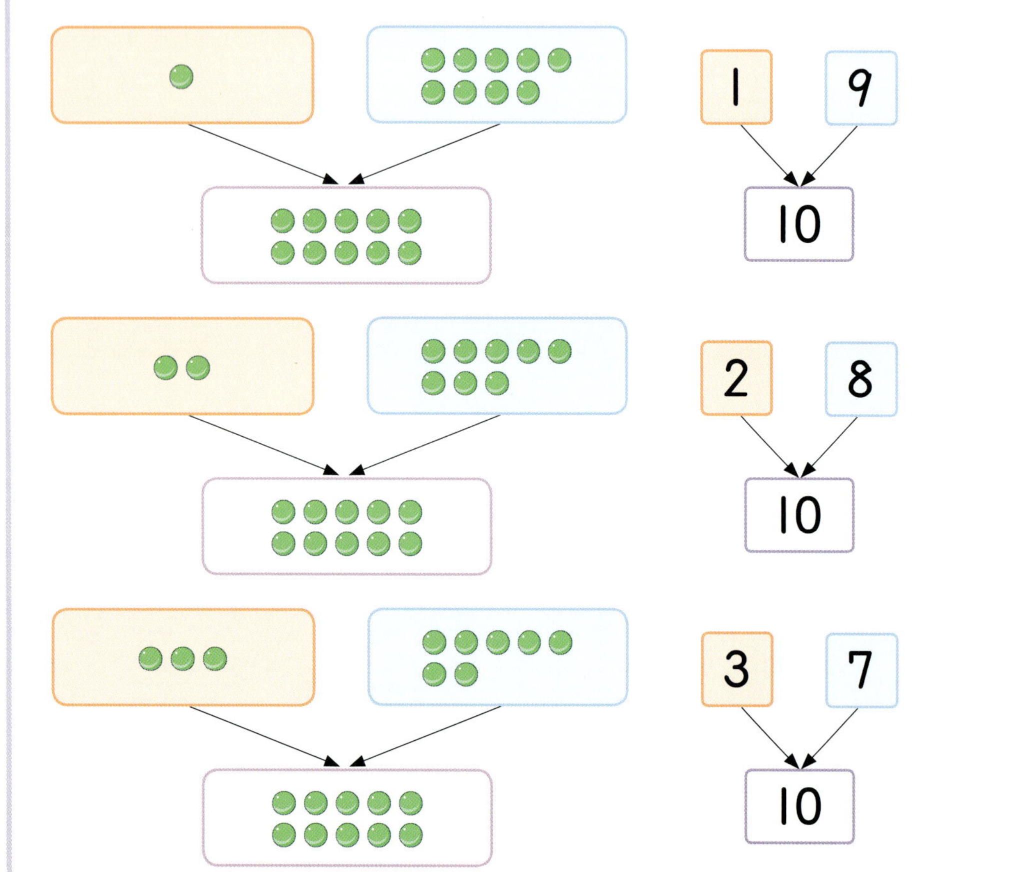

[두 수를 10이 되도록 모으기]

10이 되도록 모으는
방법은 여러 가지
예요.

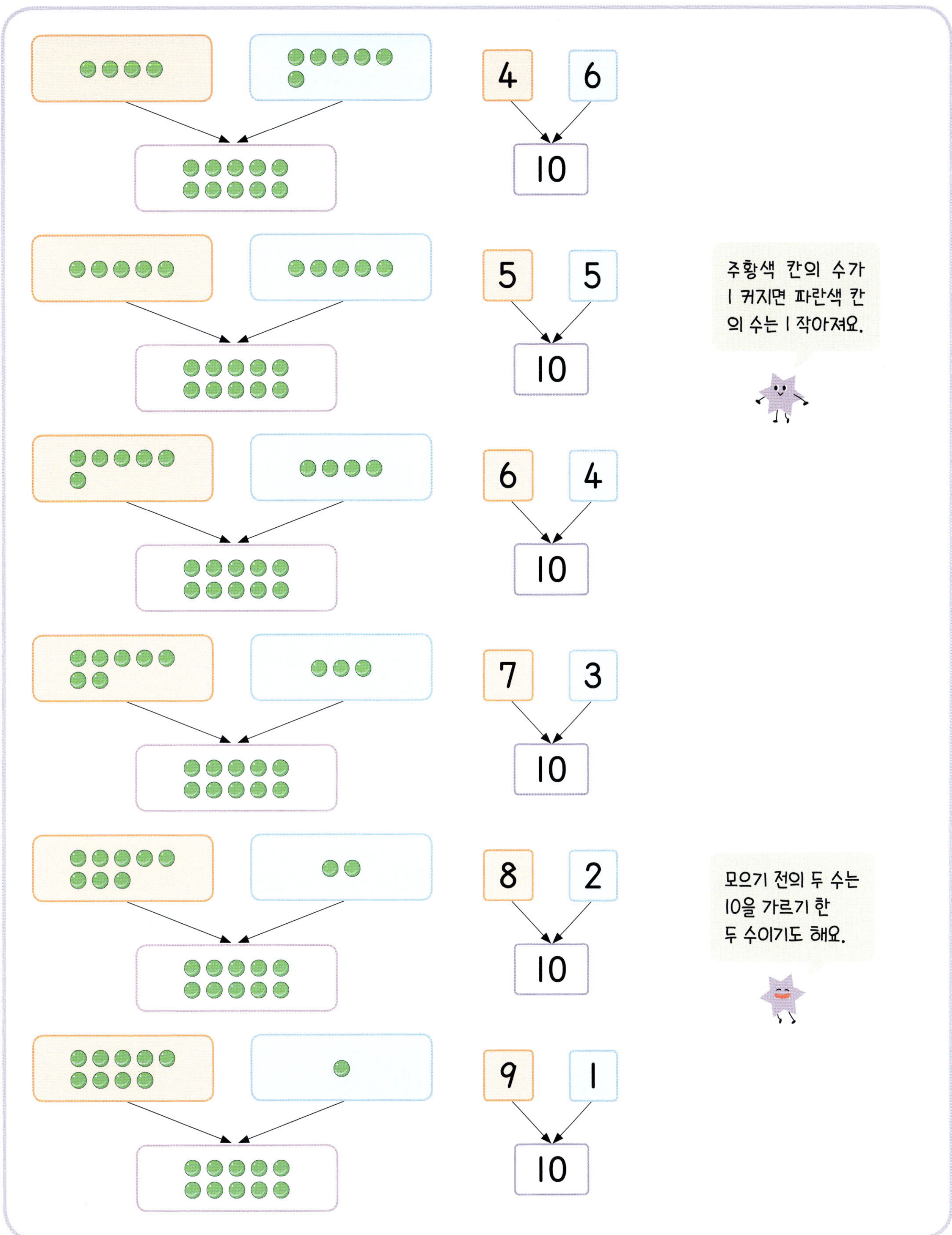

4 6
10
5 5
10
6 4
10
7 3
10
8 2
10
9 1
10
주황색 칸의 수가
1 커지면 파란색 칸
의 수는 1 작아져요.
모으기 전의 두 수는
10을 가르기 한
두 수이기도 해요.

알고 있어요!

9개는 5개와 4개로
가를 수 있어요.

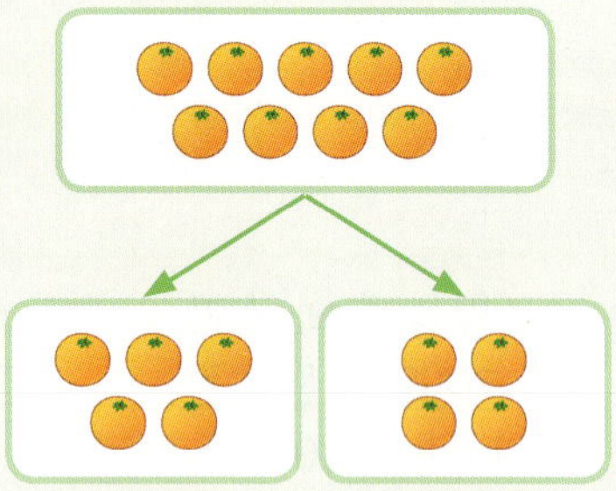

알고 싶어요!

귤 10개는 귤 5개와 귤 5개로 가를 수 있어요.

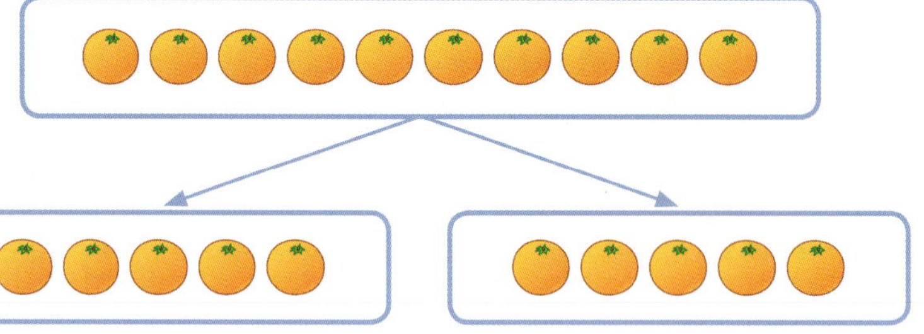

| 1 과 8 | 2 와 7 | 3 과 6 | 4 와 5 | 5 와 4 | 6 과 3 | 7 과 2 | 8 과 1 |

→

| 1 과 9 | 2 와 8 | 3 과 7 | 4 와 6 | 5 와 5 | 6 과 4 | 7 과 3 | 8 과 2 | 9 와 1 |

💡 9를 두 수로 가르기 해요.

💡 10을 두 수로 가르기 해요.

[10을 두 수로 가르기]

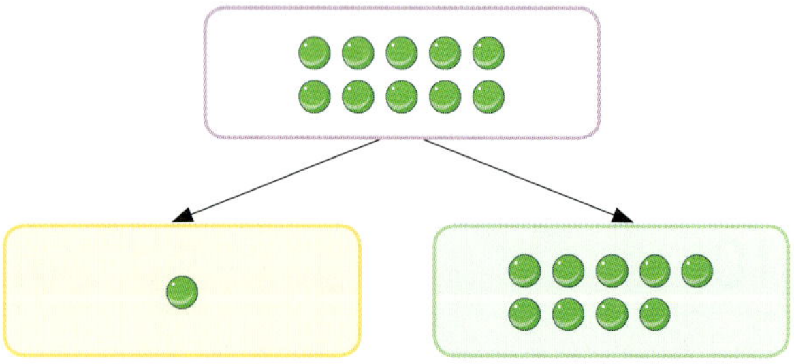

10
1 9

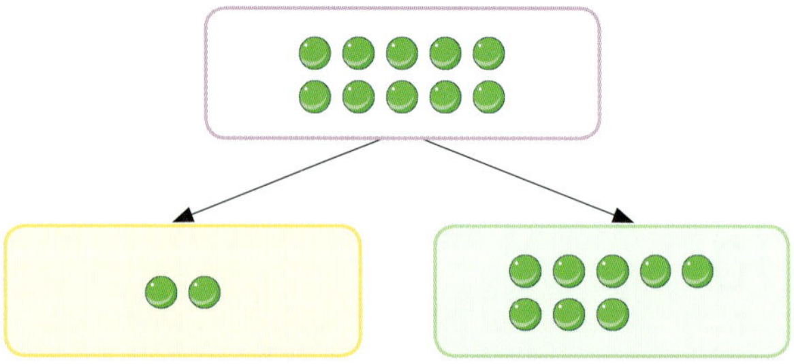

10
2 8

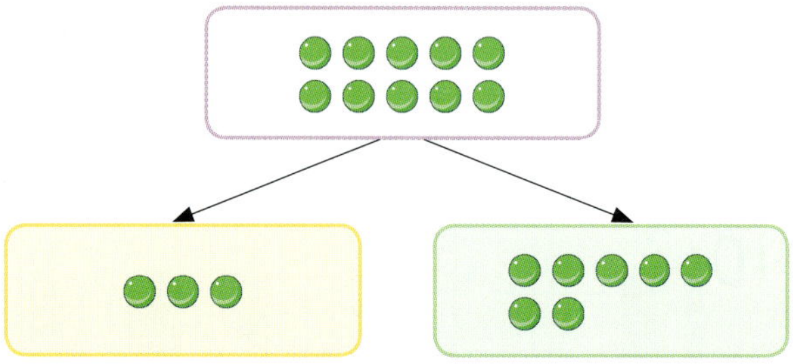

10
3 7

10을 두 수로 가르는
방법은 여러 가지예요.

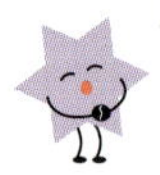

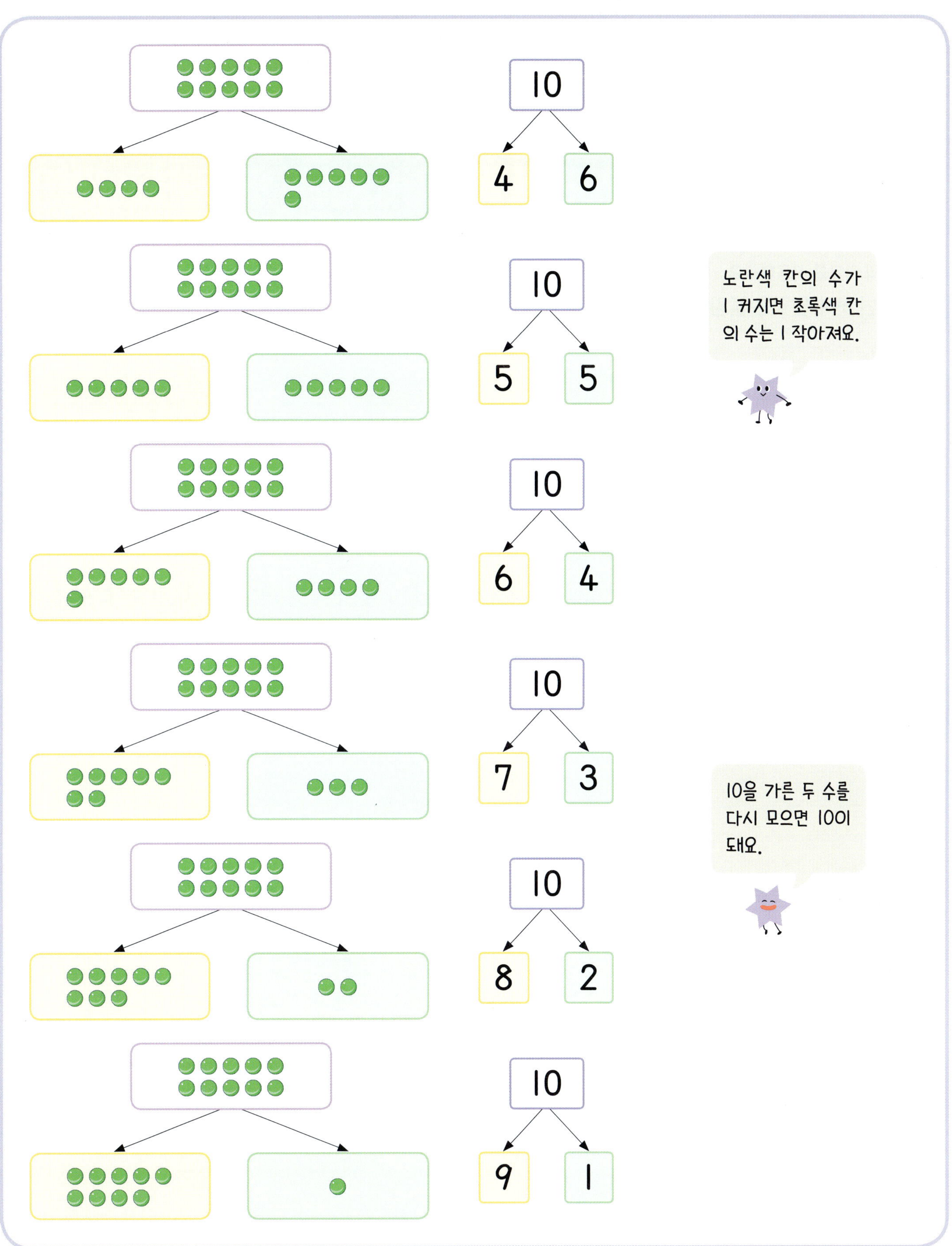
노란색 칸의 수가
1 커지면 초록색 칸
의 수는 1 작아져요.

10을 가른 두 수를
다시 모으면 10이
돼요.

(1) 9가 되도록 수 모으기

(2) 10이 되도록 수 모으기

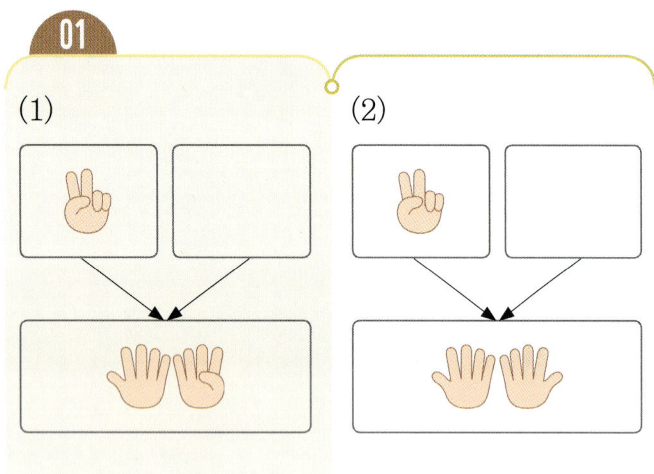

[부록]의 자료를 사용하세요.

01~02 빈 곳에 알맞은 붙임딱지를 붙여 보세요.

01

(1)

(2)

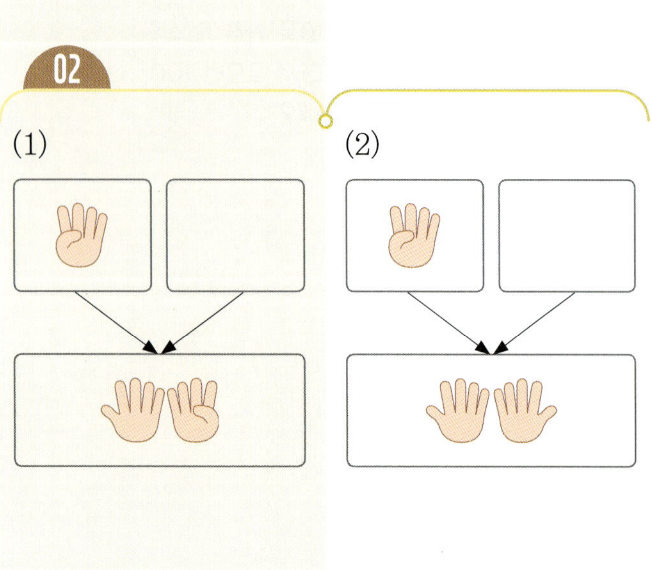

02

(1)

(2)

(1) 9가 되도록 수 모으기

(2) 10이 되도록 수 모으기

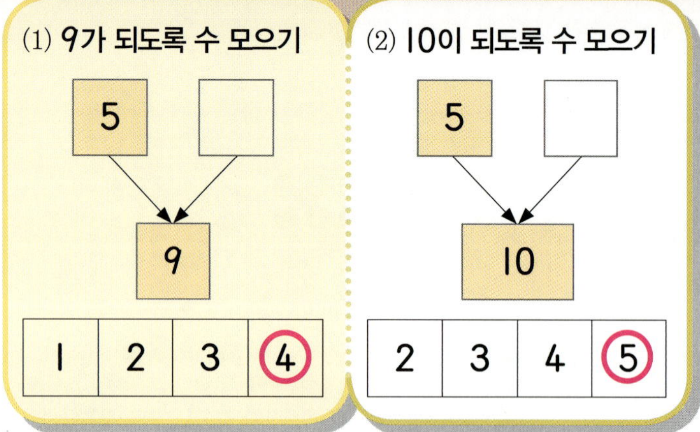

03~04 빈칸에 알맞은 수에 ◯표 하세요.

03

(1)

(2)

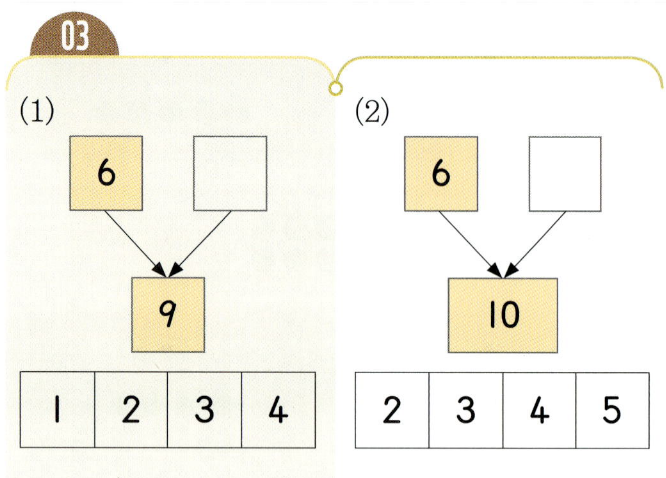

04

(1)

(2)

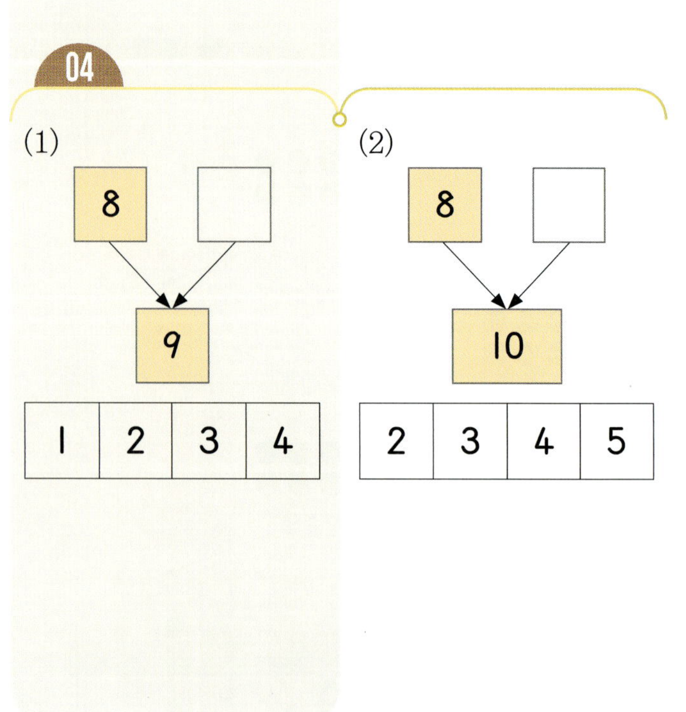

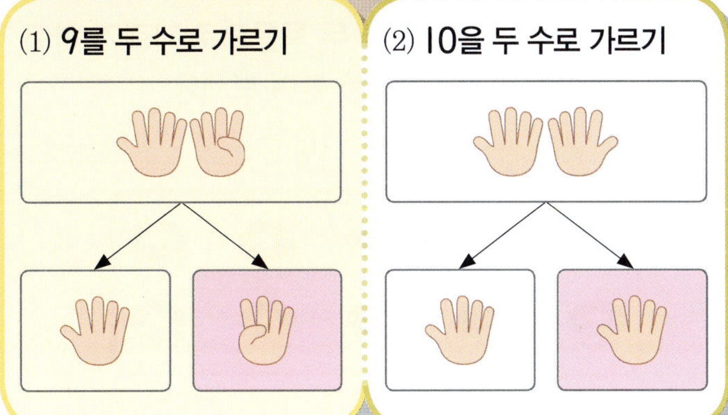

(1) 9를 두 수로 가르기
(2) 10을 두 수로 가르기

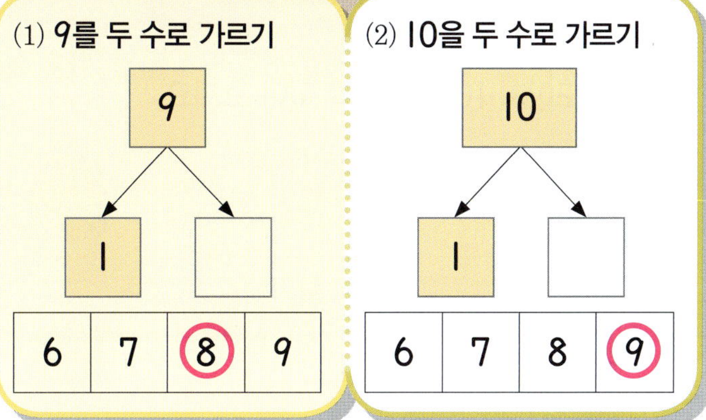

(1) 9를 두 수로 가르기

9
1

6 7 ⑧ 9

(2) 10을 두 수로 가르기

10
1

6 7 8 ⑨

⚠ [부록]의 자료를 사용하세요.

05~06 빈 곳에 알맞은 붙임딱지를 붙여 보세요.

05

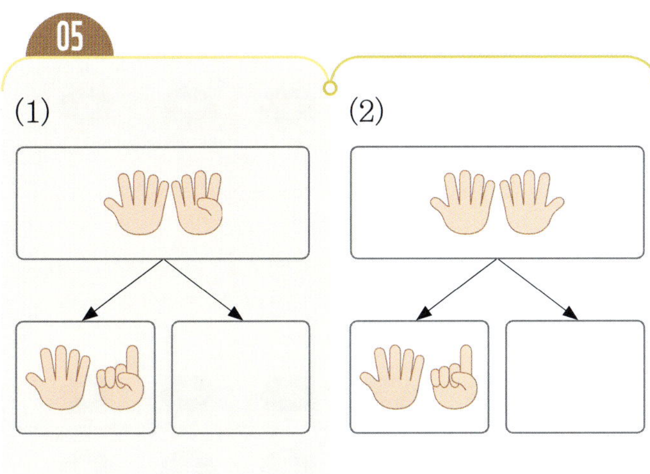

(1)
(2)

07~08 빈칸에 알맞은 수에 ◯표 하세요.

07

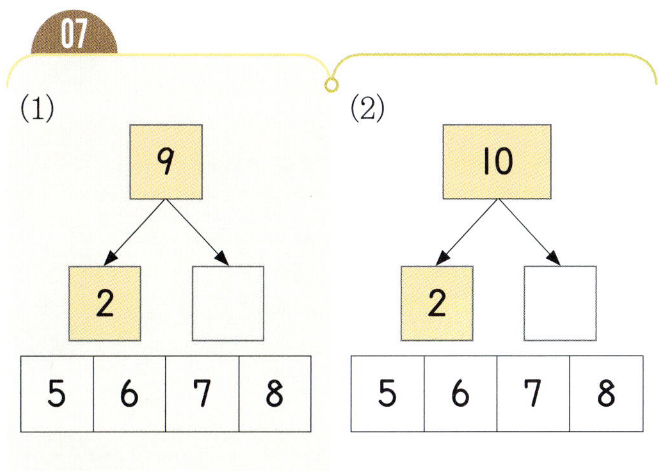

(1)

9
2

5 6 7 8

(2)

10
2

5 6 7 8

06

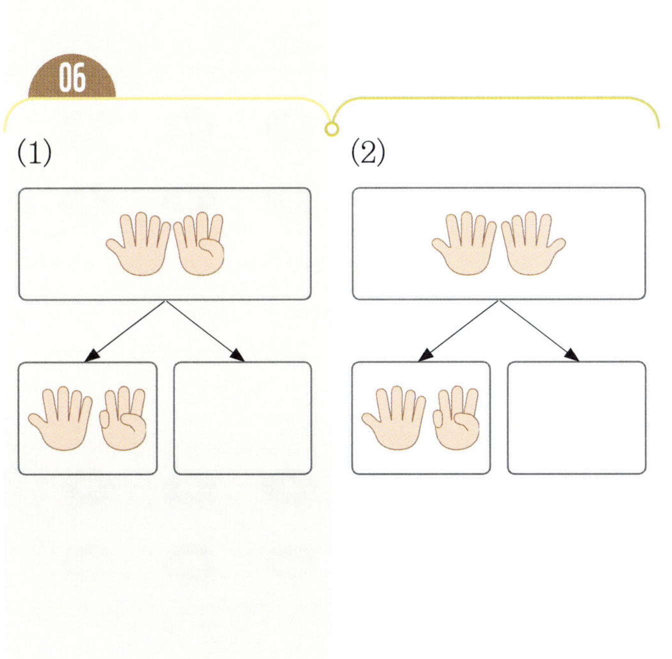

(1)
(2)

08

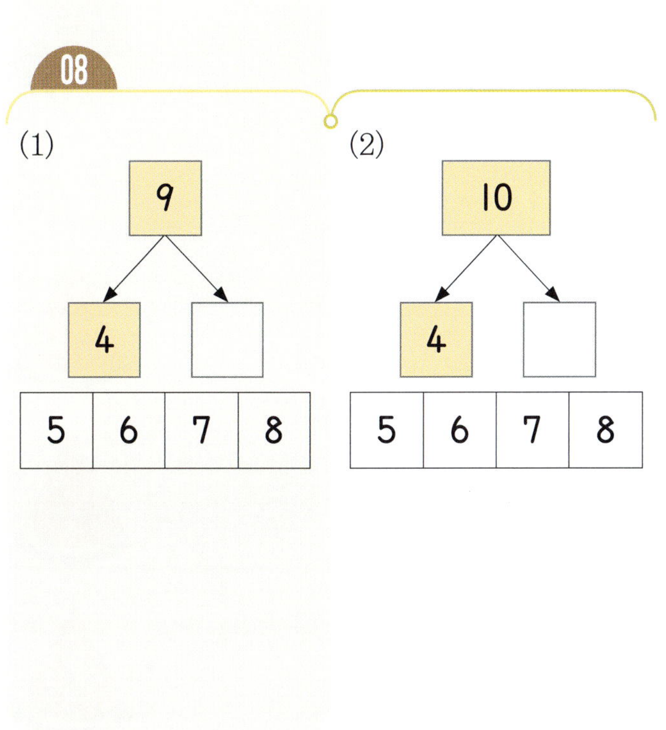

(1)

9
4

5 6 7 8

(2)

10
4

5 6 7 8

수해력을 높여요

01~03 모아서 10이 되도록 이어 보세요.

04~07 보기 와 같이 10을 두 묶음으로 가르기 하고 □ 안에 알맞은 수 붙임딱지를 붙여 보세요.

01

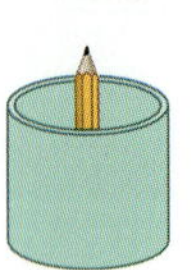 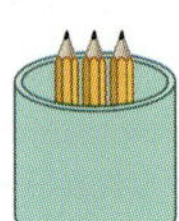 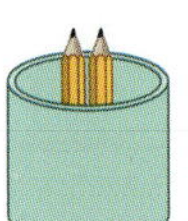

  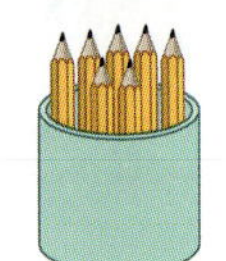

보기

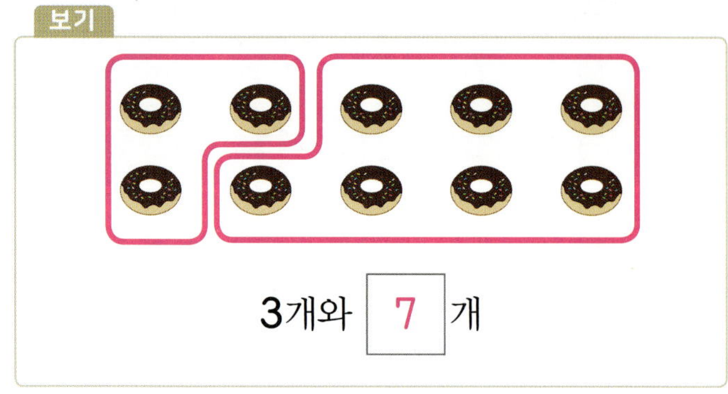

3개와 **7** 개

02

04

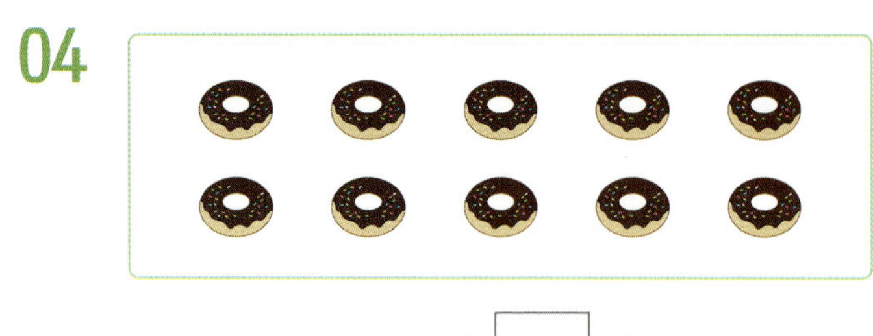

9개와 ☐ 개

05

5개와 ☐ 개

03

  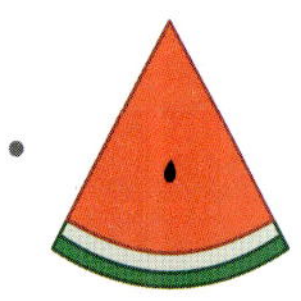

06

6개와 ☐ 개

07

8개와 ☐ 개

08 구슬이 모두 10개 있습니다. 주머니 속에 들어 있는 구슬은 몇 개인지 알맞은 수에 색칠해 보세요.

(1)

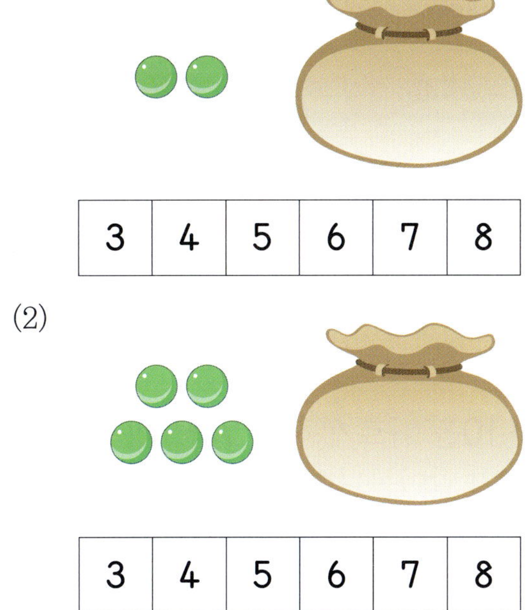

3	4	5	6	7	8

(2)

3	4	5	6	7	8

09 넥타이에 있는 점의 개수가 모두 10개가 되도록 넥타이 안에 ●를 더 그려 넣으세요.

(1)　　　　(2)

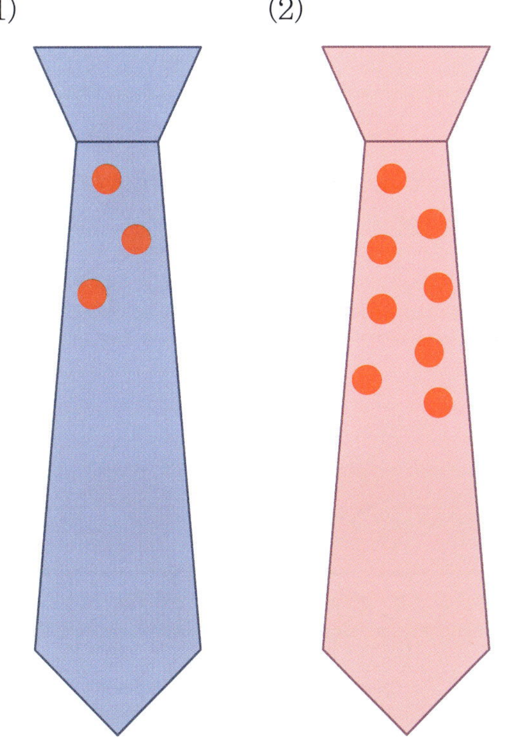

[부록]의 자료를 사용하세요.

10 실생활 활용

빈칸에 알맞은 수만큼 달걀 붙임딱지를 붙여 보세요.

더 가져올 달걀

[부록]의 자료를 사용하세요.

11 교과 융합

별을 모두 10개 그리려고 합니다. 효빈이가 그려야 할 별의 개수만큼 붙임딱지를 붙여 보세요.

(1)

효빈	준서
	★ ★ ★ ★

(2)

효빈	준서
	★ ★ ★ ★ ★

[부록]의 자료를 사용하세요.

대표 응용 1 모으기

모아서 10이 되는 두 수를 ⬭로 묶어 보세요.

1	3	5
2	4	6

해결하기

1단계 모아서 10이 되는 두 수를 찾습니다.
2단계 두 수를 ⬭로 묶습니다.

1-1

2	3	4
5	7	9

1-2

3	5	8
4	2	1

1-3

2	1	4
5	9	7

대표 응용 2 가르기

10을 가르기 하여 빈 곳에 알맞은 수 붙임딱지를 붙여 보세요.

해결하기

1단계 10을 가르기 하면 7과 어떤 수가 되는 지 알아봅니다.
2단계 알맞은 수 붙임딱지를 붙입니다.

2-1

2-2

2-3

모으기와 가르기

모으기 또는 가르기를 이용하여 포도알에 알맞은 수 붙임딱지를 붙여 보세요.

해결하기

1단계

1과 3을 모으기 한 수 붙임딱지를 붙입니다.

2단계

3과 3을 모으기 한 수 붙임딱지를 붙입니다.

3-1

3-2

3-3

3-4

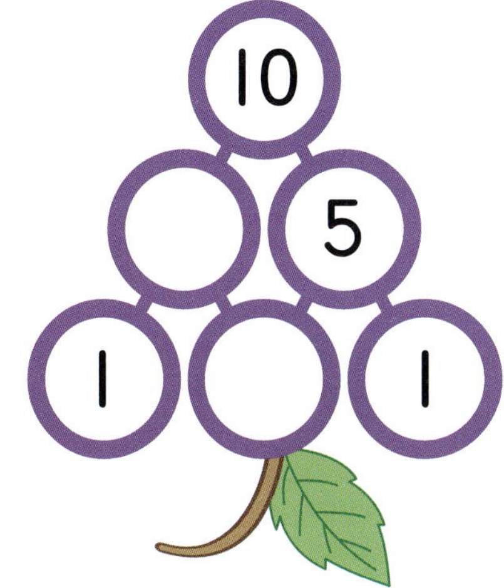

수 카드로 5 만들기 게임을 해요

가족 또는 친구들과 함께 게임을 하면서 수학을 즐겁게 공부해 보세요!
부모님이나 선생님께서 심판 또는 진행자가 되어줄 수 있어요.

게임 방법

- 2~4명이 함께 게임을 할 수 있습니다.
- 틀린 답을 말한 경우에는 가져갈 수 없습니다.
- 한 장을 뒤집었을 때, 한 번 말한 친구는 다른 친구들이 모두 한 번씩 말할 때까지 기다려야 합니다.

활동 1 부록에 있는 수 카드 4장과 그림 카드 4장을 준비해요.

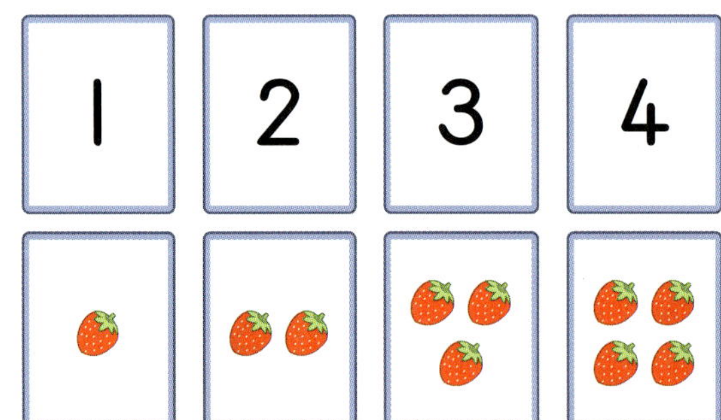

활동 2 카드 8장을 잘 섞은 다음 각각 뒤집어 놓아요.

활동 3 서로 돌아가면서 자기 차례에 카드 한 장을 뒤집어요.

예 

활동 4 뒤집은 카드의 수 또는 그림의 수와 모아서 5가 되는 수를 가장 먼저 말하는 사람이 그 카드를 가져가요.

예 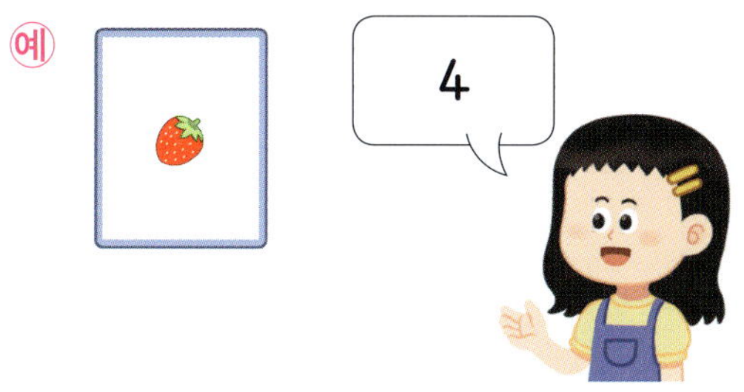

활동 5 8장의 카드를 모두 뒤집었을 때 게임이 끝나요.

활동 6 가장 많은 카드를 가져간 친구가 승리해요.

도전해 보세요.

1부터 4까지의 수를 이용해 직접 수나 그림 카드를 만들어서 게임을 할 수 있어요.

카드의 장수를 늘리거나 그림 카드만 사용할 수도 있어요.

다양한 방법으로 즐겁게 나만의 게임을 해 보세요!

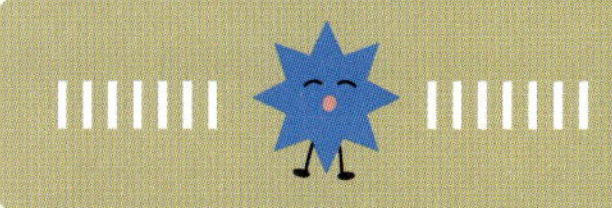

03 단원

더하기와 빼기

등장하는 주요 수학 어휘

더하기 , 빼기

1 보태는 더하기   개념 강화 · 연습 강화   학습 계획: 월 일

  개념 1   20까지 수의 보태는 더하기를 알아볼까요

2 모으는 더하기   개념 강화 · 연습 강화   학습 계획: 월 일

  개념 1   20까지 수의 모으는 더하기를 알아볼까요

3 덜어 내는 빼기   개념 강화 · 연습 강화   학습 계획: 월 일

  개념 1   20까지 수의 덜어 내는 빼기를 알아볼까요

4 차이 나는 빼기   개념 강화 · 연습 강화   학습 계획: 월 일

  개념 1   20까지 수의 차이 나는 빼기를 알아볼까요

지금 가진 사탕이 3개니까 2개만 더 사야지.
우리가 가진 사탕을 모으면 몇 개지? 
네가 5개, 내가 3개니까 우리가 가진 사탕을 모으면 8개야.
승아
준서
은지야, 생일 축하해! 우리가 선물로 사탕 4개를 가져왔어.
Happy Birthday
은지
승아야, 우리에게 남은 사탕이 4개야.
난 사탕 5개가 있어.
그럼 현수가 우리보다 사탕이 1개 더 많네.
현수
앞에서 배운 모으기와 가르기를 기억하나요?
이번 3단원에서는 모으기와 가르기를 기초로 한 더하기와 빼기에 대해 배울 거예요.
우리 생활에서 얼마나 많이 사용되고 있는지 알아보아요.

1. 보태는 더하기

개념 1 20까지 수의 보태는 더하기를 알아볼까요

2명과 1명이 모이면 모두 3명이 돼요.

| 2 | | 1 |

3

친구 2명이 놀고 있는데 친구 1명이 더 오면 모두 3명이 돼요.

| 2 | + | 1 | = | 3 |

쓰기   2 + 1 = 3

읽기   2 더하기 1은 3과 같습니다.
2와 1의 합은 3입니다.

• 사과 4개에 사과 2개를 더 보태면 사과는 모두 6개가 됩니다.

| 4 | + | 2 | = | 6 |

더하기
두 수를 모아서 합하는 것

• 금붕어 5마리가 있는 어항에 금붕어 3마리를 더 넣으면 금붕어는 모두 8마리가 됩니다.

| 5 | + | 3 | = | 8 |

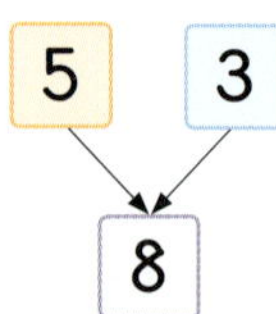

| 5 | | 3 |

8

- 달걀 **6**개에 달걀 **4**개를 더 보태면 달걀은 모두 **10**개가 됩니다.

$$6 \;+\; 4 \;=\; 10$$

- 꽃 **8**송이가 있는 꽃밭에 **4**송이를 더 심으면 모두 **12**송이가 됩니다.

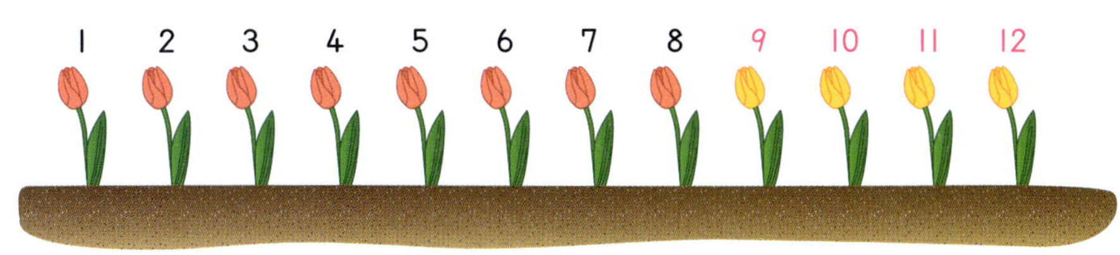

$$8 \;+\; 4 \;=\; 12$$

- 빨간색 색종이 **10**장에 파란색 색종이 **3**장을 더 가져오면 모두 **13**장이 됩니다.

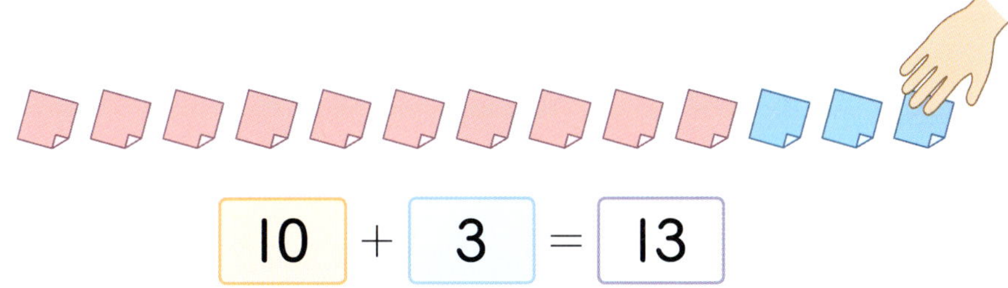

$$10 \;+\; 3 \;=\; 13$$

- 콩 **12**개가 들어 있는 바구니에 **5**개를 더 넣으면 모두 **17**개가 됩니다.

1	2	3	4	5	6	7	8	9	10	11	12	13	14	15	16	17	18	19	20

$$12 \;+\; 5 \;=\; 17$$

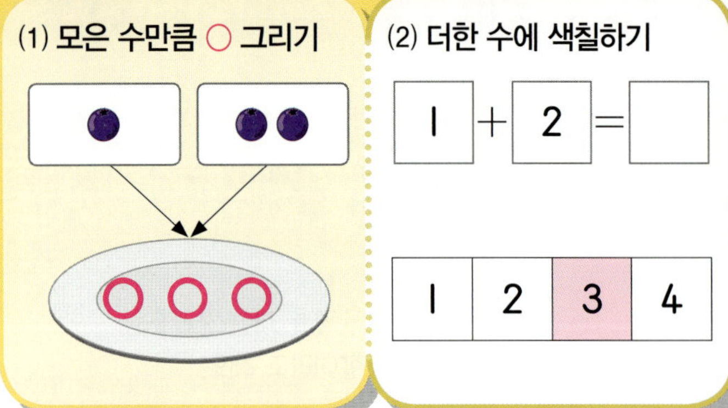

01 ~ 05 모은 수만큼 ◯를 그리고, 알맞은 수에 색칠해 보세요.

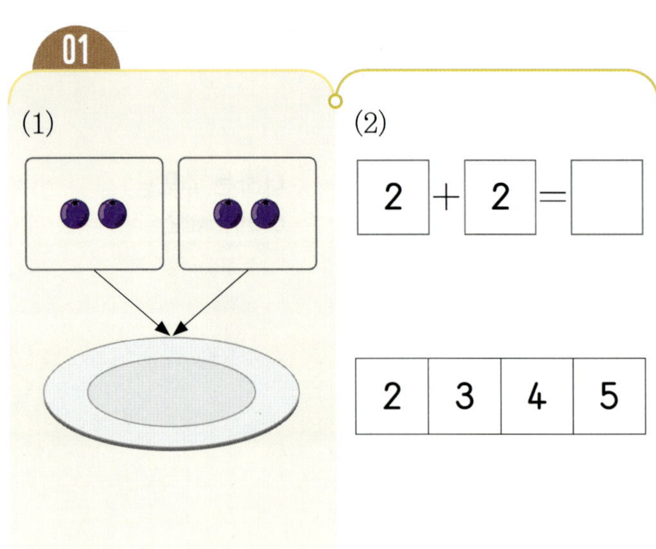

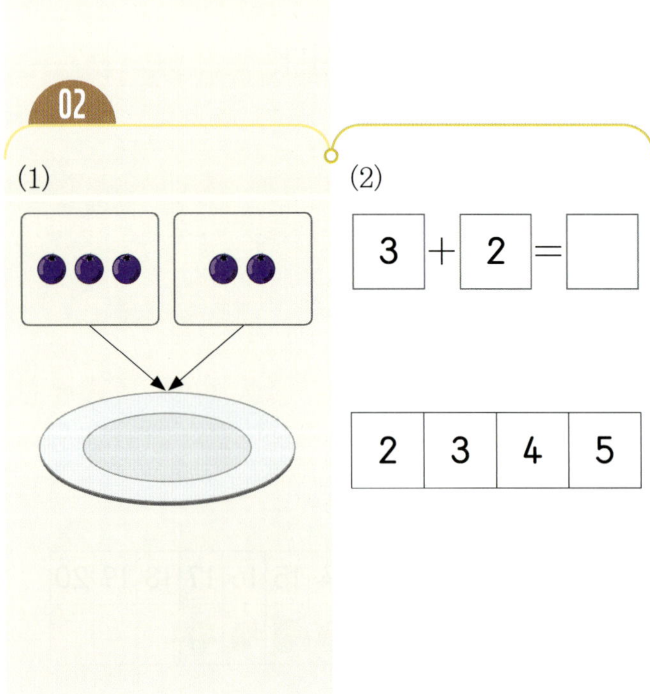

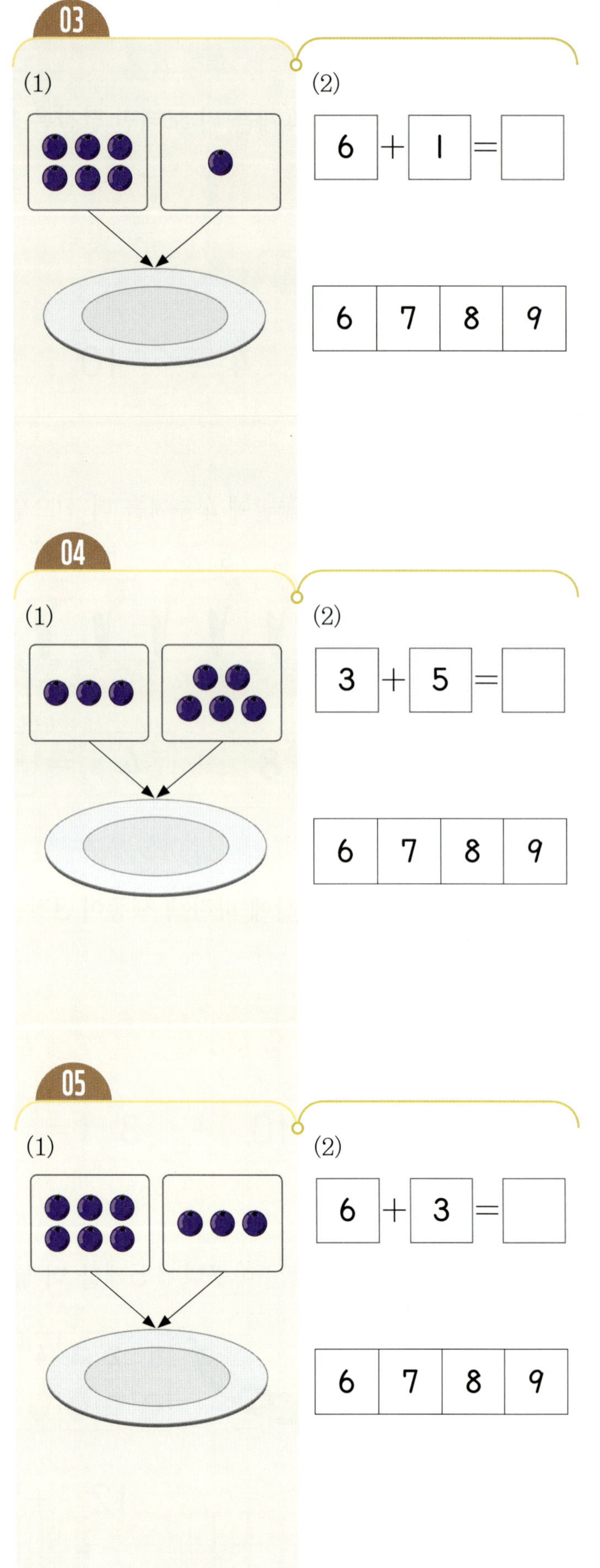

보태는 수만큼 ○를 그리고, 더한 수에 색칠하기

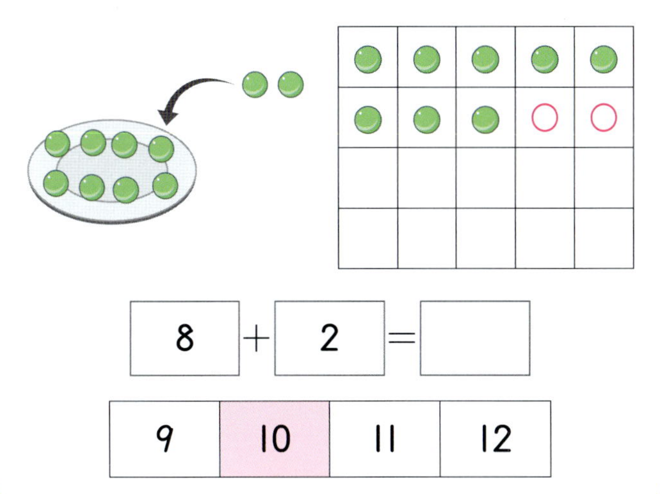

$$8 + 2 = \boxed{}$$

9	10	11	12

06 ~ 10 보태는 수만큼 ○를 그리고, 알맞은 수에 색칠해 보세요.

06

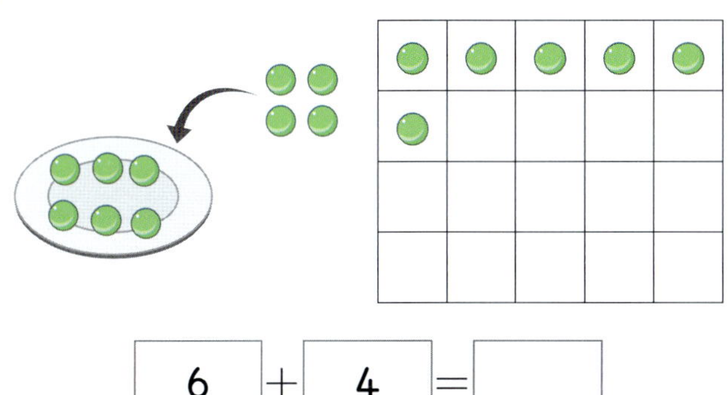

$$6 + 4 = \boxed{}$$

9	10	11	12

07

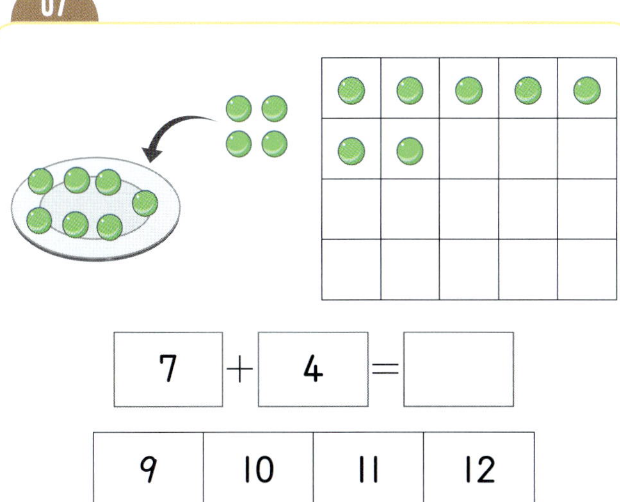

$$7 + 4 = \boxed{}$$

9	10	11	12

08

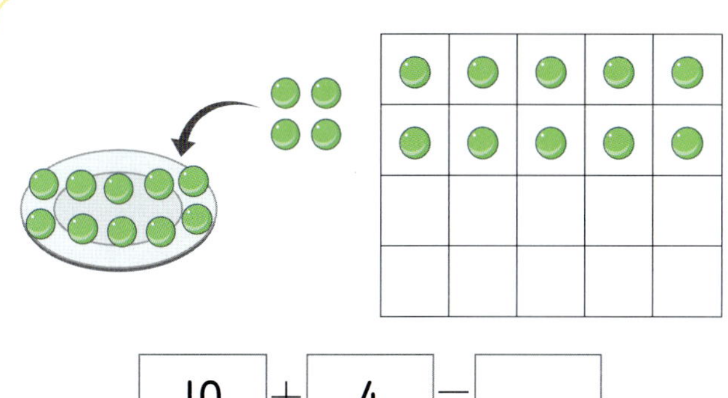

$$10 + 4 = \boxed{}$$

13	14	15	16

09

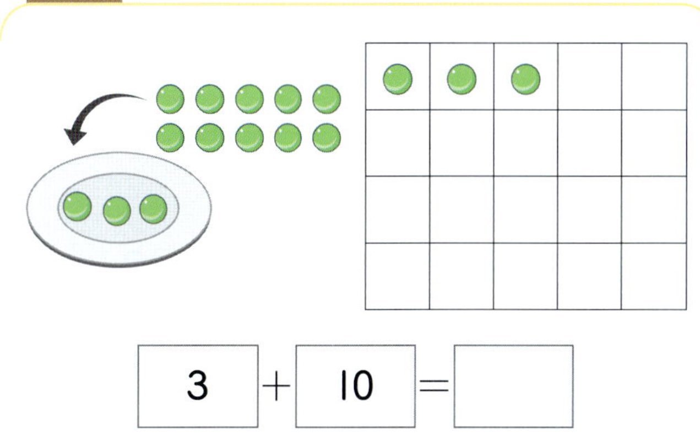

$$3 + 10 = \boxed{}$$

13	14	15	16

10

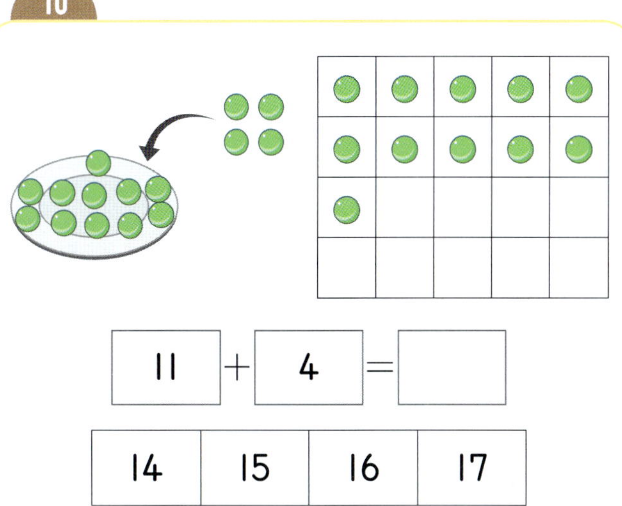

$$11 + 4 = \boxed{}$$

14	15	16	17

01

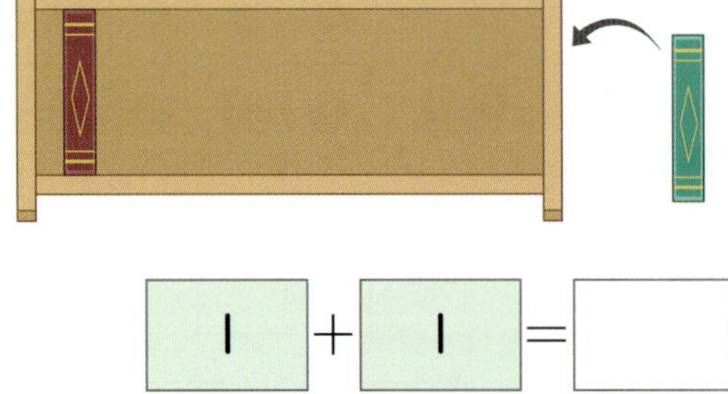

$1 + 1 =$

2	3	4	5

02

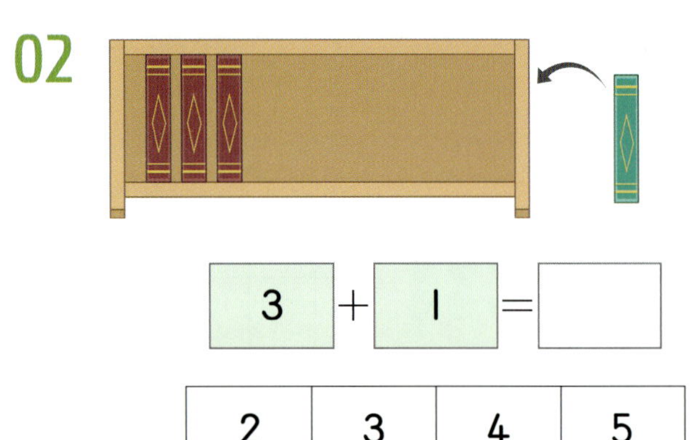

$3 + 1 =$

2	3	4	5

03

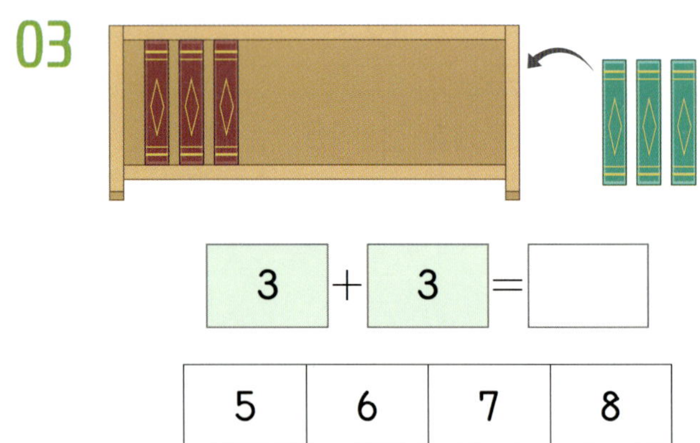

$3 + 3 =$

5	6	7	8

04

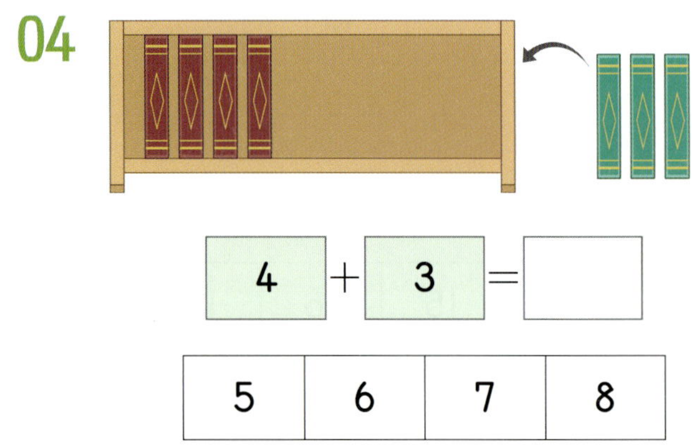

$4 + 3 =$

5	6	7	8

05

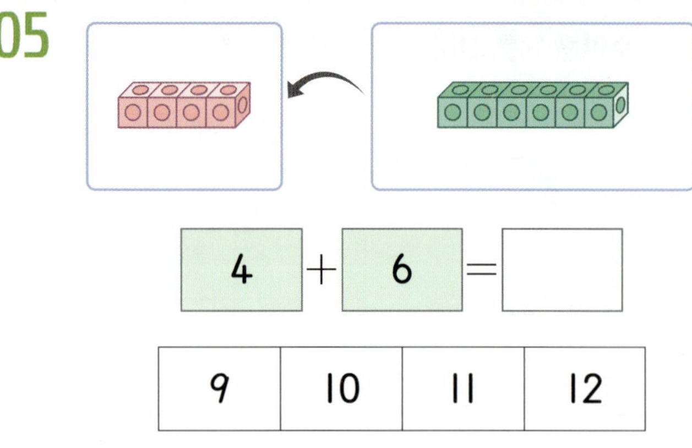

$4 + 6 =$

9	10	11	12

06

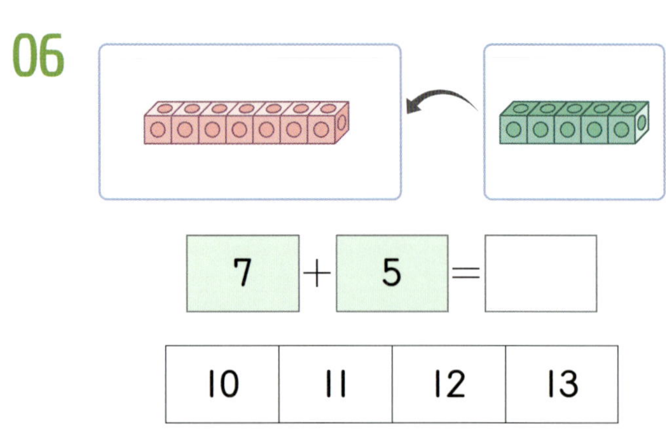

$7 + 5 =$

10	11	12	13

07

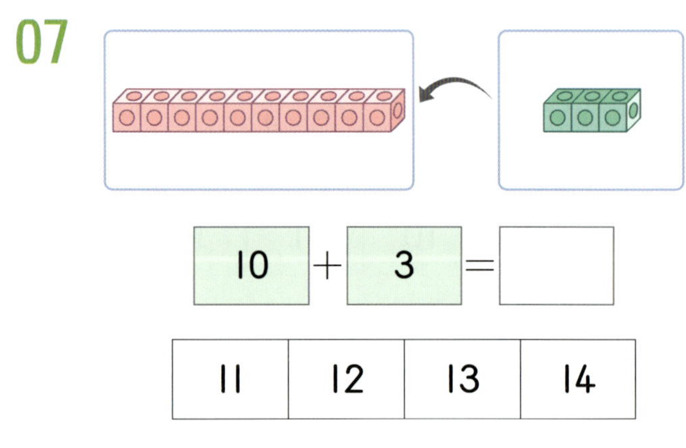

$10 + 3 =$

11	12	13	14

08

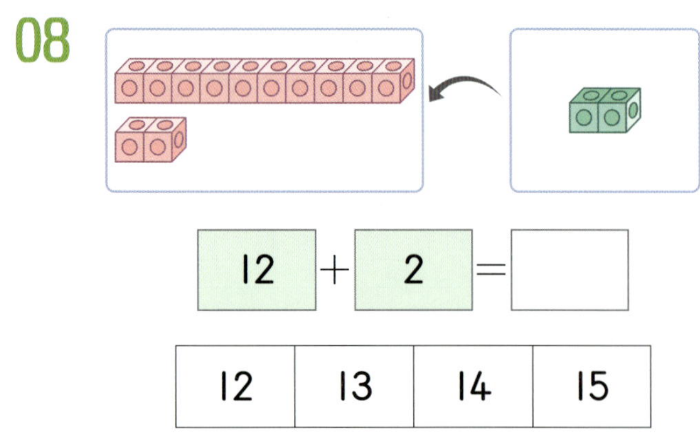

$12 + 2 =$

12	13	14	15

09~11 그림에 알맞은 덧셈식을 찾아 이어 보세요.

09

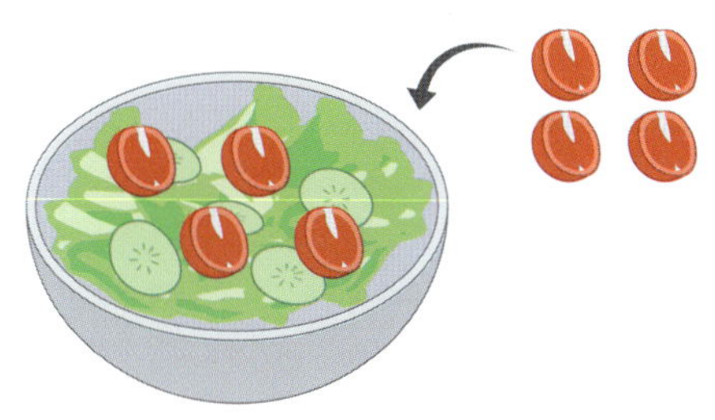

2+5=7	4+4=8	2+7=9

10

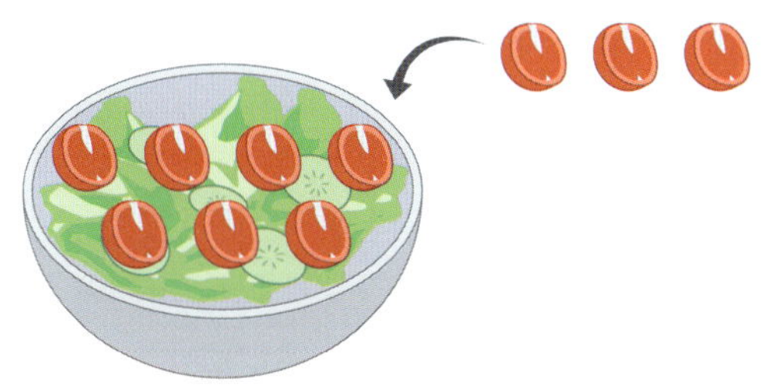

7+3=10	5+5=10	6+4=10

11

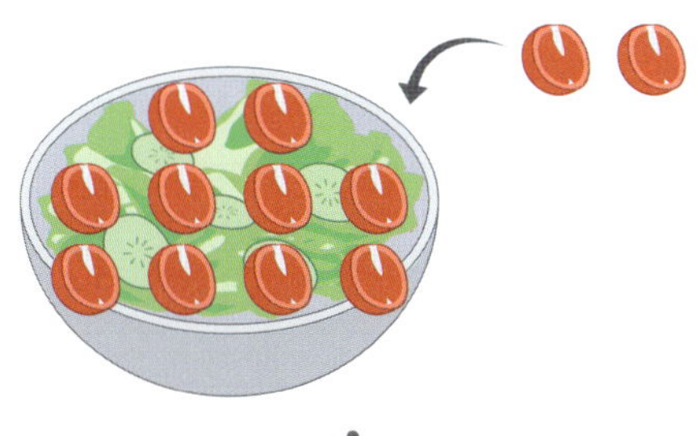

8+3=11	9+3=12	10+2=12

12 실생활 활용

어린이 6명이 타고 있는 버스에 어린이 2명이 더 탔습니다. 알맞은 수에 ◯표 하세요.

버스에 타고 있는 어린이의 수			
7	8	9	10

13 교과 융합

선생님께 컵을 더 받으면 컵은 모두 몇 개가 되는지 알맞은 수에 ◯표 하세요.

11	12	13
14	15	16

수해력을 완성해요

보태는 더하기 (1)

□ 안에 알맞은 수에 ◯표 하세요.

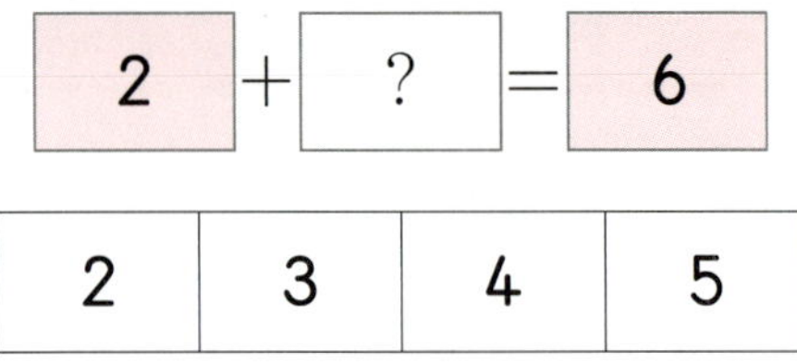

해결하기

1단계 2층에서 6층까지 가려면 몇 층을 더 올라가야 하는지 구합니다.

2단계 □ 안에 알맞은 수에 ◯표 합니다.

1-1

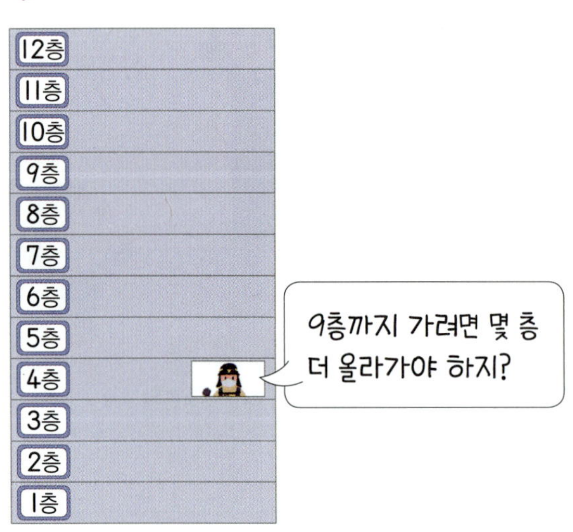

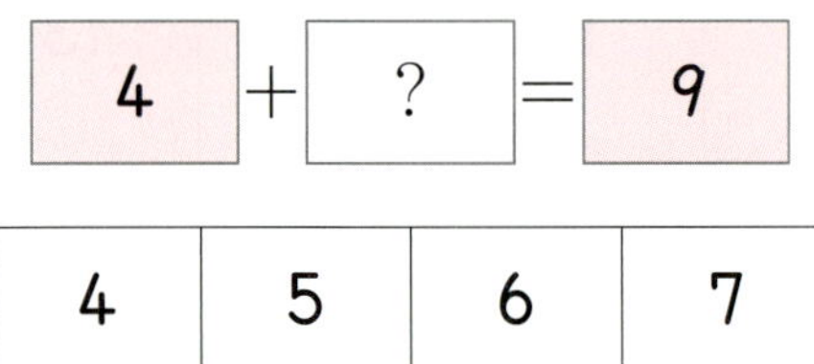

1-2

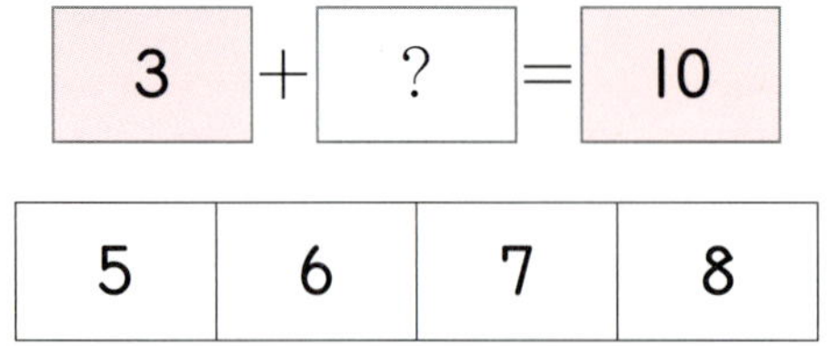

1-3

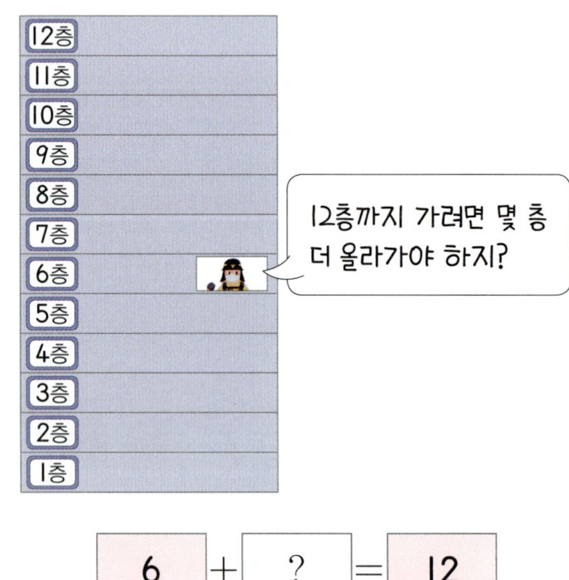

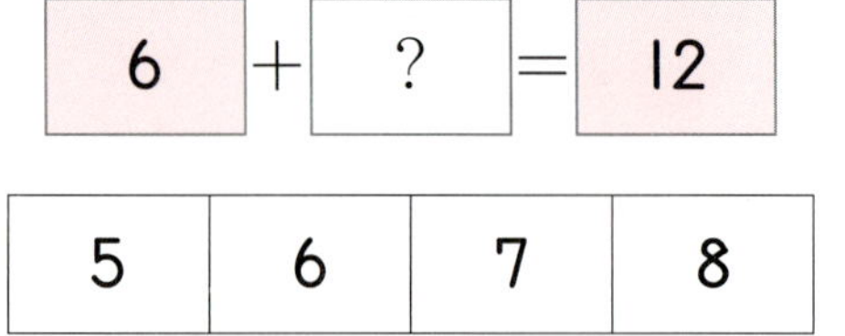

보태는 더하기 (2)

그림에 알맞은 덧셈식이 되도록 이어 보세요.

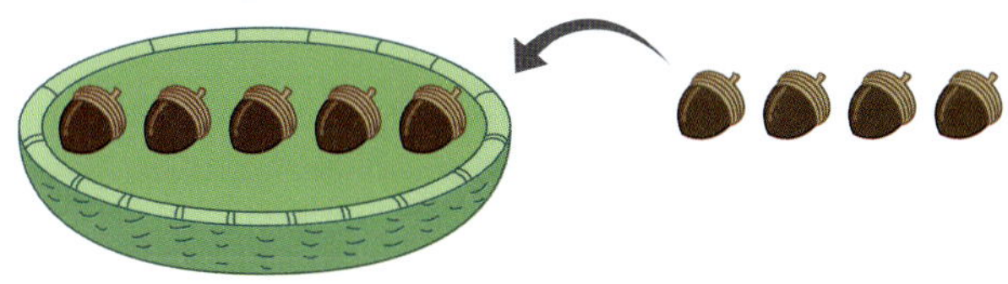

| 5+4 | 6+4 | 4+6 |

| 8 | 9 | 10 |

해결하기

1단계 그림에 알맞은 더하기를 찾아 잇습니다.
2단계 더하기에 알맞은 답을 찾아 잇습니다.

2-1

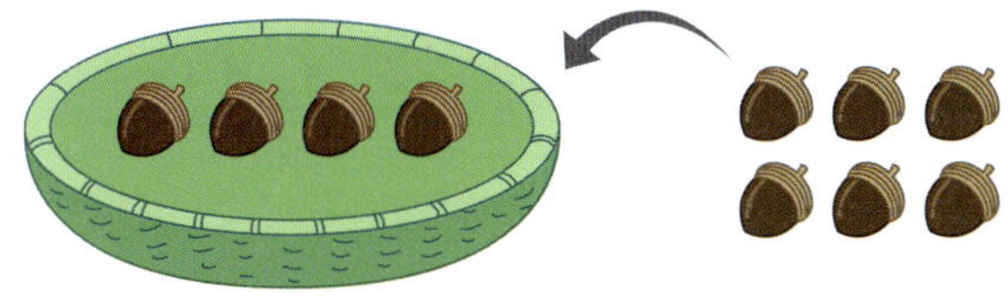

| 4+5 | 4+6 | 5+5 |

| 8 | 9 | 10 |

2-2

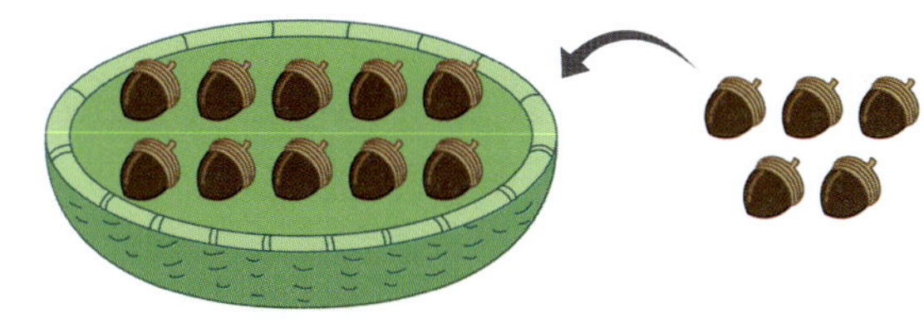

| 10+3 | 9+5 | 10+5 |

| 14 | 15 | 16 |

2-3

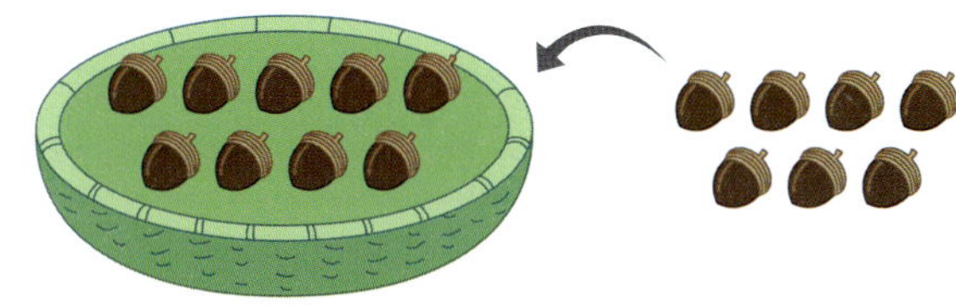

| 9+7 | 9+5 | 10+7 |

| 16 | 17 | 18 |

보태는 더하기 (3)

더하기에서 잘못된 수를 찾아 올바른 수 붙임딱지를 붙이고, 알맞은 답에 색칠해 보세요.

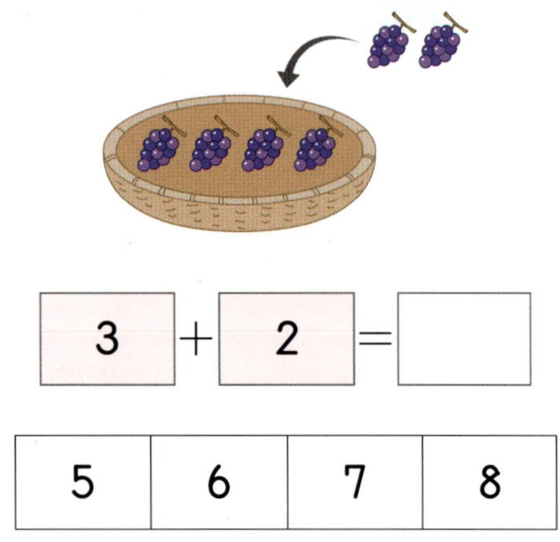

3	+	2	=	

5	6	7	8

해결하기

1단계

더하는 두 수 **3**과 **2** 중 잘못된 수를 찾아 올바른 수 붙임딱지를 붙입니다.

2단계

두 수를 더한 수에 색칠합니다.

3-1

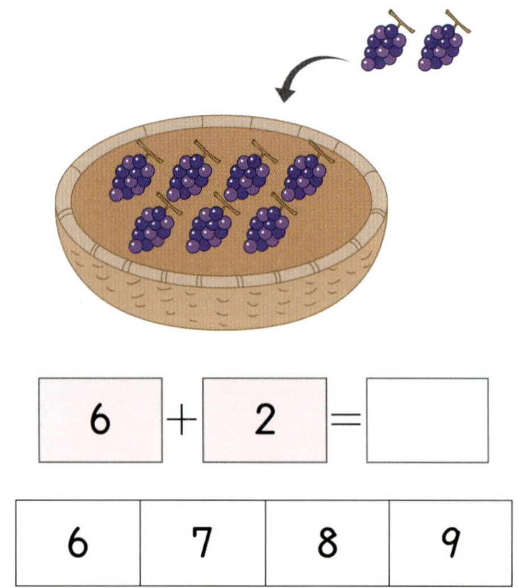

6	+	2	=	

6	7	8	9

3-2

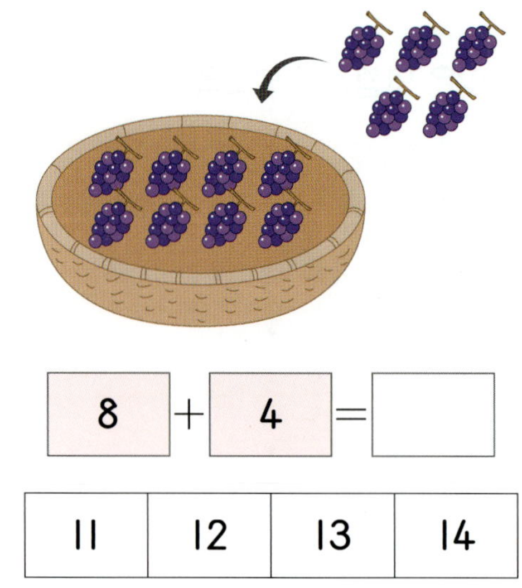

8	+	4	=	

11	12	13	14

3-3

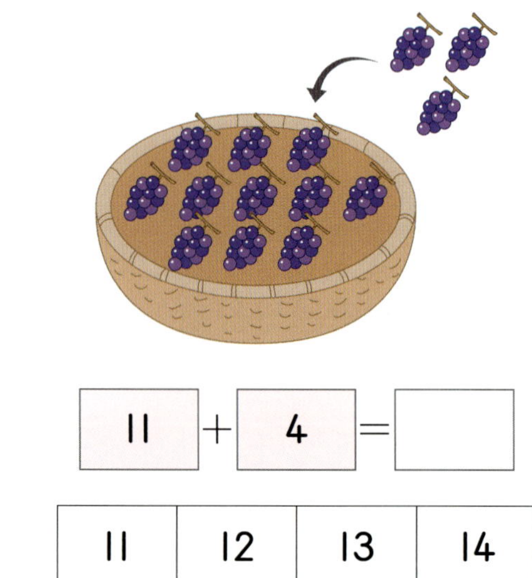

11	+	4	=	

11	12	13	14

3-4

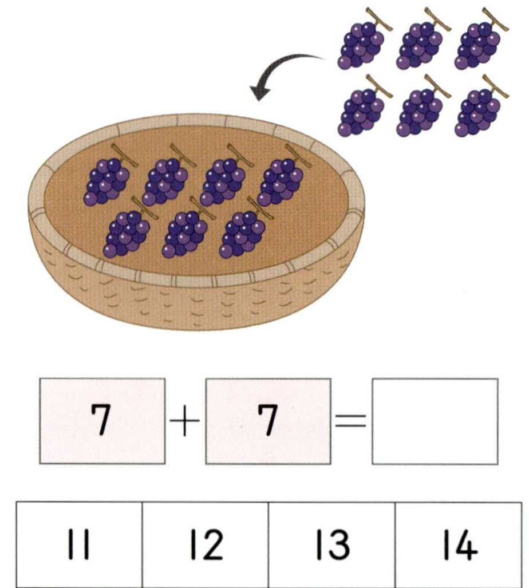

7	+	7	=	

11	12	13	14

대표 응용 4　더하고 더하기

그림을 보고 빈칸에 알맞은 수 붙임딱지를 붙여 보세요.

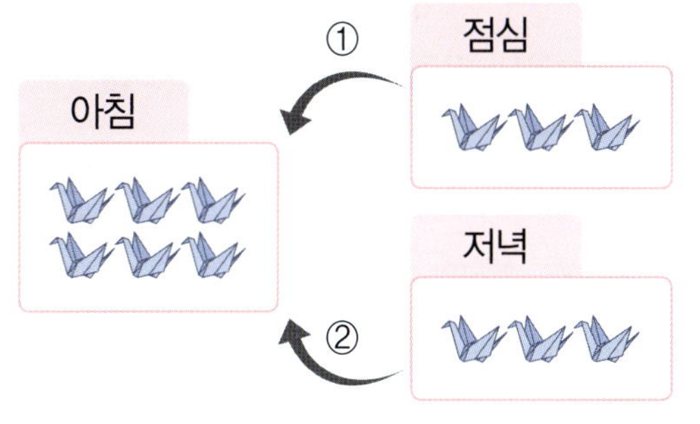

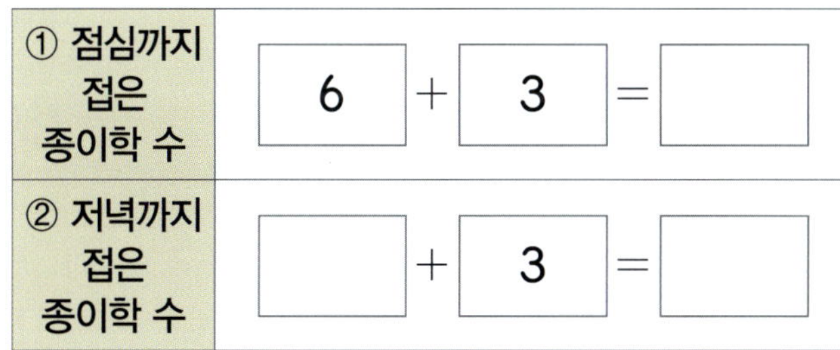

① 점심까지 접은 종이학 수	6	+	3	=	
② 저녁까지 접은 종이학 수		+	3	=	

해결하기

1단계 점심까지 접은 종이학 수를 구합니다.

2단계 점심까지 접은 종이학 수에 **3**을 더하여 저녁까지 접은 종이학 수를 구합니다.

4-1

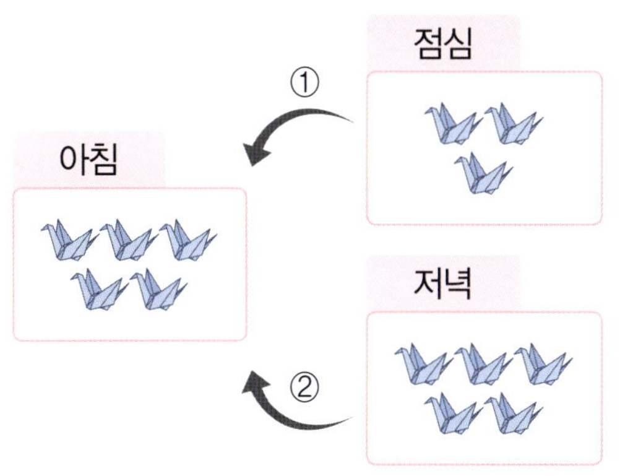

① 점심까지 접은 종이학 수	5	+	3	=	
② 저녁까지 접은 종이학 수		+	5	=	

4-2

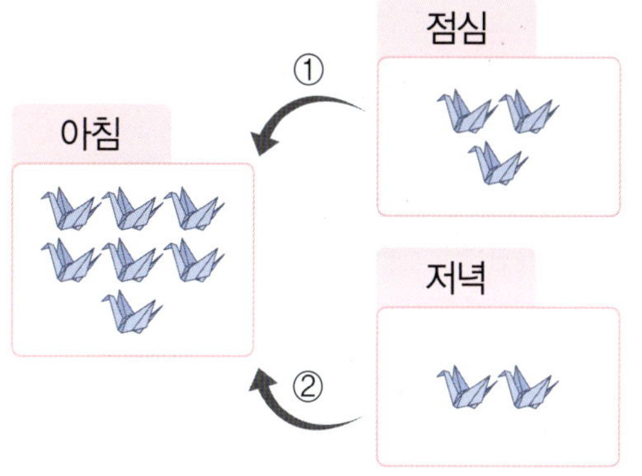

① 점심까지 접은 종이학 수	7	+	3	=	
② 저녁까지 접은 종이학 수		+	2	=	

4-3

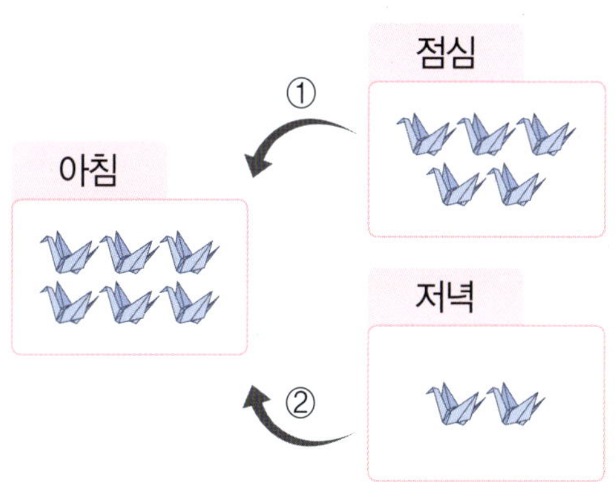

① 점심까지 접은 종이학 수	6	+	5	=	
② 저녁까지 접은 종이학 수		+	2	=	

2. 모으는 더하기

개념 1 20까지 수의 모으는 더하기를 알아볼까요

토끼 2마리가 있는데
1마리가 더 오면 토끼는
모두 3마리가 돼요.

$$2 + 1 = 3$$

울타리 안에 토끼 2마리와 고양이 1마리가 있어요.
동물은 모두 3마리가 있어요.

$$2 + 1 = 3$$

쓰기 $2 + 1 = 3$

읽기
2 더하기 1은 3과 같습니다.
2와 1의 합은 3입니다.

• 왼손의 검은색 바둑돌 4개와 오른손의 흰색 바둑돌 2개를 모으면
바둑돌은 모두 6개가 됩니다.

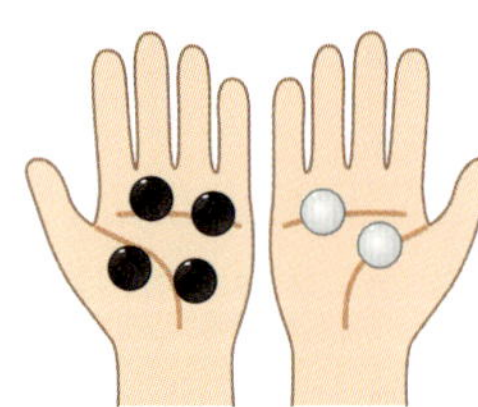

$$4 + 2 = 6$$

• 빨간색 사과 5개와 초록색 사과 3개를 모으면 사과는 모두 8개가 됩니다.

$$5 + 3 = 8$$

- 딸기우유 6개와 초코우유 4개를 모으면 우유는 모두 10개가 됩니다.

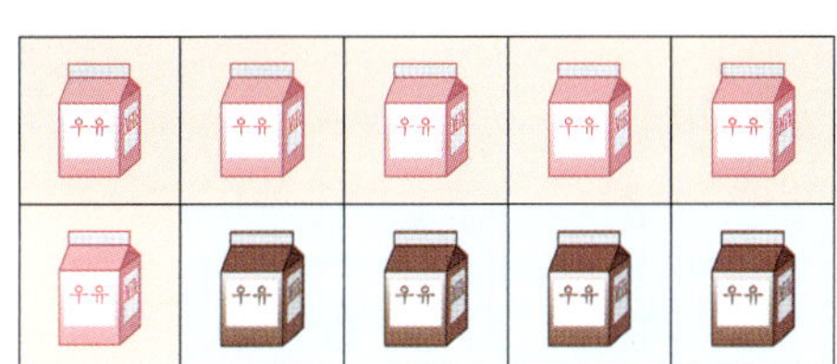

$$6 + 4 = 10$$

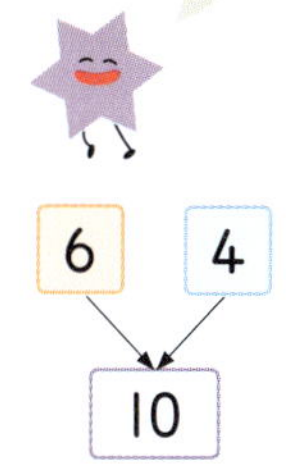

- 모형 8개와 모형 4개를 모으면 모두 12개가 됩니다.

$$8 + 4 = 12$$

- 검은색 바둑돌 10개와 흰색 바둑돌 3개를 모으면 모두 13개가 됩니다.

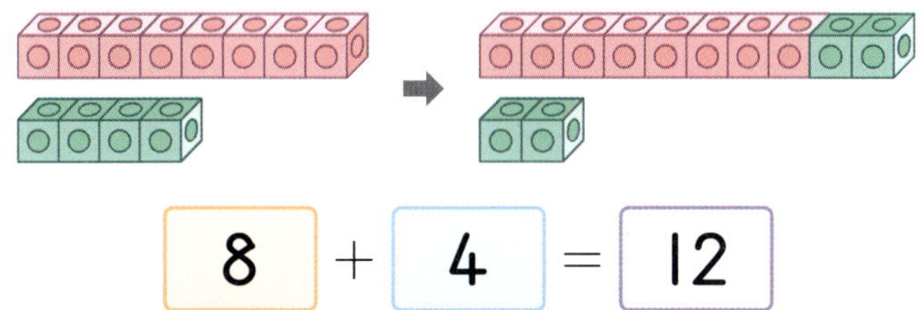

$$10 + 3 = 13$$

- 모형 12개와 모형 4개를 모으면 모두 16개가 됩니다.

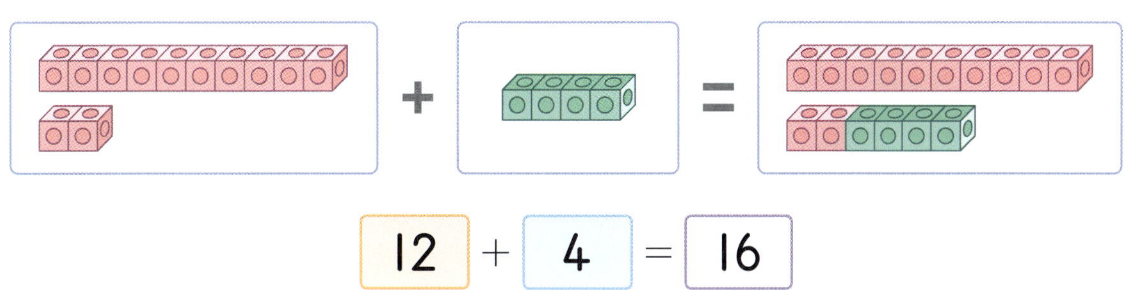

$$12 + 4 = 16$$

(1) 보태서 더한 수에 색칠하기

$2 + 1 = \boxed{}$

| 2 | 3 | 4 | 5 |

(2) 모아서 더한 수에 색칠하기

$1 + 1 = \boxed{}$

| 2 | 3 | 4 | 5 |

 **01 ~ 05** 더하여 알맞은 수에 색칠해 보세요.

01

(1)

$2 + 2 = \boxed{}$

| 2 | 3 | 4 | 5 |

(2)

$1 + 4 = \boxed{}$

| 2 | 3 | 4 | 5 |

02

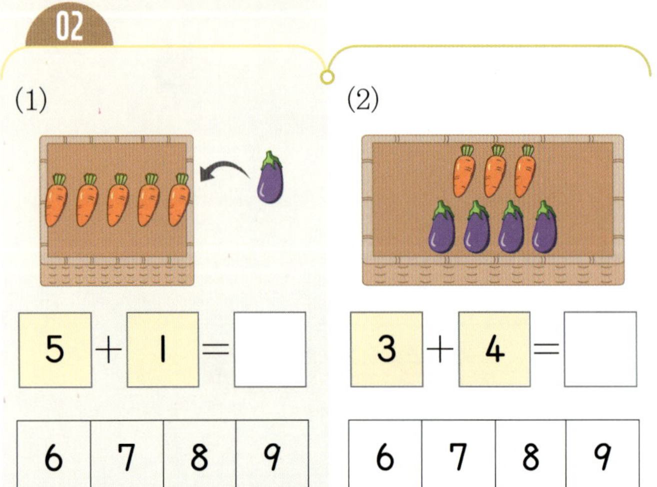

(1)

$5 + 1 = \boxed{}$

| 6 | 7 | 8 | 9 |

(2)

$3 + 4 = \boxed{}$

| 6 | 7 | 8 | 9 |

03

(1)
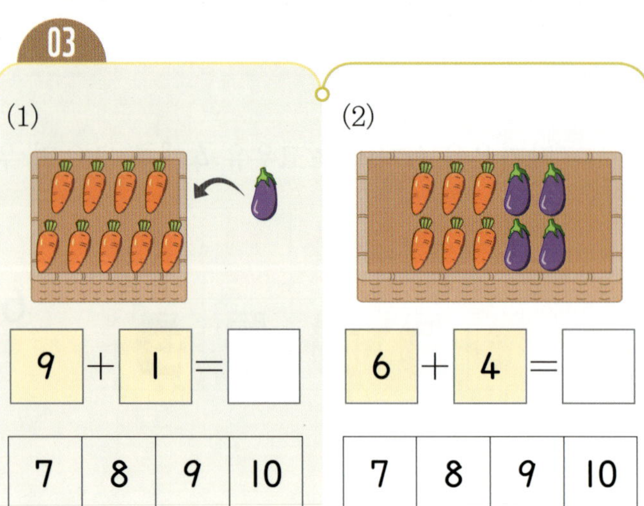

$9 + 1 = \boxed{}$

| 7 | 8 | 9 | 10 |

(2)

$6 + 4 = \boxed{}$

| 7 | 8 | 9 | 10 |

04

(1)
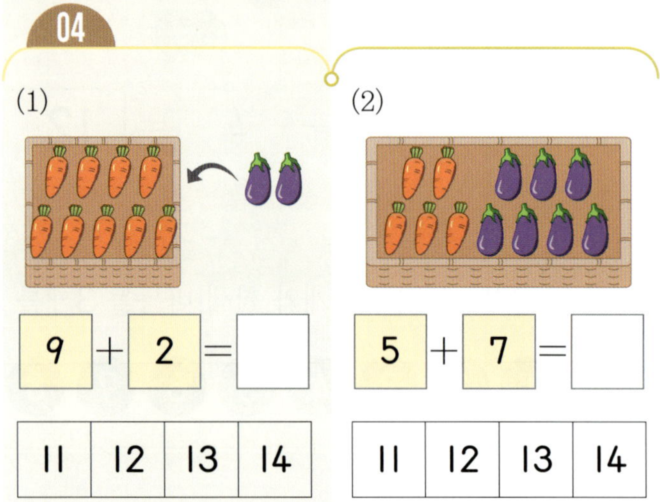

$9 + 2 = \boxed{}$

| 11 | 12 | 13 | 14 |

(2)

$5 + 7 = \boxed{}$

| 11 | 12 | 13 | 14 |

05

(1)
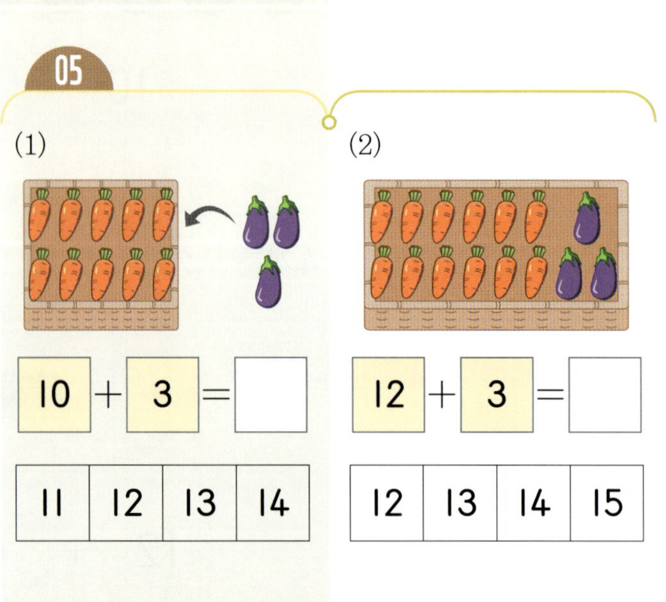

$10 + 3 = \boxed{}$

| 11 | 12 | 13 | 14 |

(2)

$12 + 3 = \boxed{}$

| 12 | 13 | 14 | 15 |

더한 수만큼 ○를 그리고, 더한 수에 색칠하기

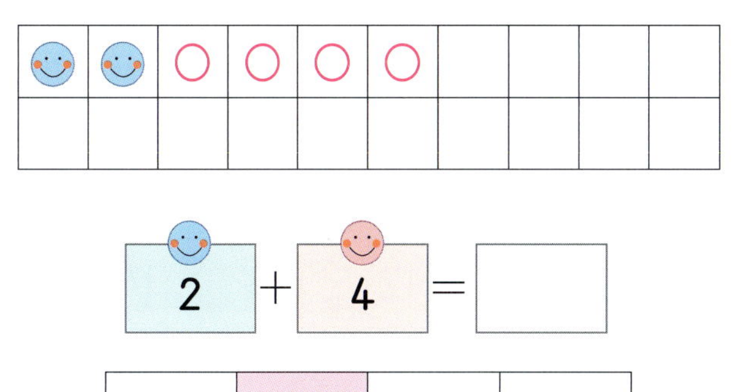

$$2 + 4 = $$

5	6	7	8

06 ~ 10 더한 수만큼 ○를 그리고, 알맞은 수에 색칠해 보세요.

06

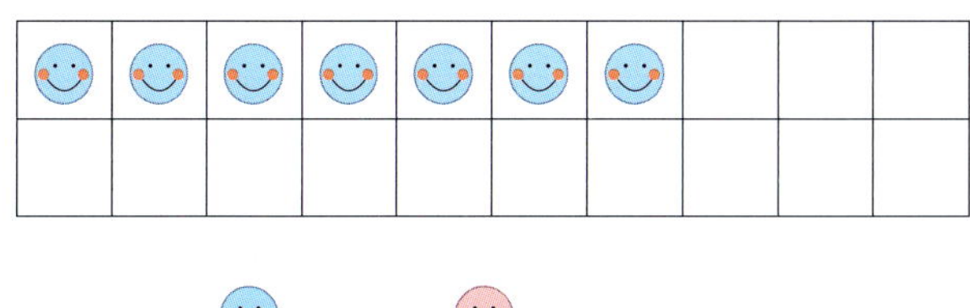

$$7 + 1 = $$

5	6	7	8

07

$$5 + 5 = $$

9	10	11	12

08

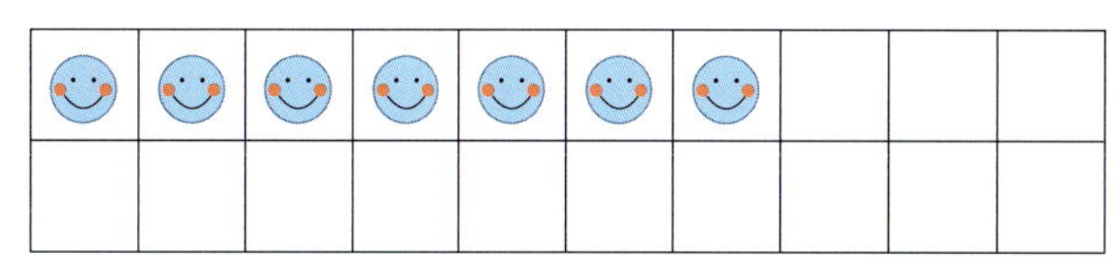

$$7 + 6 = $$

13	14	15	16

09

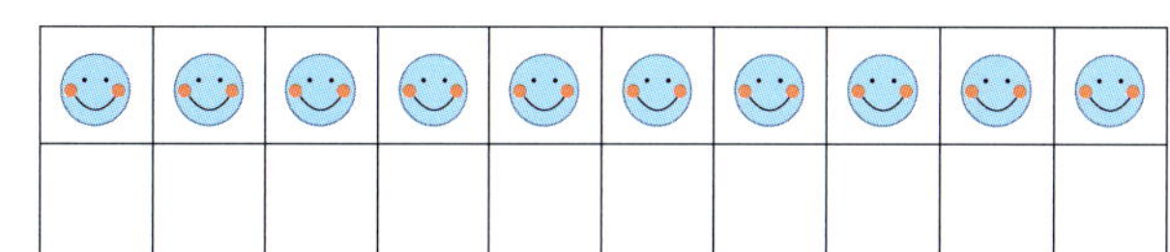

$$10 + 5 = $$

13	14	15	16

10

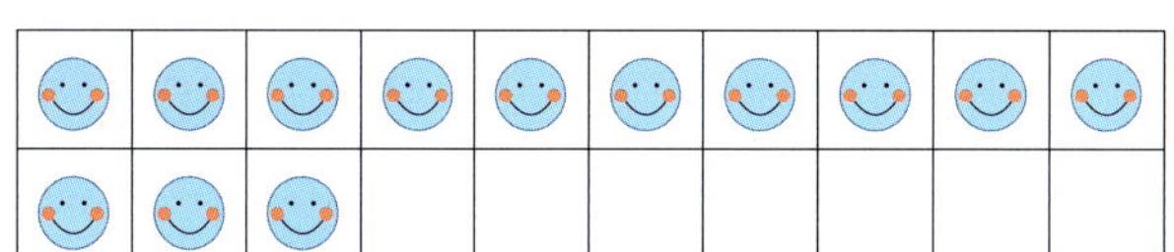

$$13 + 6 = $$

16	17	18	19

01

3 + 6 =

| 7 | 8 | 9 | 10 |

02

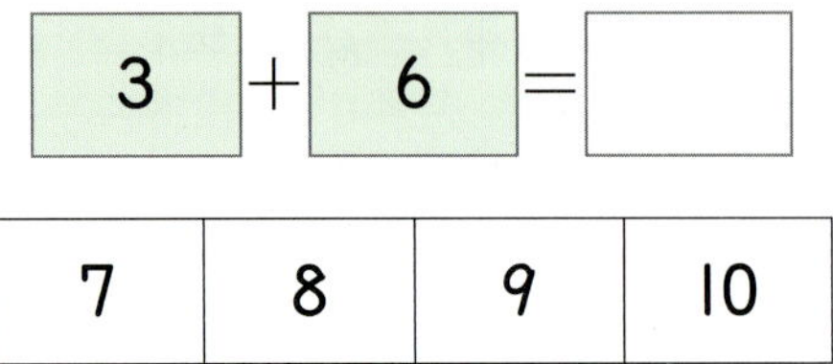

4 + 3 =

| 7 | 8 | 9 | 10 |

03

6 + 2 =

| 7 | 8 | 9 | 10 |

04

7 + 3 =

| 7 | 8 | 9 | 10 |

05

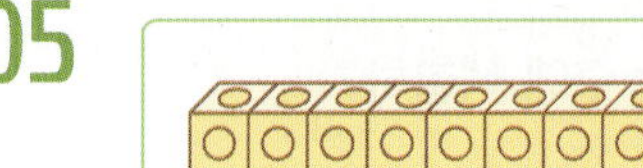 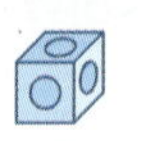

10 + 1 =

| 11 | 12 | 13 | 14 |

06

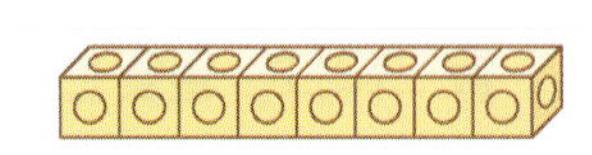 

8 + 4 =

| 11 | 12 | 13 | 14 |

07

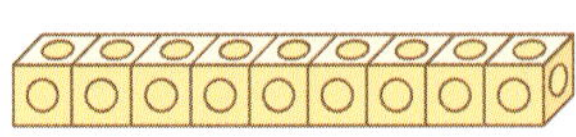 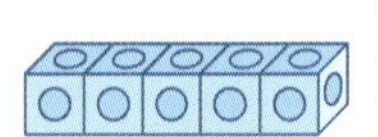

9 + 5 =

| 13 | 14 | 15 | 16 |

08

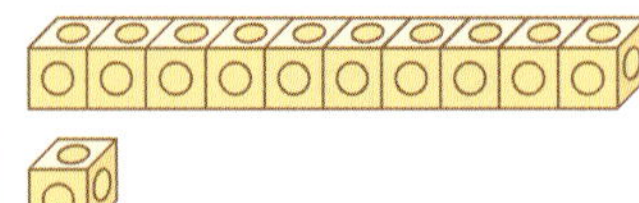 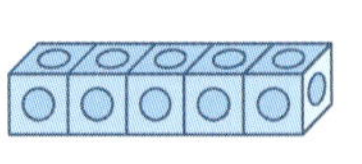

11 + 5 =

| 13 | 14 | 15 | 16 |

09~11 그림에 알맞은 덧셈식이 되도록 이어 보세요.

09

4+3	·	·	9
5+3	·	·	7
5+4	·	·	8

10

9+6	·	·	14
9+5	·	·	15
8+6	·	·	16

11

13+4	·	·	16
13+5	·	·	17
12+4	·	·	18

12 실생활 활용

각 반의 전체 어린이 수를 찾아 ◯표 하세요.

(1) 행복한 반

11	12	13	14	15

(2) 신나는 반

11	12	13	14	15

13 교과 융합

더한 결과에 알맞게 색칠해 보세요.

대표 응용
1 모으는 더하기

잎에 가려져 보이지 않는 토마토 수에 알맞은 수 붙임딱지를 붙여 보세요.

보이는 토마토 수	+	잎에 가려진 토마토 수	=	전체 토마토 수
8				9

해결하기

1단계 잎에 가려져 보이지 않는 토마토 수를 구합니다.

2단계 잎에 가려져 보이지 않는 토마토 수에 알맞은 수 붙임딱지를 붙입니다.

1-1

보이는 토마토 수	+	잎에 가려진 토마토 수	=	전체 토마토 수
7				11

1-2

보이는 토마토 수	+	잎에 가려진 토마토 수	=	전체 토마토 수
10				13

1-3

보이는 토마토 수	+	잎에 가려진 토마토 수	=	전체 토마토 수
12				14

대표 응용
2
더하기에 알맞은 옷 찾기

더하기에 알맞은 옷을 찾아 ○표 하세요.

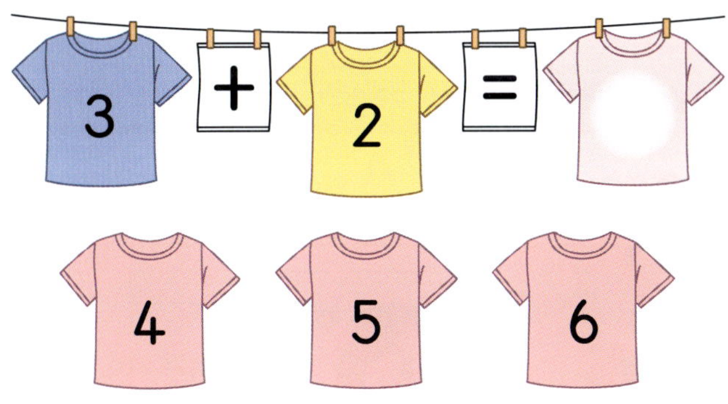

해결하기

1단계

$3+2$를 계산합니다.

2단계

더하기에 알맞은 옷을 찾아 ○표 합니다.

2-1

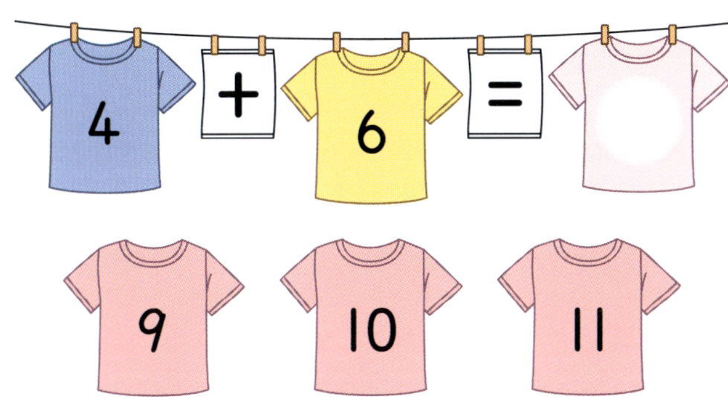

2-2

2-3

2-4

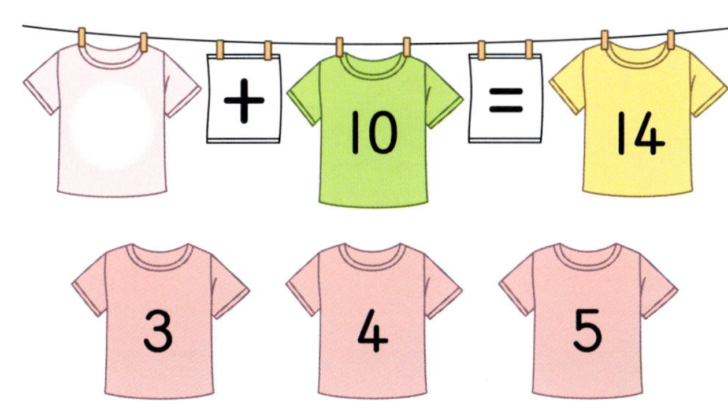

2-5

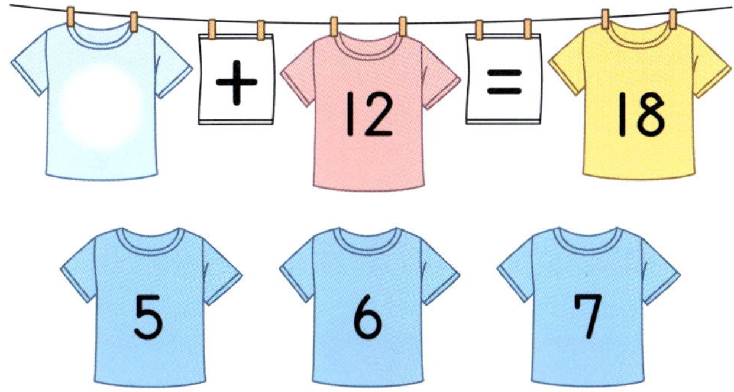

개념 1 20까지 수의 덜어 내는 빼기를 알아볼까요

알고 있어요!

3명을 2명과 1명으로 가를 수 있어요.

3

2   1

알고 싶어요!

3명이 놀다가 1명이 집에 가면 2명이 남아요.

3 − 1 = 2

쓰기   3 − 1 = 2   **읽기**   3 빼기 1은 2와 같습니다.
3과 1의 차는 2입니다.

• 사과 4개 중에서 2개를 먹으면 사과 2개가 남습니다.

4 − 2 = 2

• 책 6권 중에서 2권을 꺼내면 책 4권이 남습니다.

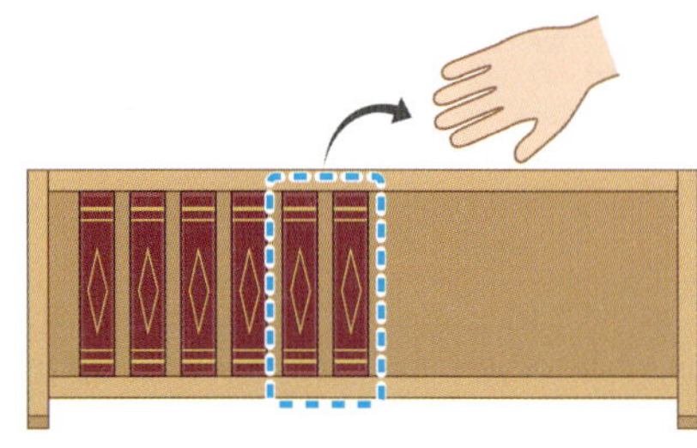

6 − 2 = 4

수학 어휘

빼기
어떤 수에서 다른 수를 빼는 것

덜어 내고 남은 것은 몇 개인지 세어 보세요.

- 아이스크림 **10**개 중에서 **3**개를 먹으면 아이스크림 **7**개가 남습니다.

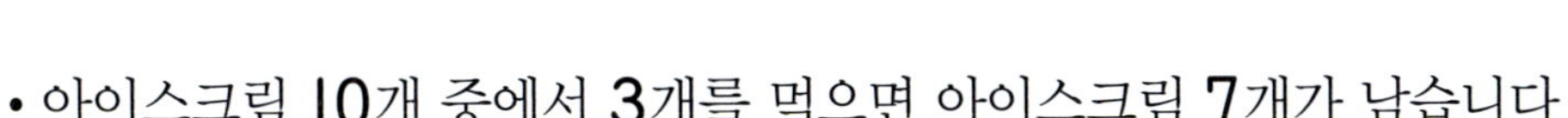

$$10 - 3 = 7$$

- 별 모양 **13**개 중에서 **3**개를 지우면 별 모양 **10**개가 남습니다.

$$13 - 3 = 10$$

- 자동차 **12**대 중에서 **3**대가 나가면 자동차 **9**대가 남습니다.

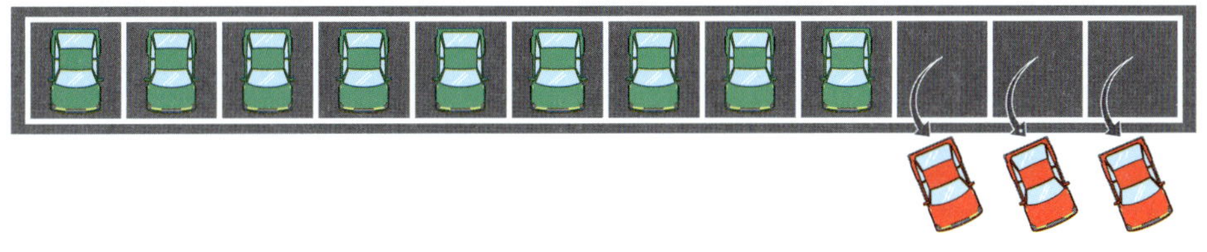

$$12 - 3 = 9$$

- 꿀벌 **17**마리 중에서 **4**마리가 날아가면 **13**마리가 남습니다.

$$17 - 4 = 13$$

(1) 가른 수만큼 붙임딱지 붙이기

(2) 알맞은 수에 색칠하기

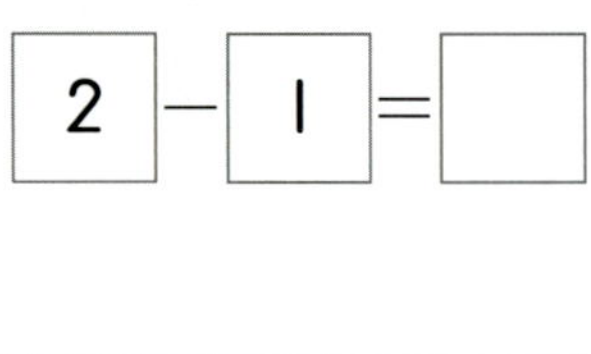

01~05 가른 수만큼 딸기 붙임딱지를 붙이고, 알맞은 수에 색칠해 보세요.

01

(1)
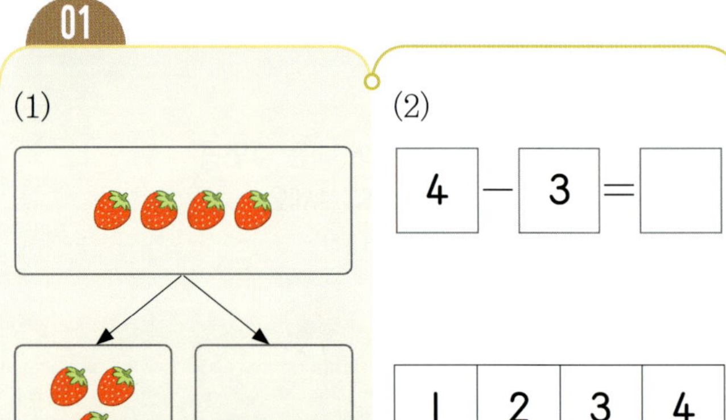

(2)
$4 - 3 =$

| 1 | 2 | 3 | 4 |

02

(1)
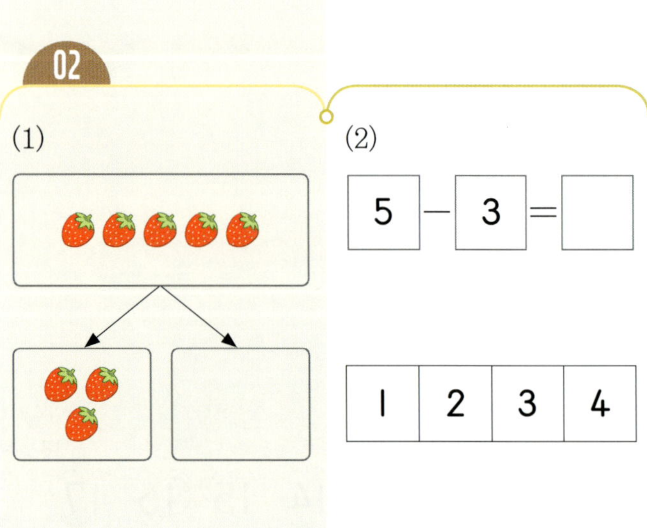

(2)
$5 - 3 =$

| 1 | 2 | 3 | 4 |

03

(1)
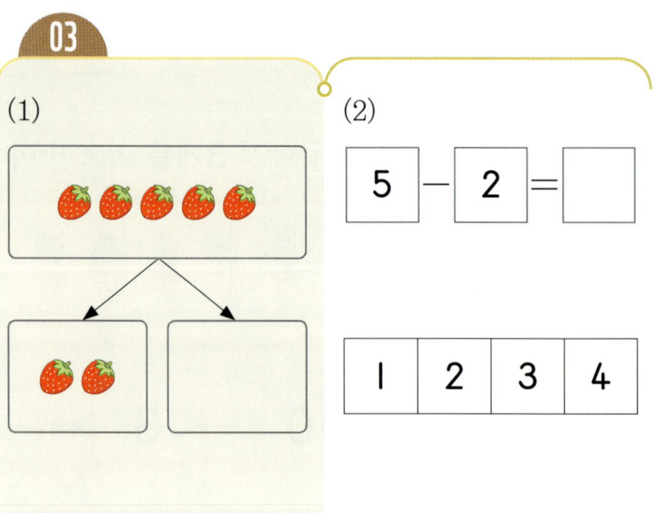

(2)
$5 - 2 =$

| 1 | 2 | 3 | 4 |

04

(1)
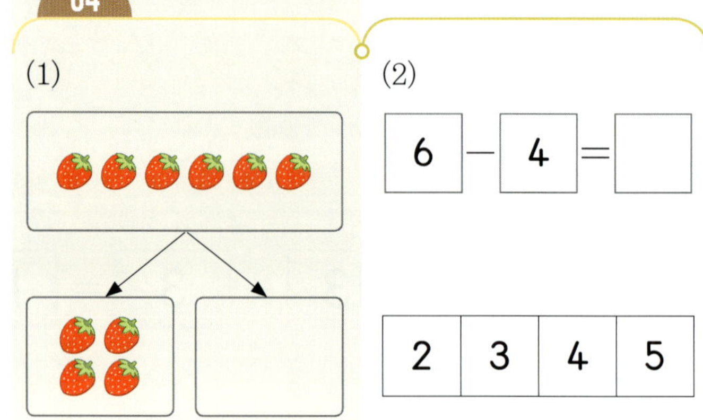

(2)
$6 - 4 =$

| 2 | 3 | 4 | 5 |

05

(1)
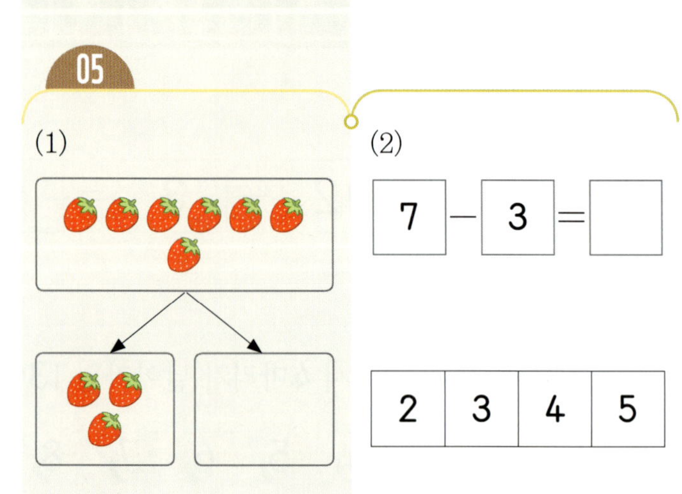

(2)
$7 - 3 =$

| 2 | 3 | 4 | 5 |

먹은 수만큼 / 로 지우고, 남은 수에 색칠하기

$$8 - 3 = \boxed{}$$

| 3 | 4 | 5 | 6 |

06 ~ 10 먹은 바나나 수만큼 ♥를 / 로 지우고, 알맞은 수에 색칠해 보세요.

06

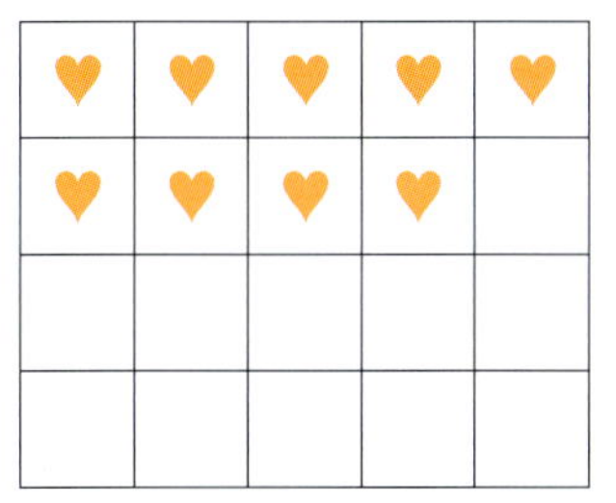

$$9 - 5 = \boxed{}$$

| 3 | 4 | 5 | 6 |

07

$$10 - 4 = \boxed{}$$

| 3 | 4 | 5 | 6 |

08

$$12 - 4 = \boxed{}$$

| 7 | 8 | 9 | 10 |

09

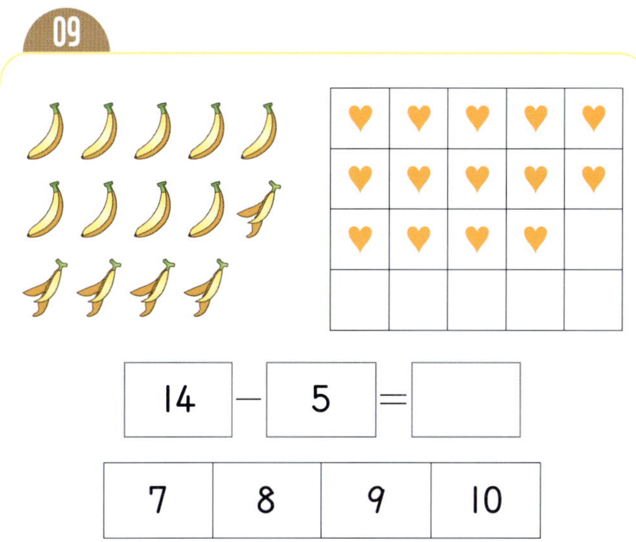

$$14 - 5 = \boxed{}$$

| 7 | 8 | 9 | 10 |

10

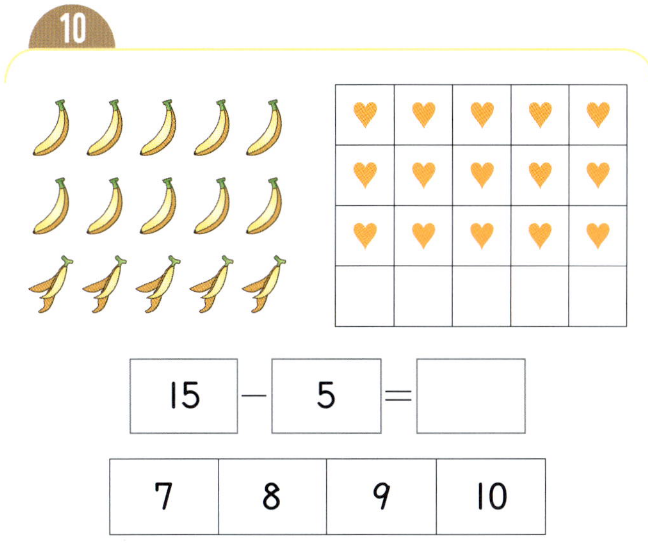

$$15 - 5 = \boxed{}$$

| 7 | 8 | 9 | 10 |

01~08 그림을 보고 ☐ 안에 알맞은 수를 찾아 ◯표 하세요.

01

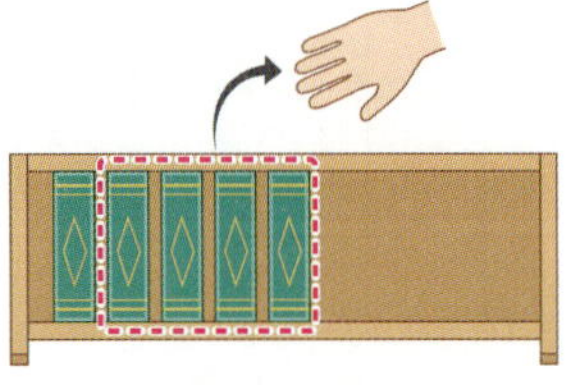

$$5 - 4 = \boxed{}$$

| 1 | 2 | 3 | 4 |

02

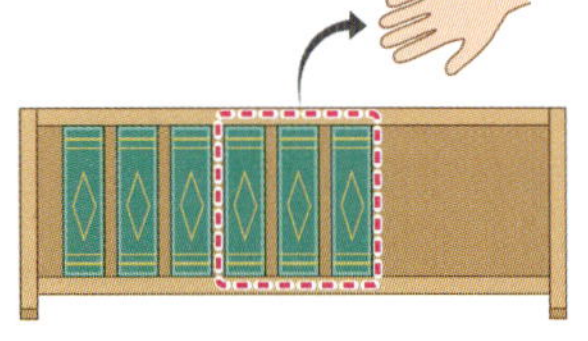

$$6 - 3 = \boxed{}$$

| 1 | 2 | 3 | 4 |

03

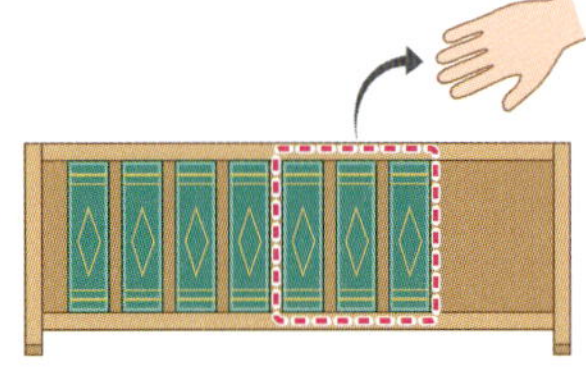

$$7 - 3 = \boxed{}$$

| 1 | 2 | 3 | 4 |

04

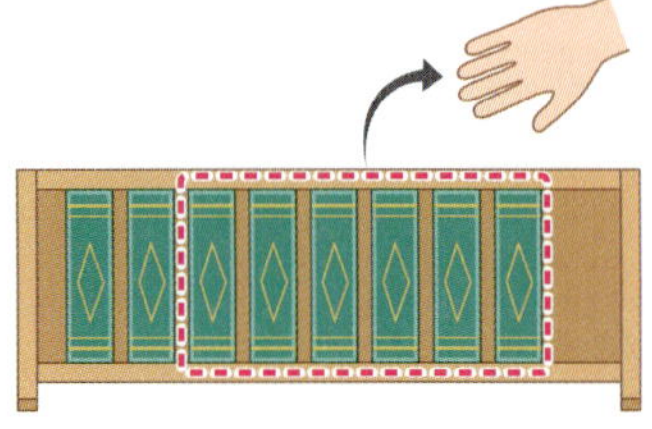

$$8 - 6 = \boxed{}$$

| 1 | 2 | 3 | 4 |

05

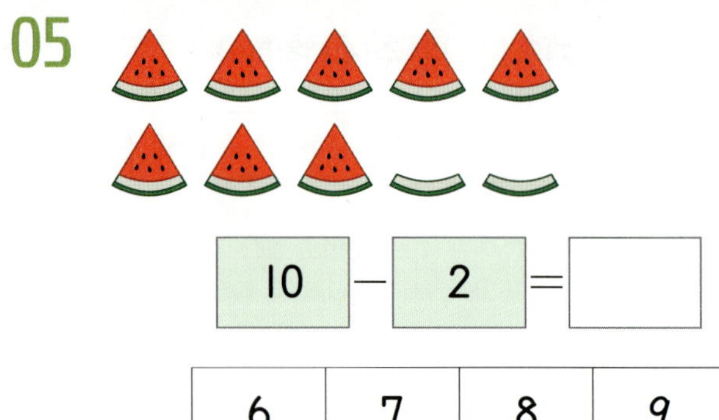

$$10 - 2 = \boxed{}$$

| 6 | 7 | 8 | 9 |

06

$$11 - 5 = \boxed{}$$

| 6 | 7 | 8 | 9 |

07

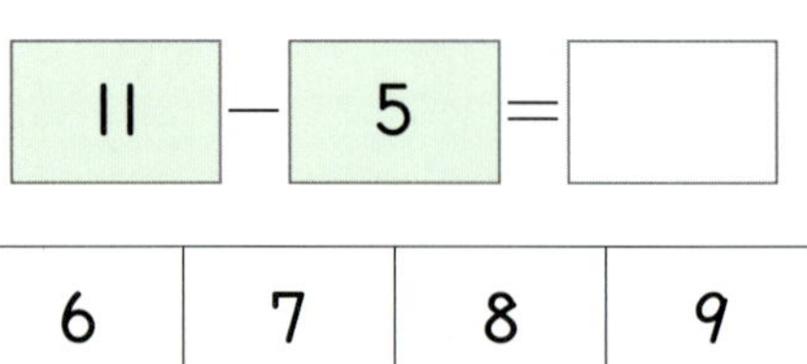

$$12 - 5 = \boxed{}$$

| 7 | 8 | 9 | 10 |

08

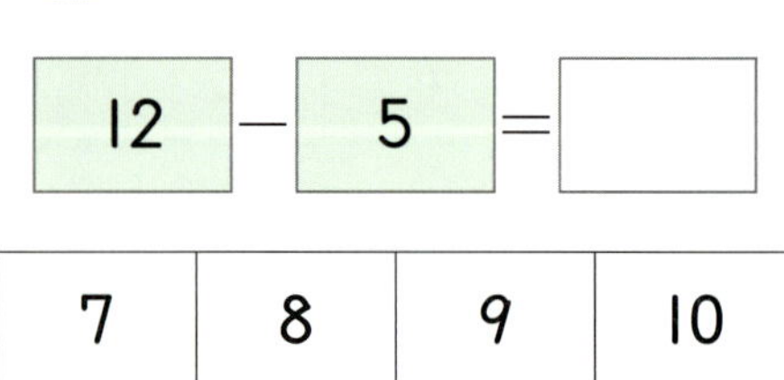

$$14 - 4 = \boxed{}$$

| 7 | 8 | 9 | 10 |

09~11 그림에 알맞은 뺄셈식을 찾아 이어 보세요.

09

9−4=5   9−2=7   9−6=3

10

10−4=6   9−5=4   10−5=5

11

12−4=8   12−3=9   13−4=9

12 실생활 활용

물고기 12마리 중에서 4마리를 잡았습니다. 물 속에 남아 있는 물고기의 수만큼 ○표 하세요.

물 속에 남아 있는 물고기의 수

13 교과 융합

당근 13개 중에서 6개를 뽑았습니다. 밭에 남아 있는 당근의 수만큼 ○표 하세요.

밭에 남아 있는 당근의 수

수해력을 완성해요

대표 응용 1

덜어 내는 빼기 (1)

□ 안에 알맞은 수를 찾아 ○표 하세요.

| 9 | − | ? | = | 6 |

| I | 2 | 3 | 4 |

해결하기

1단계 닭다리 9개에서 몇 개를 먹고 6개가 남 았는지 구합니다.

2단계 □ 안에 알맞은 수에 ○표 합니다.

1-1

| 8 | − | ? | = | 7 |

| I | 2 | 3 | 4 |

1-2

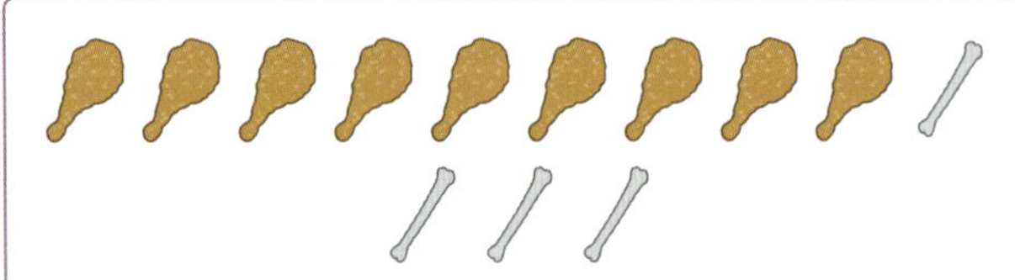

| 13 | − | ? | = | 9 |

| I | 2 | 3 | 4 |

1-3

| 10 | − | ? | = | 8 |

| I | 2 | 3 | 4 |

1-4

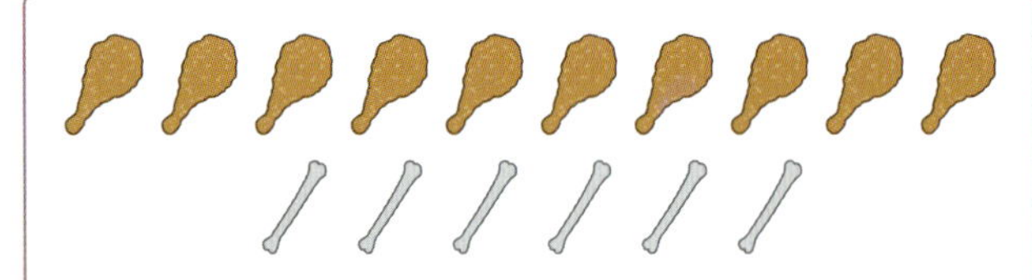

| 16 | − | ? | = | 10 |

| 5 | 6 | 7 | 8 |

1-5

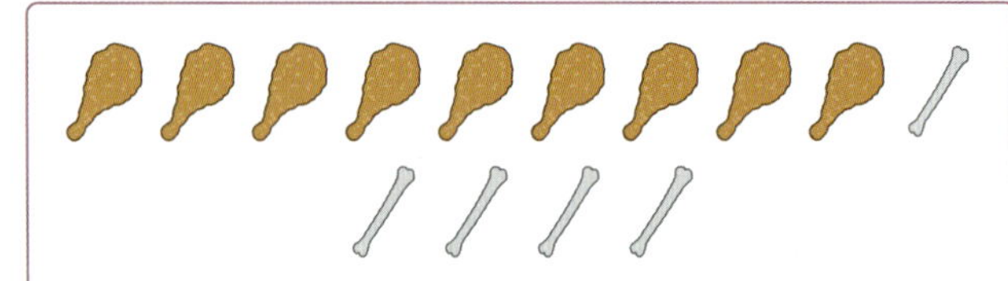

| 14 | − | ? | = | 9 |

| 5 | 6 | 7 | 8 |

대표 응용 2 — 덜어 내는 빼기 (2)

그림에 알맞은 뺄셈식이 되도록 이어 보세요.

| 8−6 | 8−7 | 9−6 |

| 1 | 2 | 3 |

해결하기

1단계 그림에 알맞은 빼기를 찾아 잇습니다.
2단계 빼기에 알맞은 답을 찾아 잇습니다.

2-1

| 7−5 | 7−6 | 8−5 |

| 1 | 2 | 3 |

2-2

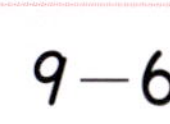

| 8−6 | 9−6 | 10−6 |

| 2 | 3 | 4 |

2-3

| 11−3 | 12−3 | 13−3 |

| 8 | 9 | 10 |

개념 1 20까지 수의 차이 나는 빼기를 알아볼까요

알고 있어요!

사과 3개 중에서
1개를 먹으면
2개가 남아요.

$3 - 1 = 2$

알고 싶어요!

현우는 지아보다 사과가 2개 더 많아요.

$3 - 1 = 2$

쓰기 $3 - 1 = 2$

읽기 3 빼기 1은 2와 같습니다.
3과 1의 차는 2입니다.

• 빨간색 바구니에 있는 가지가 노란색 바구니에 있는 가지보다 3개 더 많습니다.

$4 - 1 = 3$

• 준하가 가진 구슬이 윤지가 가진 구슬보다 4개 더 많습니다.

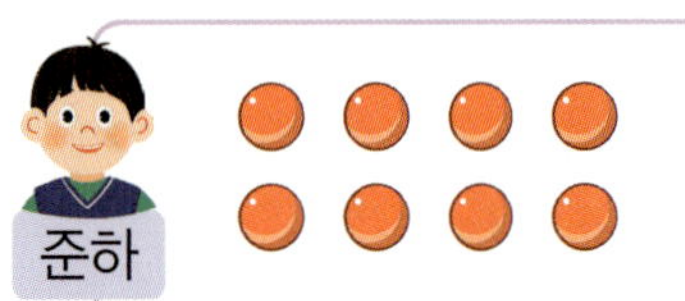

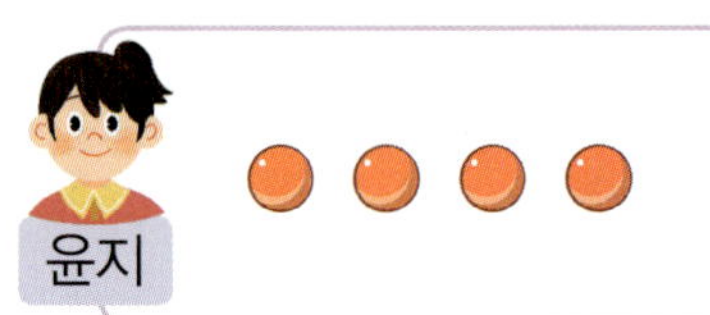

$8 - 4 = 4$

• 완두콩은 강낭콩보다 **5**개 더 많습니다.

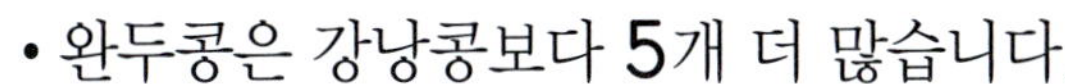

1	2	3	4	5	6	7	8	9	10

1	2	3	4	5	6	7	8	9	10

$$9 - 4 = 5$$

• 오징어 다리는 문어 다리보다 **2**개 더 많습니다.

$$10 - 8 = 2$$

• 검은색 바둑돌이 흰색 바둑돌보다 **3**개 더 많습니다.

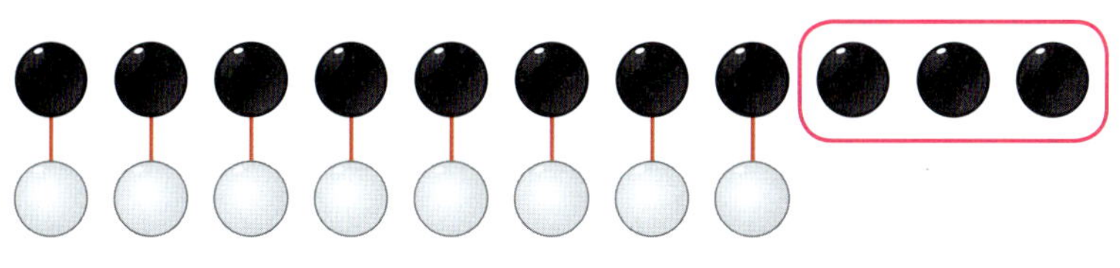

$$11 - 8 = 3$$

• 토끼가 거북보다 **11**칸 더 많이 갔습니다.

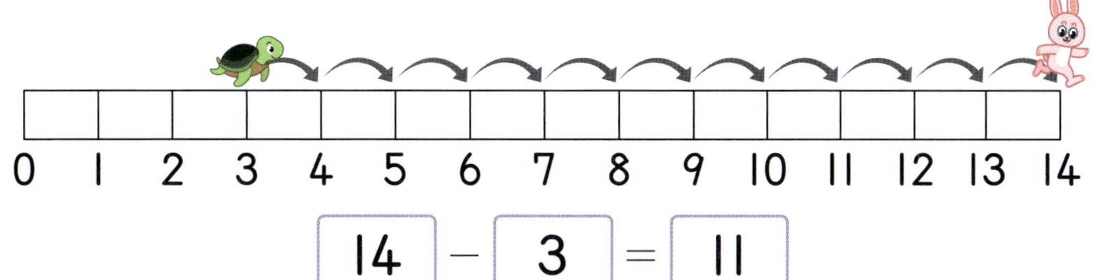

$$14 - 3 = 11$$

(1) 덜어 내는 빼기

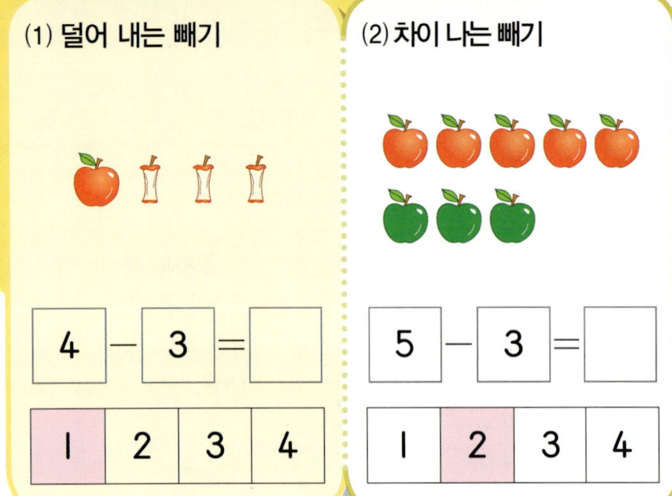

$$4 - 3 = \boxed{}$$

1	2	3	4

(2) 차이 나는 빼기

$$5 - 3 = \boxed{}$$

1	2	3	4

01~05 알맞은 수에 색칠해 보세요.

01

(1)

$$6 - 3 = \boxed{}$$

2	3	4	5

(2)

$$7 - 3 = \boxed{}$$

2	3	4	5

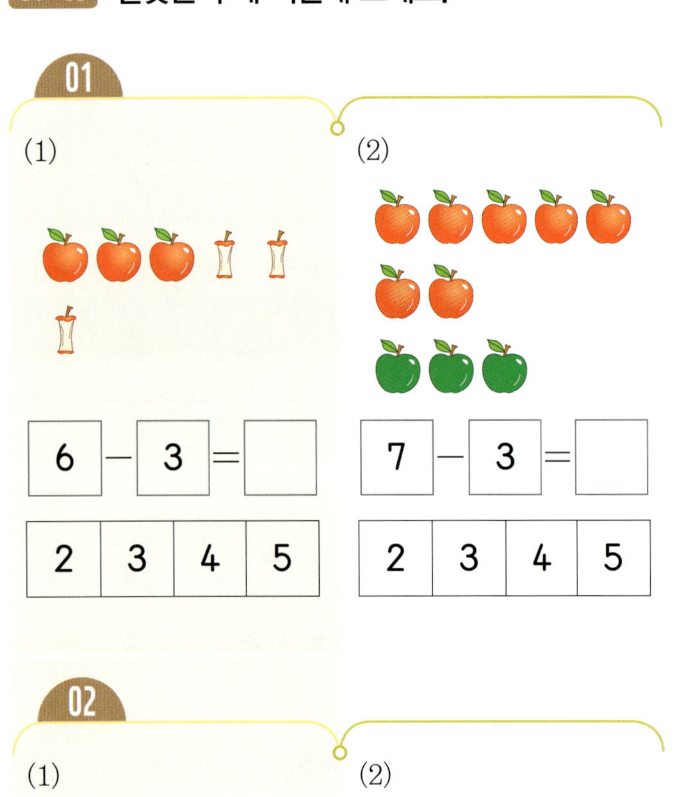

02

(1)

$$8 - 5 = \boxed{}$$

2	3	4	5

(2)

$$9 - 5 = \boxed{}$$

2	3	4	5

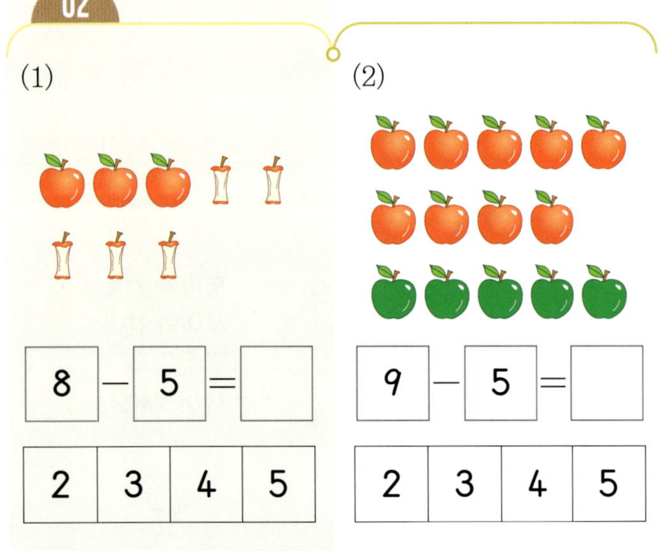

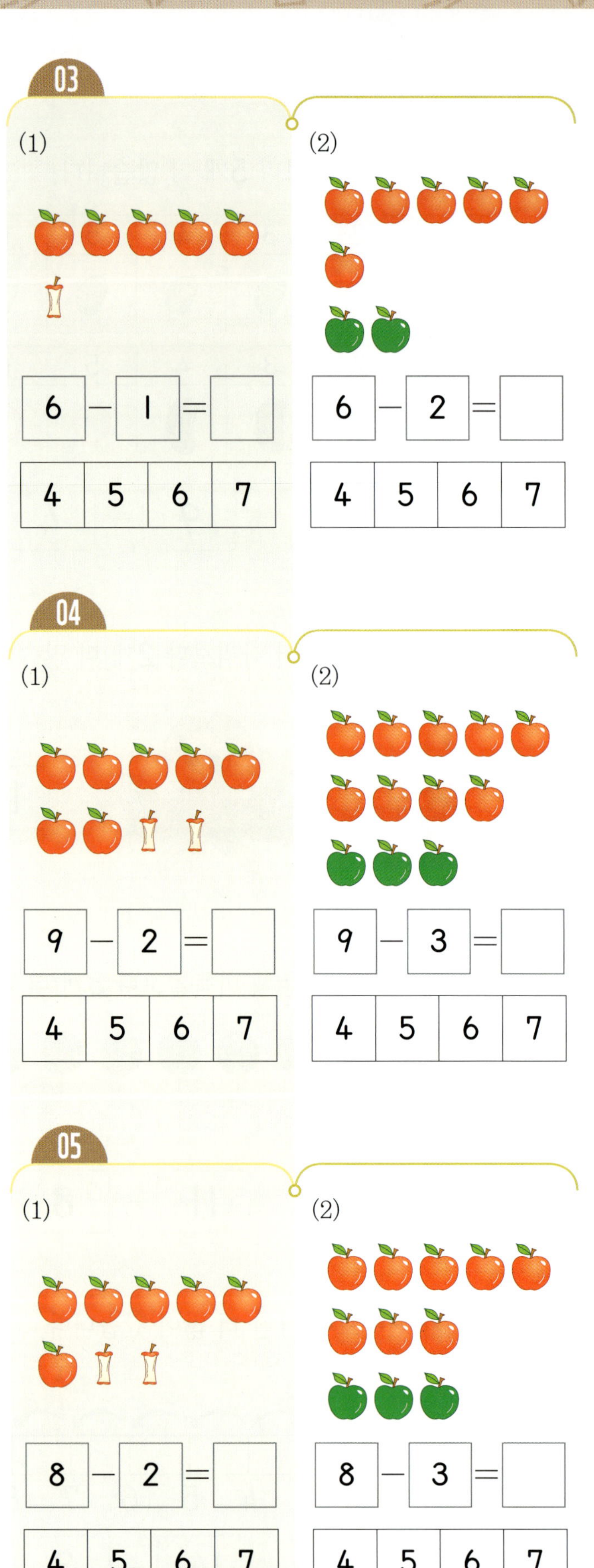

03

(1)

$$6 - 1 = \boxed{}$$

4	5	6	7

(2)

$$6 - 2 = \boxed{}$$

4	5	6	7

04

(1)

$$9 - 2 = \boxed{}$$

4	5	6	7

(2)

$$9 - 3 = \boxed{}$$

4	5	6	7

05

(1)

$$8 - 2 = \boxed{}$$

4	5	6	7

(2)

$$8 - 3 = \boxed{}$$

4	5	6	7

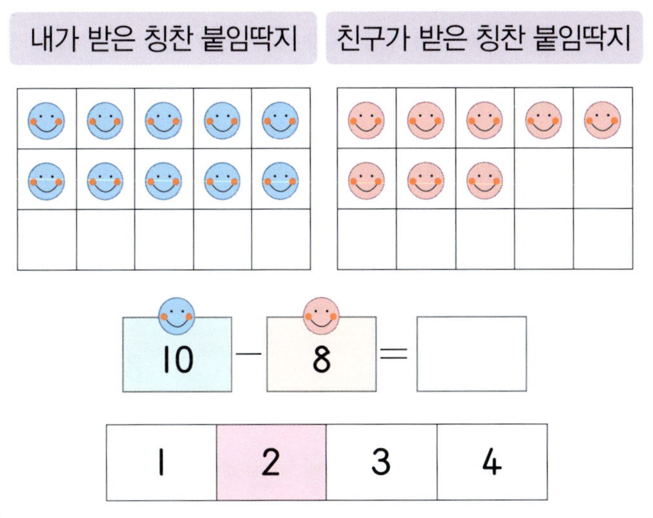

06 ~ 10 알맞은 수에 색칠해 보세요.

06

07

08

09

10

을 높여요

01~08 그림을 보고 ☐ 안에 알맞은 수를 찾아 ○표 하세요.

01

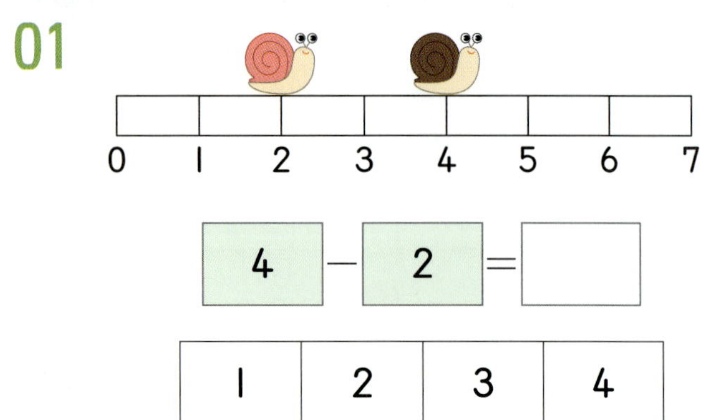

$4 - 2 =$ ☐

| 1 | 2 | 3 | 4 |

02

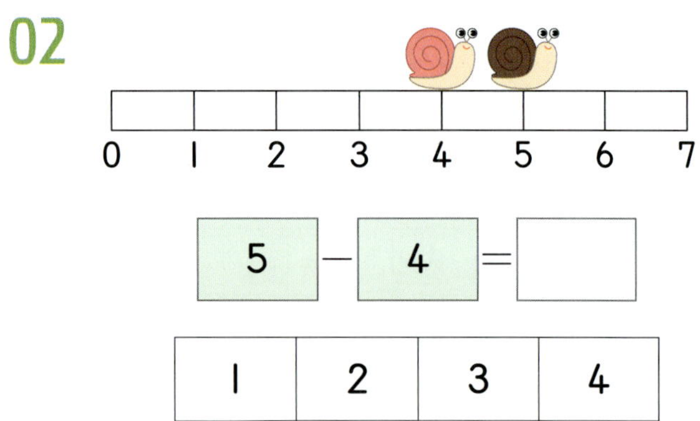

$5 - 4 =$ ☐

| 1 | 2 | 3 | 4 |

03

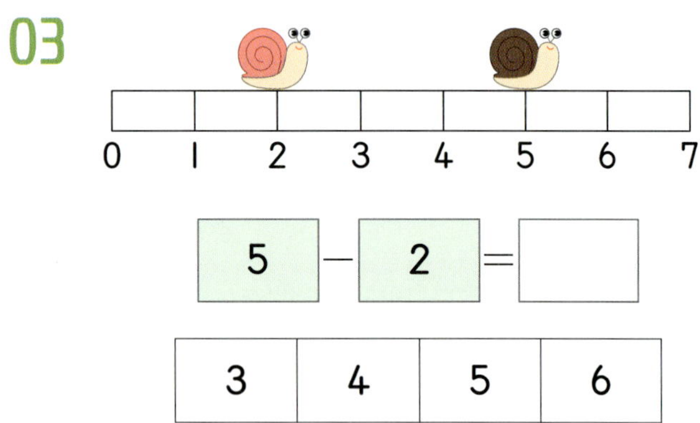

$5 - 2 =$ ☐

| 3 | 4 | 5 | 6 |

04

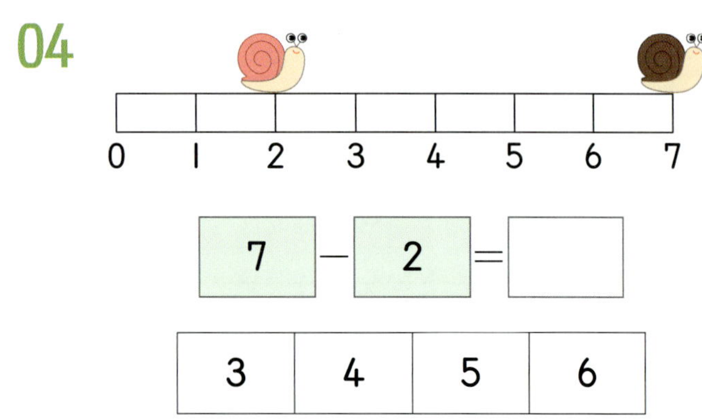

$7 - 2 =$ ☐

| 3 | 4 | 5 | 6 |

05

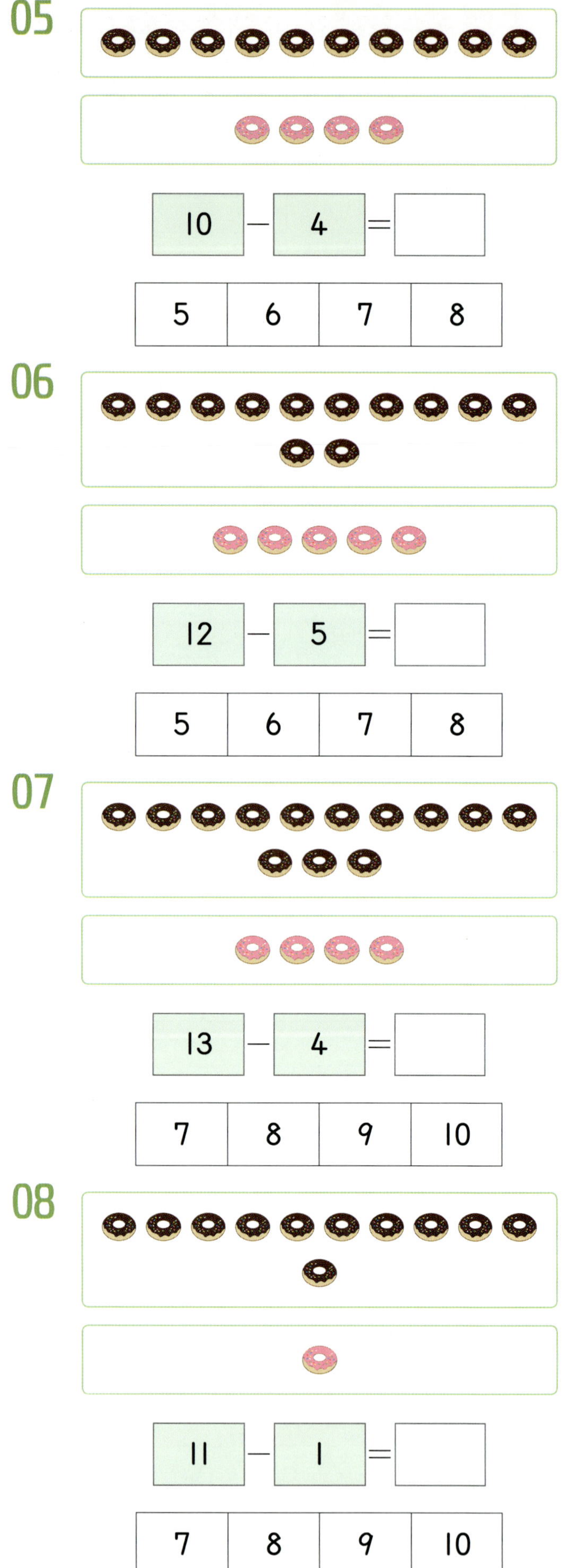

$10 - 4 =$ ☐

| 5 | 6 | 7 | 8 |

06

$12 - 5 =$ ☐

| 5 | 6 | 7 | 8 |

07

$13 - 4 =$ ☐

| 7 | 8 | 9 | 10 |

08

$11 - 1 =$ ☐

| 7 | 8 | 9 | 10 |

09~11 빨간색 풍선은 파란색 풍선보다 몇 개 더 많은지 구하는 빼기와 답을 알맞게 이어 보세요.

09

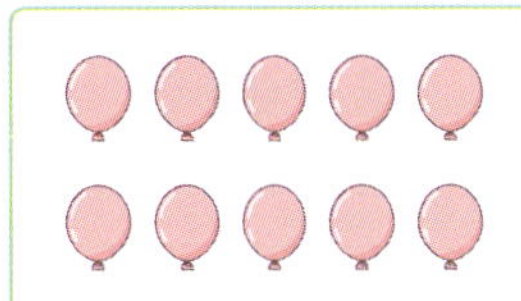 

10−1 •   • 7

10−2 •   • 8

10−3 •   • 9

10

 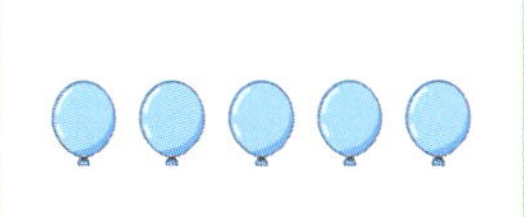

7−5 •   • 2

8−5 •   • 3

9−5 •   • 4

11

9−7 •   • 4

10−7 •   • 3

11−7 •   • 2

12 실생활 활용

어린이 한 명에게 핫도그를 1개씩 나누어 주려고 합니다. 더 필요한 핫도그 수에 ◯표 하세요.

(1)

어린이					
핫도그					

1개	2개	3개	4개	5개

(2)

어린이					
핫도그					

1개	2개	3개	4개	5개

13 교과 융합

색판 뒤집기 놀이를 하고 있습니다. 알맞은 수에 ◯표 하세요.

파란 색판의 수		−	빨간 색판의 수		=	색판 수의 차	
6	7		6	7		1	2
8	9		8	9		3	4

대표 응용 1

차이 나는 빼기 (1)

안경을 쓰지 않은 친구의 수를 구하는 빼기와 답을 찾아 ◯표 하세요.

빼기	5−4	6−3	6−4
답	1	2	3

해결하기

1단계 알맞은 빼기를 찾아 ◯표 합니다.
2단계 알맞은 답을 찾아 ◯표 합니다.

1-1

빼기	10−1	10−2	10−3
답	7	8	9

1-2

빼기	14−7	14−8	15−8
답	6	7	8

1-3

빼기	15−3	15−4	14−4
답	10	11	12

차이 나는 빼기 (2)

청팀과 백팀이 콩주머니 던지기를 하였습니다. 알맞은 것을 찾아 ◯표 하세요.

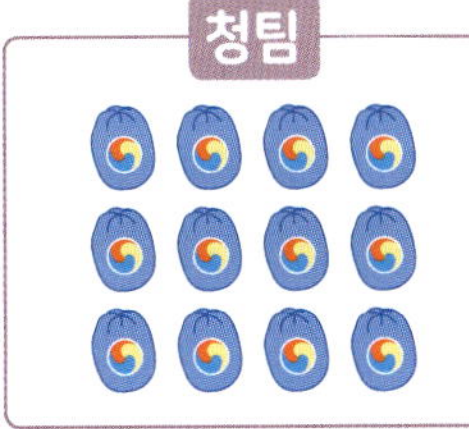 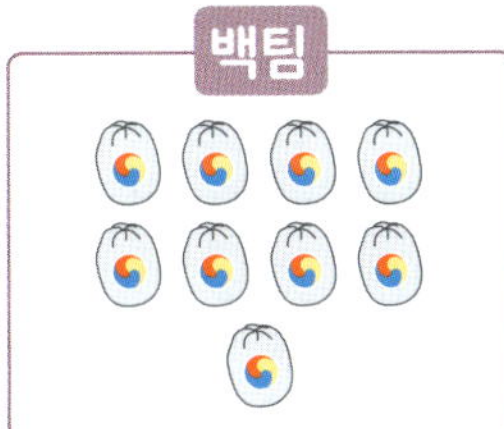

청팀	백팀	이

2개	3개	차이로 이겼습니다.

해결하기

1단계 청팀과 백팀의 콩주머니 수를 셉니다.
2단계 콩주머니 수가 많은 쪽에서 적은 쪽을 뺍니다.
3단계 알맞은 것을 찾아 ◯표 합니다.

2-1

청팀	백팀	이

4개	5개	차이로 이겼습니다.

2-2

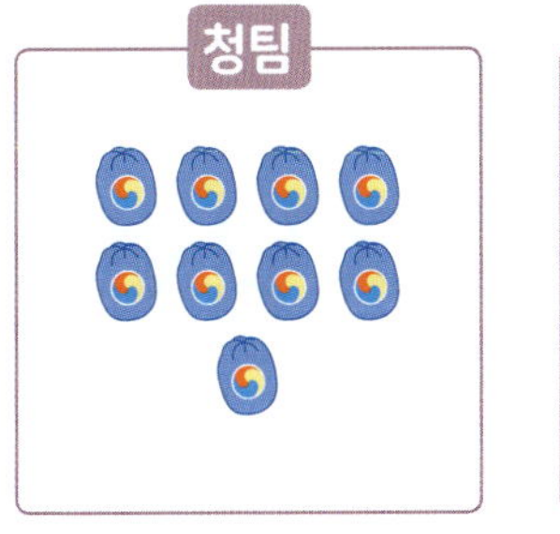 

청팀	백팀	이

4개	5개	차이로 이겼습니다.

2-3

청팀	백팀	이

7개	8개	차이로 이겼습니다.

올바른 방법을 찾아 색칠해 보세요

색칠 방법은 모두 10가지입니다. 하지만 이 중에서 5가지 방법만 올바른 색칠 방법입니다.
올바른 색칠 방법의 번호는 활동 2에 제시된 문제를 풀고 나온 답과 같습니다.
올바른 색칠 방법을 찾아서 그림을 색칠해 보세요.

활동 1 색칠 방법 (다섯 가지는 틀린 방법이에요!)

I	토끼 인형은 분홍색으로 색칠해 보세요.
2	토끼 인형은 하늘색으로 색칠해 보세요.
3	사과는 빨간색으로 색칠해 보세요.
4	사과는 초록색으로 색칠해 보세요.
5	여자 아이의 옷은 노란색으로 색칠해 보세요.
6	여자 아이의 옷은 분홍색으로 색칠해 보세요.
7	컵은 초록색으로 색칠해 보세요.
8	컵은 빨간색으로 색칠해 보세요.
9	식탁은 파란색으로 색칠해 보세요.
10	식탁은 보라색으로 색칠해 보세요.

활동 2 계산을 하고, 계산 결과에 알맞은 수를 **활동 1** 에서 찾아 ○표 하세요.

3 − 2 = ☐	3 + 5 = ☐
7 + 2 = ☐	12 − 8 = ☐
10 − 5 = ☐	

활동 3 올바른 색칠 방법 5가지를 모두 찾았나요? 그럼 이제 예쁘게 색칠해 보세요.

MEMO

초등 '국가대표' 만점왕
이제 **수학**도 꽉 잡아요!

EBS 선생님 **무료강의 제공**

표지 이야기

접시 위의 과일은 몇 개일까요?
좋아하는 과일로 수의 개념을 배워요.

- 수 · 연산 P단계 1단원 '수 알기'

완벽 개념
이미 배운 개념과
새로 배울 개념을
비교해서 수학을 쉽게!

강화 단원
개념부터 응용까지
학생들이 어려워하는
단원을 집중적으로!

영역 특화
수·연산, 도형·측정
각 영역 특성에 맞는
학습으로 1년 완성!

초등 수학

수·연산

다음 학년 수학이 쉬워지는

정답

P 단계

| 예비 초등 권장 |

정답

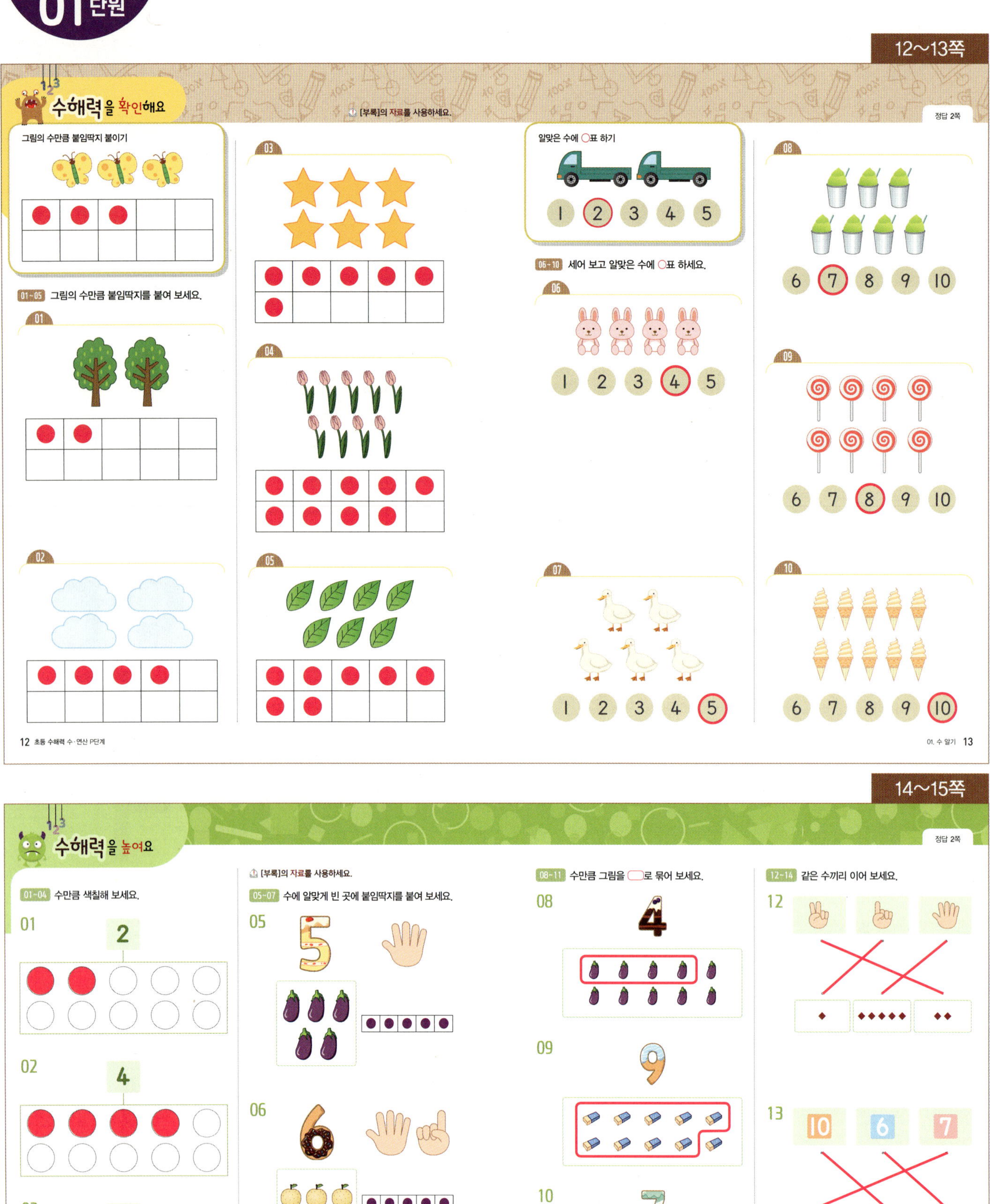

수해력을 완성해요

정답 3쪽

대표 응용 1 수 세기 (1)

그림의 수를 세어 □ 안에 알맞은 수를 써넣으세요.

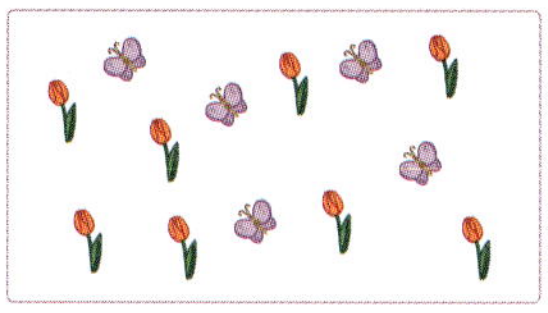

🦋 [5] 🌷 [8]

해결하기

1단계
🦋의 수를 세어 보고 수를 씁니다.
🦋의 수는 [5] 입니다.

2단계
🌷의 수를 세어 보고 수를 씁니다.
🌷의 수는 [8] 입니다.

1-1

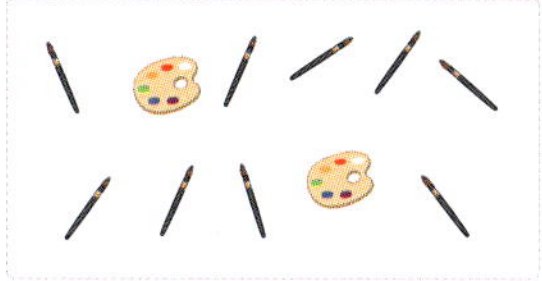

🎨 [2] ✏ [9]

1-2

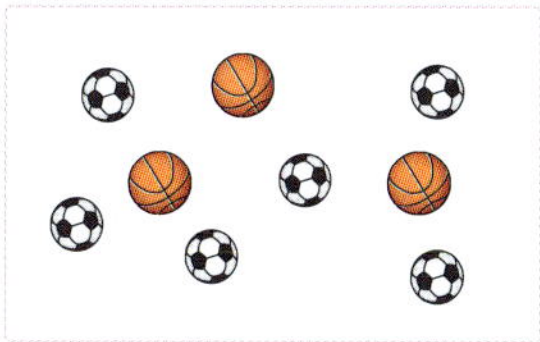

⚽ [6] 🏀 [3]

1-3

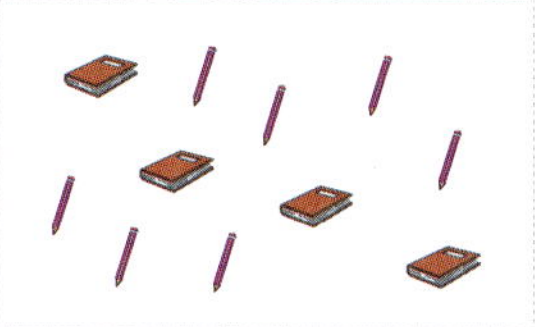

📕 [4] ✏ [7]

대표 응용 2 수 세기 (2)

다음 중 다른 수를 나타내는 칸에 색칠해 보세요.

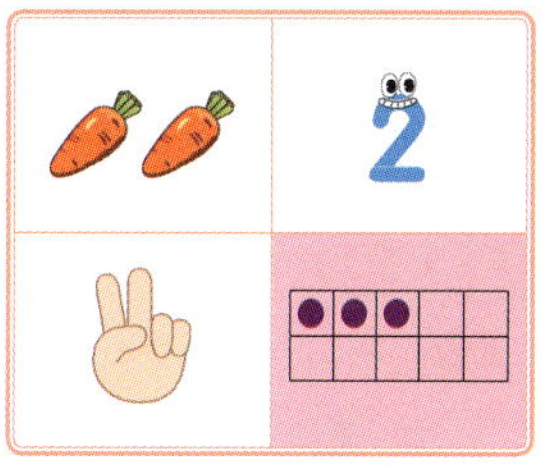

해결하기

1단계 당근의 수와 손가락 수는 [2] 을/를 나타냅니다.

2단계 [3] 을/를 나타내는 칸에 색칠합니다.

2-1

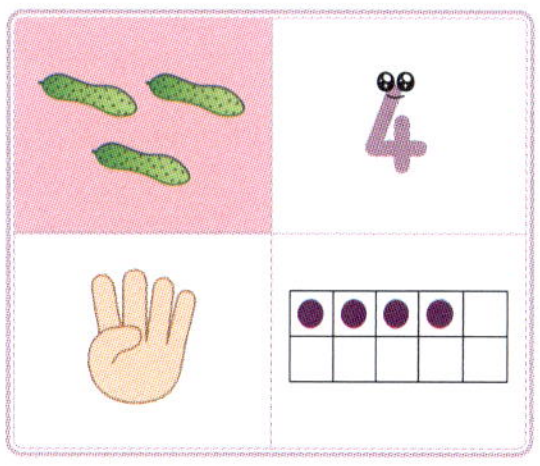

2-2

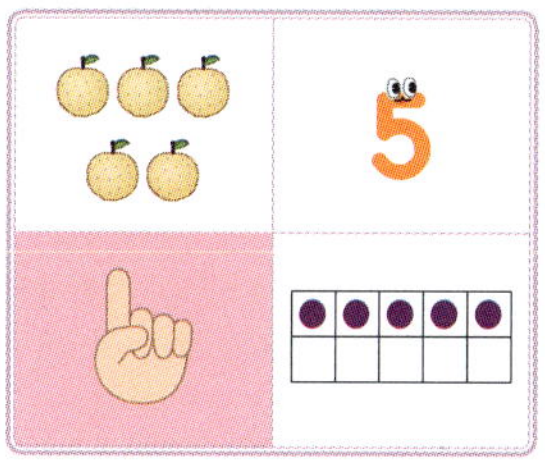

2-3

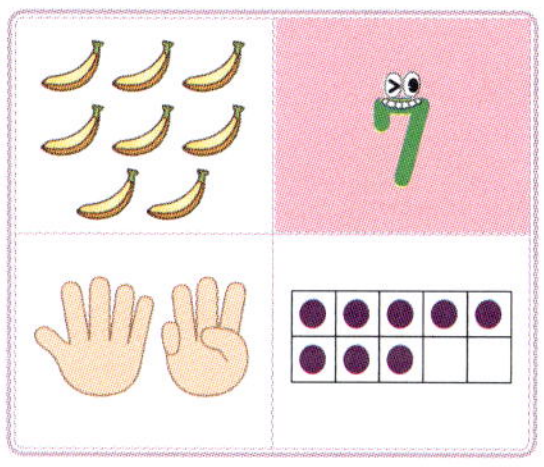

수해력을 확인해요

정답 3쪽

수의 순서에 맞게 붙임딱지 붙이기

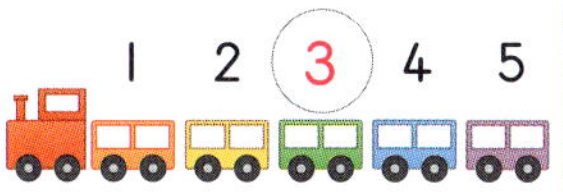

1 2 ③ 4 5

01~07 수의 순서에 맞게 빈 곳에 알맞은 수 붙임딱지를 붙여 보세요.

01
1 ② 3 4 5

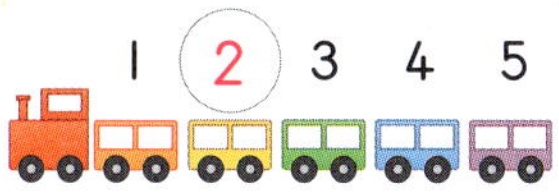

02
1 2 3 4 ⑤

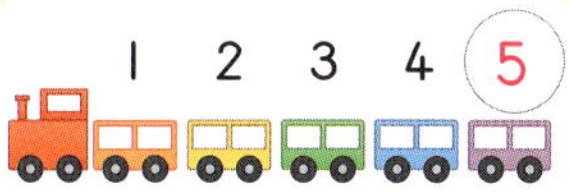

03
① 2 3 4 5

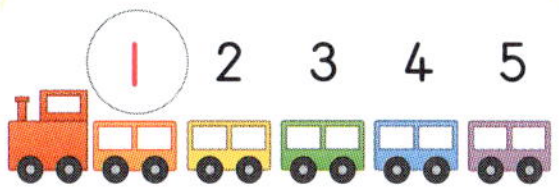

🔒 [부록]의 자료를 사용하세요.

04
3 4 ⑤ ⑥ 7

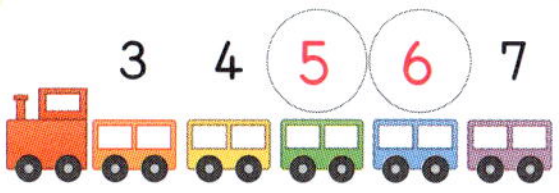

05
1 ② 3 ④ 5

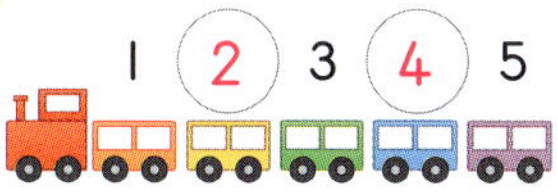

06
4 ⑤ 6 7 ⑧

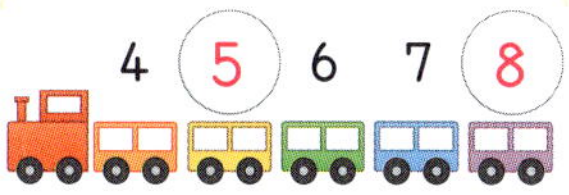

07
⑤ 6 7 ⑧ 9

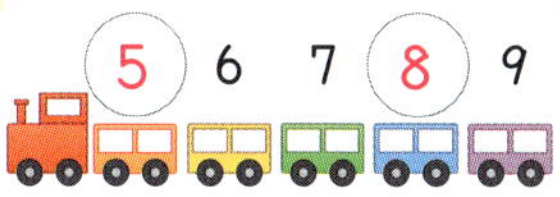

수를 순서대로 잇기

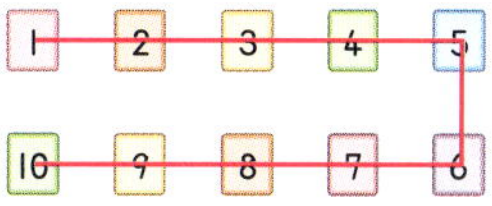

08~14 1부터 수를 순서대로 이어 보세요.

08

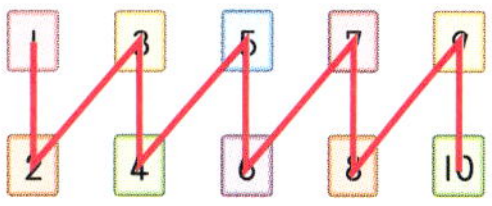

09

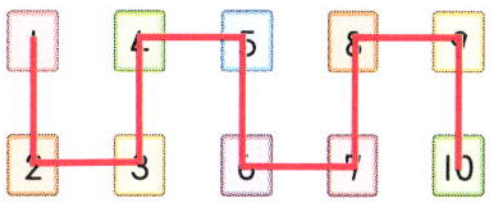

10

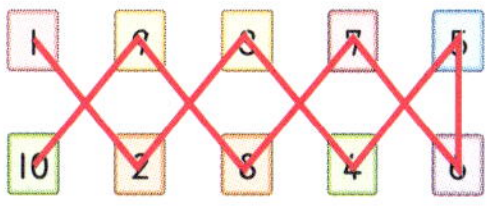

11

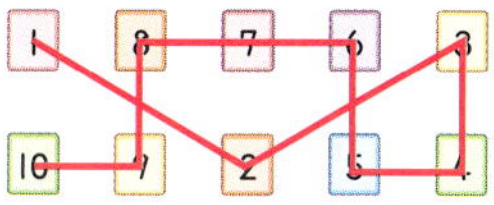

12

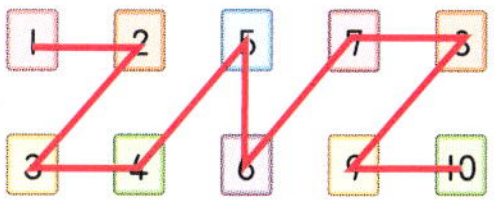

13

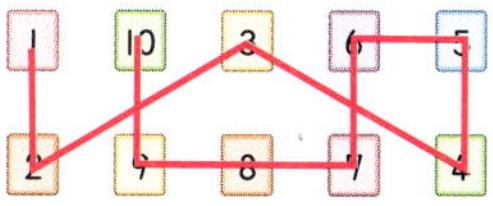

14

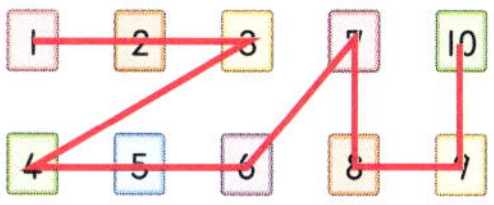

정답 **3**

수해력을 확인해요

정답 4쪽

1만큼 더 큰 수 찾기

7 → 1 큰 수 → 8

1만큼 더 작은 수 찾기

5 → 1 작은 수 → 4

수만큼 ○를 그리고, 알맞은 수 쓰기

2
3
4

1 작은 수 / 1 큰 수

15~17 ●를 한 개 더 그리고, □ 안에 알맞은 수를 써넣으세요.

15 3 → 1 큰 수 → 4

16 4 → 1 큰 수 → 5

17 8 → 1 큰 수 → 9

18~20 ●를 한 개 /로 지우고, □ 안에 알맞은 수를 써넣으세요.

18 9 → 1 작은 수 → 8

19 6 → 1 작은 수 → 5

20 2 → 1 작은 수 → 1

21~25 수만큼 ○를 그리고, □ 안에 알맞은 수를 써넣으세요.

21
3
4
5
1 작은 수 / 1 큰 수

22
5
6
7
1 작은 수 / 1 큰 수

23
4
5
6
1 작은 수 / 1 큰 수

24
6
7
8
1 작은 수 / 1 큰 수

25
7
8
9
1 작은 수 / 1 큰 수

수해력을 높여요

⚠ [부록]의 자료를 사용하세요.

정답 4쪽

01~04 오른쪽 접시에 알맞은 수만큼 붙임딱지를 붙이고, □ 안에 알맞은 수를 써넣으세요.

01 1 큰 수 / 3 → 4

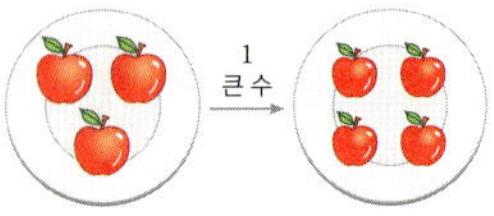

02 1 큰 수 / 2 → 3

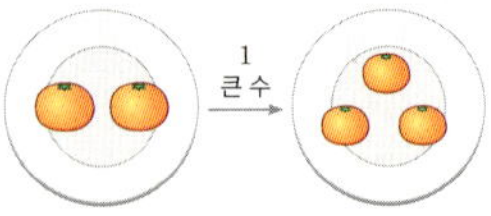

03 1 큰 수 / 6 → 7

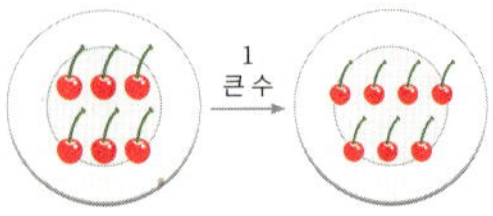

04 1 큰 수 / 4 → 5

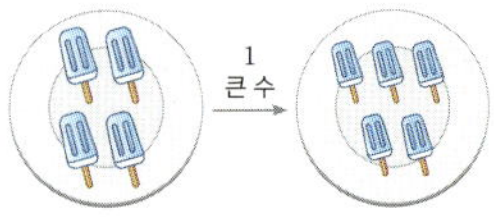

05~08 오른쪽 접시에 알맞은 수만큼 붙임딱지를 붙이고, □ 안에 알맞은 수를 써넣으세요.

05 1 작은 수 / 3 → 2

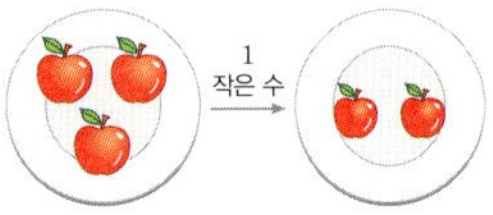

06 1 작은 수 / 2 → 1

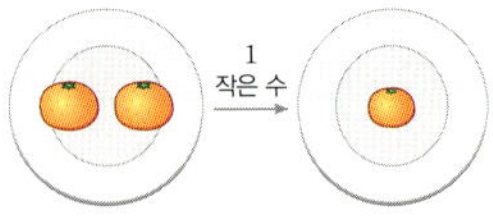

07 1 작은 수 / 6 → 5

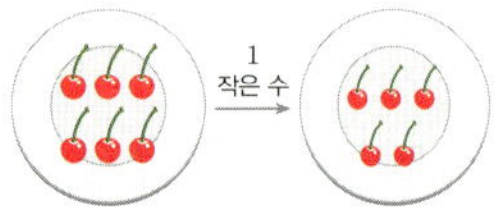

08 1 작은 수 / 4 → 3

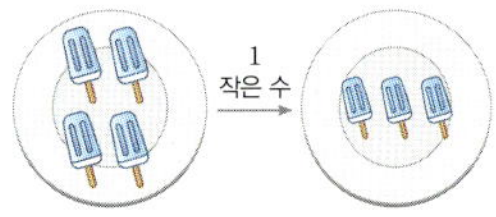

09 실생활 활용

10층 건물을 엘리베이터를 타고 올라갔다 내려 오려고 합니다. 빈칸에 알맞은 수를 써넣으세요.

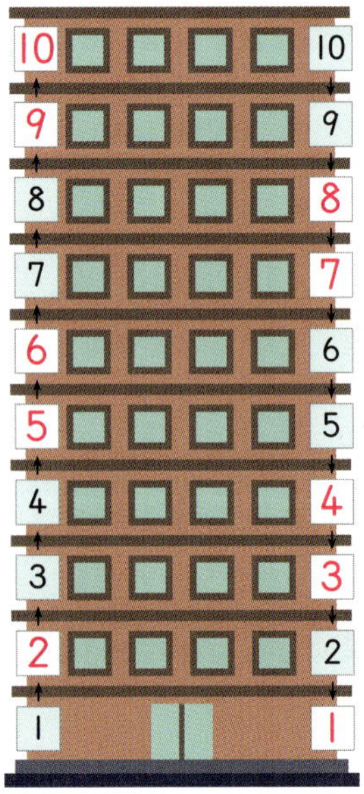

10, 9, 8, 7, 6, 5, 4, 3, 2, 1

10 교과 융합

윤아는 한글 공부를 하기 위해 책을 펼쳤습니다. □ 안에 들어갈 쪽수에 ○표 하세요.

(1) 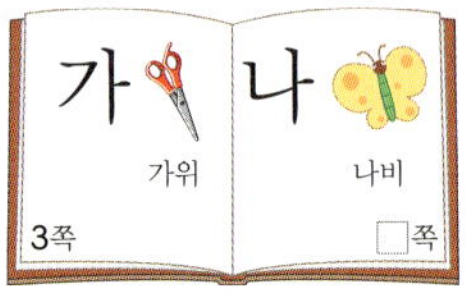
가 (가위)
나 (나비)
3쪽 / □쪽
2 3 ④

(2) 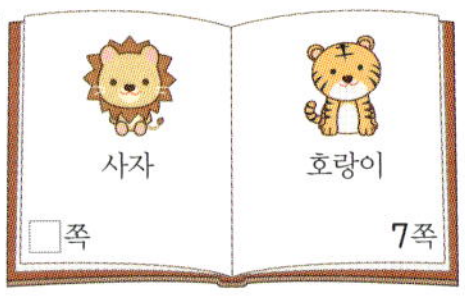
사자
호랑이
□쪽 / 7쪽
5 ⑥ 7

(3) 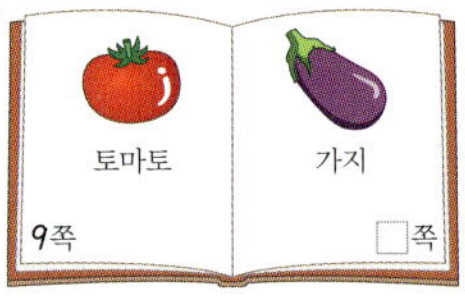
토마토
가지
9쪽 / □쪽
8 9 ⑩

26~27쪽

정답 5쪽

수해력을 완성해요

대표 응용 1 1부터 10까지의 수의 순서 (1)

1부터 10까지의 수를 순서대로 세어 보고 없는 수를 찾아 써 보세요.

8 6 1 2 4 10 3 5 7

없는 수 9

해결하기

1단계 1부터 10까지 순서대로 ○표 하며 수를 셉니다.

2단계 1부터 10까지의 수 중 없는 수는 9 입니다.

1-1 1부터 10까지의 수를 순서대로 세어 보고 없는 수를 찾아 써 보세요.

6 7 9 1 8 2 3 10 4

없는 수 5

1-2 1부터 10까지의 수를 순서대로 세어 보고 한 번 더 있는 수를 찾아 써 보세요.

1 3 6 4 2 7 8 9 5 10 7

더 있는 수 7

1-3 1부터 10까지의 수를 순서대로 세어 보고 한 번 더 있는 수를 찾아 써 보세요.

2 3 4 1 9 5 8 7 4 6 10

더 있는 수 4

대표 응용 2 1부터 10까지의 수의 순서 (2)

수의 순서가 잘못된 곳을 모두 찾아 색칠해 보세요.

2 3 5 4 6 7

해결하기

1단계 2부터 7까지의 수의 순서는 2 3 4 5 6 7 입니다.

2단계 수의 순서가 잘못된 곳은 5 와 4 입니다.

3단계 5 와 4 에 색칠합니다.

2-1 1 2 3 4 6 5

2-2 9 8 7 5 6 4

2-3 3 5 4 6 7 8

2-4 7 6 4 5 3 2

30~31쪽

정답 5쪽

수해력을 확인해요

왼쪽 수보다 큰 수에 색칠하기 — 4

왼쪽 수보다 작은 수에 색칠하기 — 4

01~04 왼쪽 수보다 큰 수에 색칠해 보세요.

01 7

02 3

03 6

04 5

05~08 왼쪽 수보다 작은 수에 색칠해 보세요.

05 7

06 3

07 6

08 5

수만큼 ●를 그리고, 더 큰 수에 ○표 하기 — 7, 6

09~10 수만큼 ●를 그리고, 더 큰 수에 ○표 하세요.

09 5, 8

10 9, 4

11~13 수만큼 ●를 그리고, 더 작은 수에 ○표 하세요.

11 3, 5

12 1, 3

13 6, 4

수해력을 높여요

정답 6쪽

01-03 알맞은 말에 ○표 하세요.

01
3　5
3은 5보다 (작습니다 , 큽니다).

02
8　6
8은 6보다 (작습니다 , 큽니다).

03
2　4
2는 4보다 (작습니다 , 큽니다).

04 그림이 나타내는 수보다 큰 수에 모두 색칠해 보세요.
4　5　6　7

05 그림이 나타내는 수보다 작은 수에 모두 색칠해 보세요.
2　3　4　5

06 그림이 나타내는 수보다 큰 수를 모두 찾아 ○표 하세요.

1	2	3	4	5
6	7	8	9	10

07 그림이 나타내는 수보다 작은 수를 모두 찾아 ○표 하세요.

1	2	3	4	5
6	7	8	9	10

08 주어진 수보다 큰 수가 있는 칸에 색칠해 보세요.
8 ／ 9 ／ ★

09 주어진 수보다 작은 수가 있는 칸에 색칠해 보세요.
5 ／ 7 ／ 9 ／ ♥♥♥♥

10 실생활 활용

재호는 지우개와 연필의 수를 비교하고 있습니다. 지우개와 연필을 하나씩 짝을 지어 묶어 보고, 알맞은 말에 ○표 하세요.

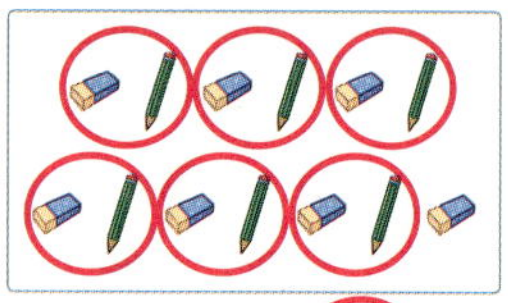

- 짝을 짓고 남은 물건은 (지우개 , 연필) 입니다.
- 연필이 지우개보다 (많습니다 , 적습니다).

11 교과 융합

지훈이와 형은 누가 책을 더 많이 읽었는지 짝을 지어 비교해 보았습니다. 하나씩 선을 그어 보고, 알맞은 말에 ○표 하세요.

지훈이가 읽은 책　형이 읽은 책

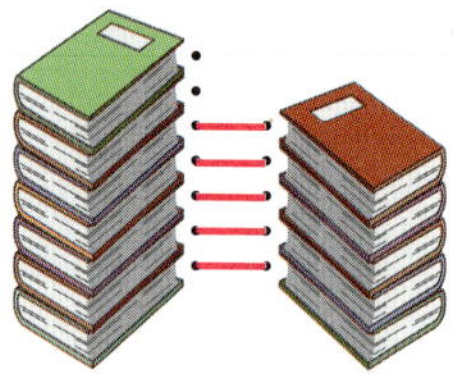

지훈이가 읽은 책이 형이 읽은 책보다 (많습니다 , 적습니다).

수해력을 완성해요

정답 6쪽

대표 응용 1 수의 크기 비교하기 (1)

큰 순서대로 풍선 안에 수를 써넣으세요.
4　7　2　3
7　4　3　2

해결하기

1단계 4, 7, 2, 3의 각 칸에 색칠합니다.

1	2	3	4	5	6	7	8	9	10

2단계 오른쪽으로 갈수록 수의 크기가 큽니다. 수의 크기가 큰 순서대로 쓰면 7 , 4 , 3 , 2 입니다.

1-1 큰 순서대로 풍선 안에 수를 써넣으세요.
6　8　1　9
9　8　6　1

1-2 작은 순서대로 풍선 안에 수를 써넣으세요.
3　1　8　5
1　3　5　8

1-3 작은 순서대로 풍선 안에 수를 써넣으세요.
7　3　9　6
3　6　7　9

대표 응용 2 수의 크기 비교하기 (2)

각 그림이 나타내는 수를 쓰고, 가장 큰 수에 ○표 하세요.
3　5
9　10

해결하기

1단계 각 그림이 나타내는 수를 씁니다.

2단계 나타내는 수가 가장 큰 수인 10 에 ○표 합니다.

2-1 각 그림이 나타내는 수를 쓰고, 가장 큰 수에 ○표 하세요.
7　1
8　4

2-2 각 그림이 나타내는 수를 쓰고, 가장 작은 수에 ○표 하세요.
4　2
3　6

2-3 각 그림이 나타내는 수를 쓰고, 가장 작은 수에 ○표 하세요.
9　6
5　4

수해력을 확인해요

정답 7쪽

10개씩 묶고, 알맞은 수에 ○표 하기

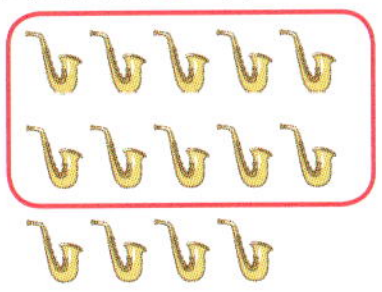

13	(14)	15

01~05 10개씩 묶고, 알맞은 수에 ○표 하세요.

01

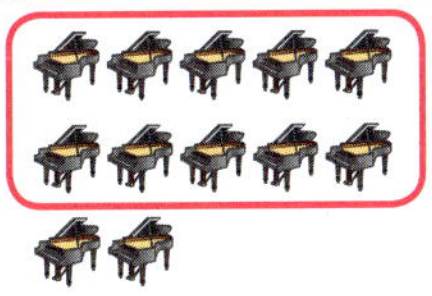

(12)	13	14

02

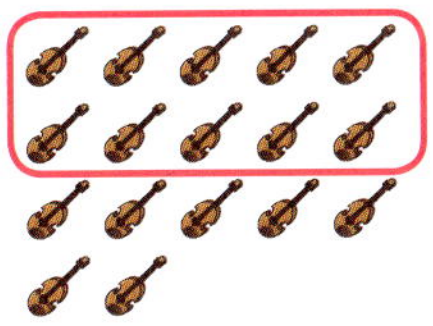

15	16	(17)

03

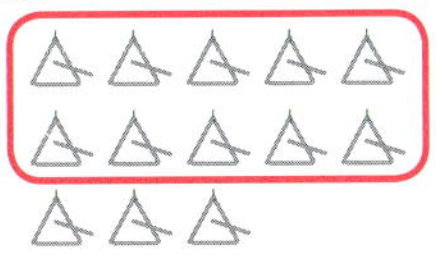

12	(13)	14

04

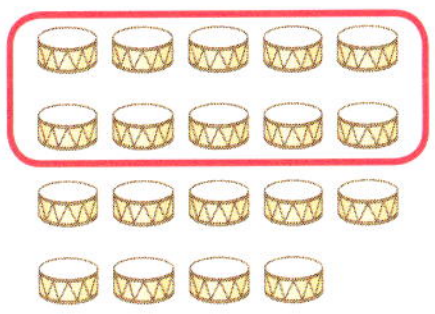

18	(19)	20

05

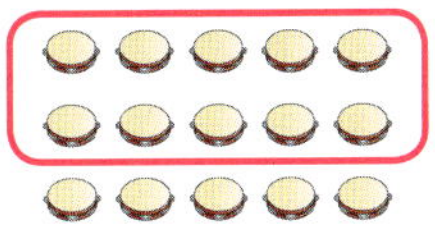

13	14	(15)

수만큼 색칠하기

12

06~12 수만큼 색칠해 보세요.

06 15

07 11

08 16

09 18

10 20

11 14

12 19

수해력을 높여요

정답 7쪽

01~03 그림의 수를 세어 알맞은 수에 ○표 하고, 수만큼 칸에 색칠해 보세요.

01

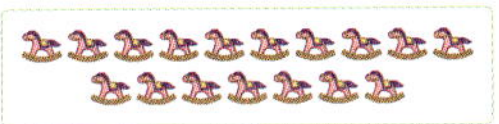

16 (17) 18

02

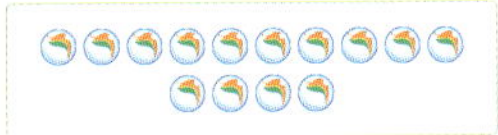

(14) 15 16

03

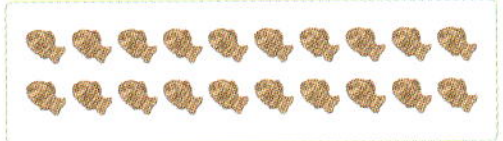

18 19 (20)

04 주어진 수에 알맞은 그림에 ○표 하세요.

16

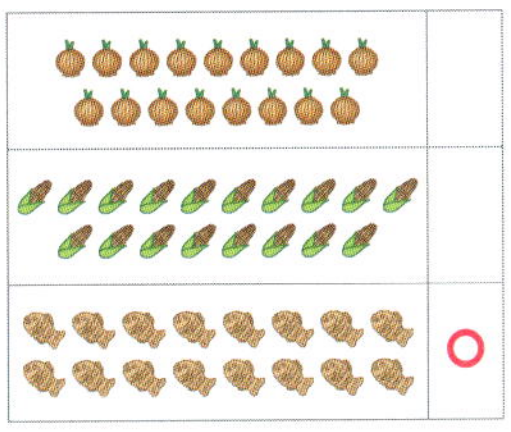

05 같은 수끼리 이어 보세요.

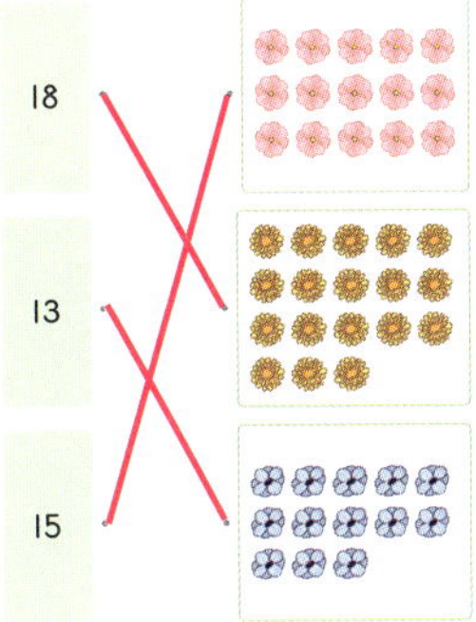

18

13

15

06 그림의 수를 세어 □ 안에 알맞은 수를 써넣으세요.

(1)

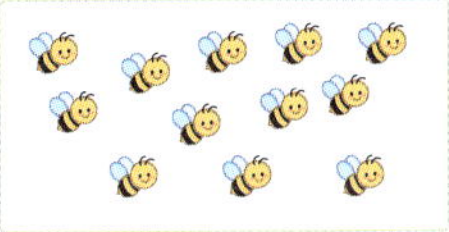

12

(2)

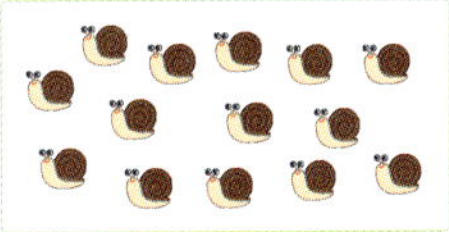

14

07 같은 수끼리 이어 보세요.

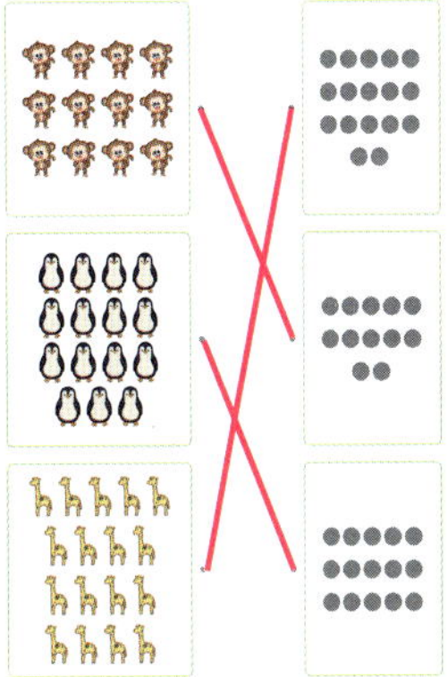

08 실생활 활용

서윤이는 불이 켜진 집의 수를 세어 보았습니다. □ 안에 알맞은 수를 써넣으세요.

불이 켜진 집

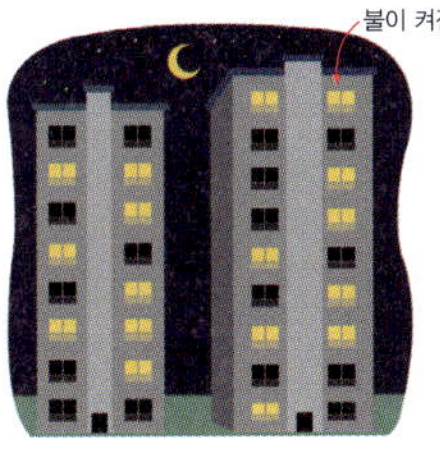

불이 켜진 집의 수는 17입니다.

09 교과 융합

우리 반 친구들의 수를 세어 보았습니다. □ 안에 알맞은 수를 써넣으세요.

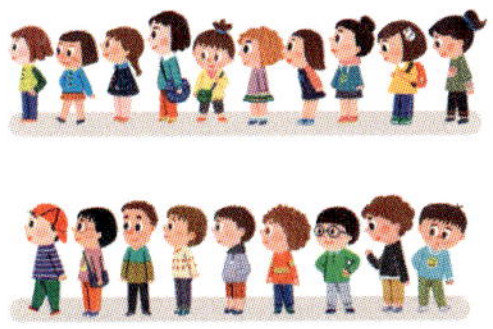

우리 반은 모두 19명이에요.

수해력을 확장해요

⬆ [부록]의 자료를 사용하세요.

피자를 만들어요

1. 피자 요리법을 잘 보고, 피자 위에 수만큼 피자 토핑 붙임딱지를 붙여 보세요.

피자 요리법

페퍼로니 6개 　 양송이 5개 　 올리브 10개 　 피망 9개 　 바질잎 8개

2. 피자에 가장 많이 들어간 토핑에 ○표 하세요.

페퍼로니 　 양송이 　 (올리브) 　 피망 　 바질잎

활동 비밀번호를 알아내요.

> 1부터 10까지의 수 중 한 개의 수가 보이지 않는 상자가 있습니다.
> 보이지 않는 수가 그 상자를 열 수 있는 비밀번호입니다.
> 비밀번호를 찾아 쓰고 상자를 열어 볼까요?

10	8	9
3	6	2
5	1	4

비밀번호 7

8	10	3
5	1	6
2	7	9

비밀번호 4

6	10	2
4	7	8
1	5	3

비밀번호 9

9	1	10
8	6	7
2	5	4

비밀번호 3

48~49쪽

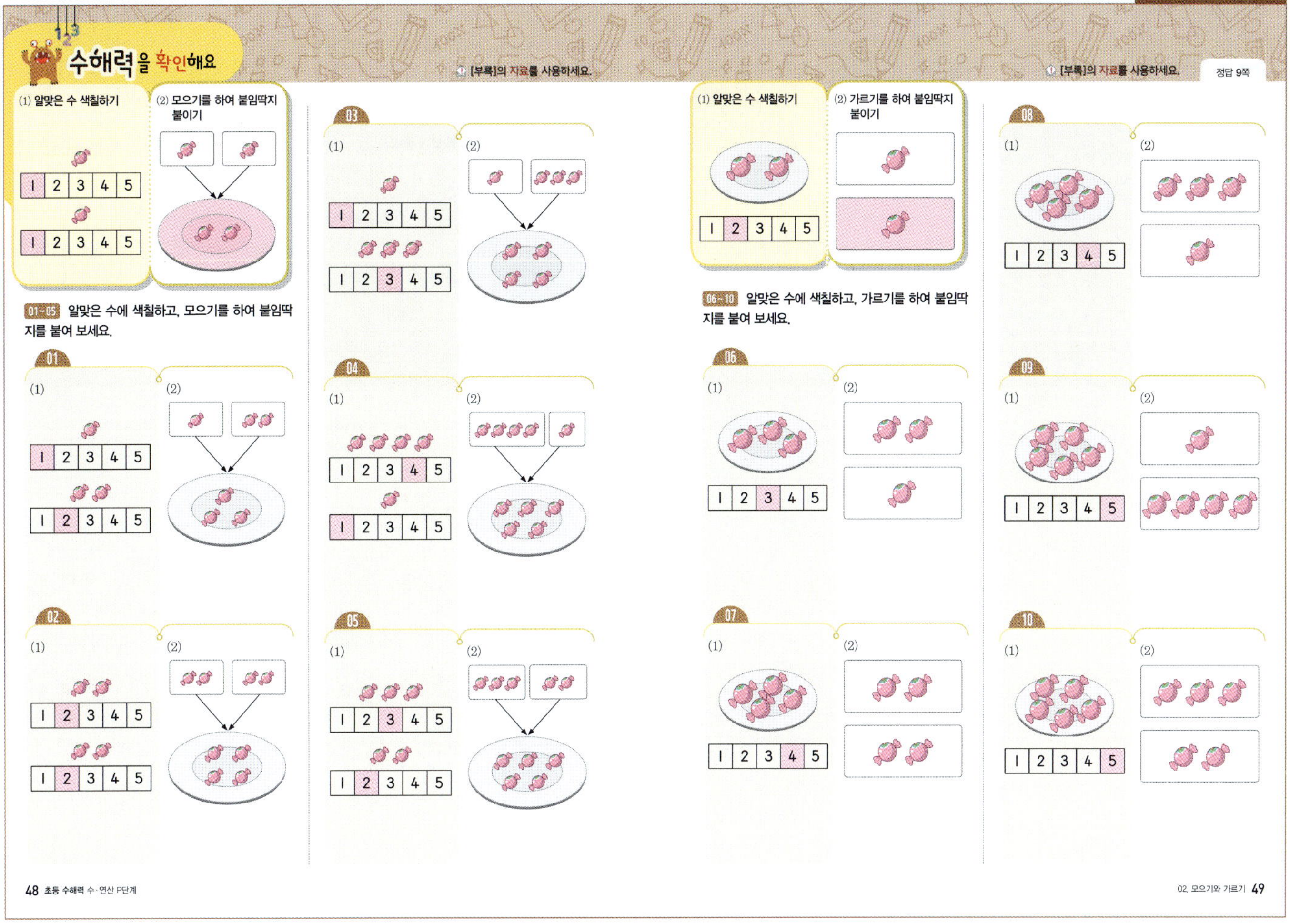

수해력을 확인해요

(1) 알맞은 수 색칠하기

(2) 모으기를 하여 붙임딱지 붙이기

01~05 알맞은 수에 색칠하고, 모으기를 하여 붙임딱지를 붙여 보세요.

01 (1) (2)

02 (1) (2)

[부록]의 자료를 사용하세요.

03 (1) (2)

04 (1) (2)

05 (1) (2)

(1) 알맞은 수 색칠하기

(2) 가르기를 하여 붙임딱지 붙이기

06~10 알맞은 수에 색칠하고, 가르기를 하여 붙임딱지를 붙여 보세요.

06 (1) (2)

07 (1) (2)

[부록]의 자료를 사용하세요.

정답 9쪽

08 (1) (2)

09 (1) (2)

10 (1) (2)

48 초등 수해력 수·연산 P단계

02. 모으기와 가르기 49

50~51쪽

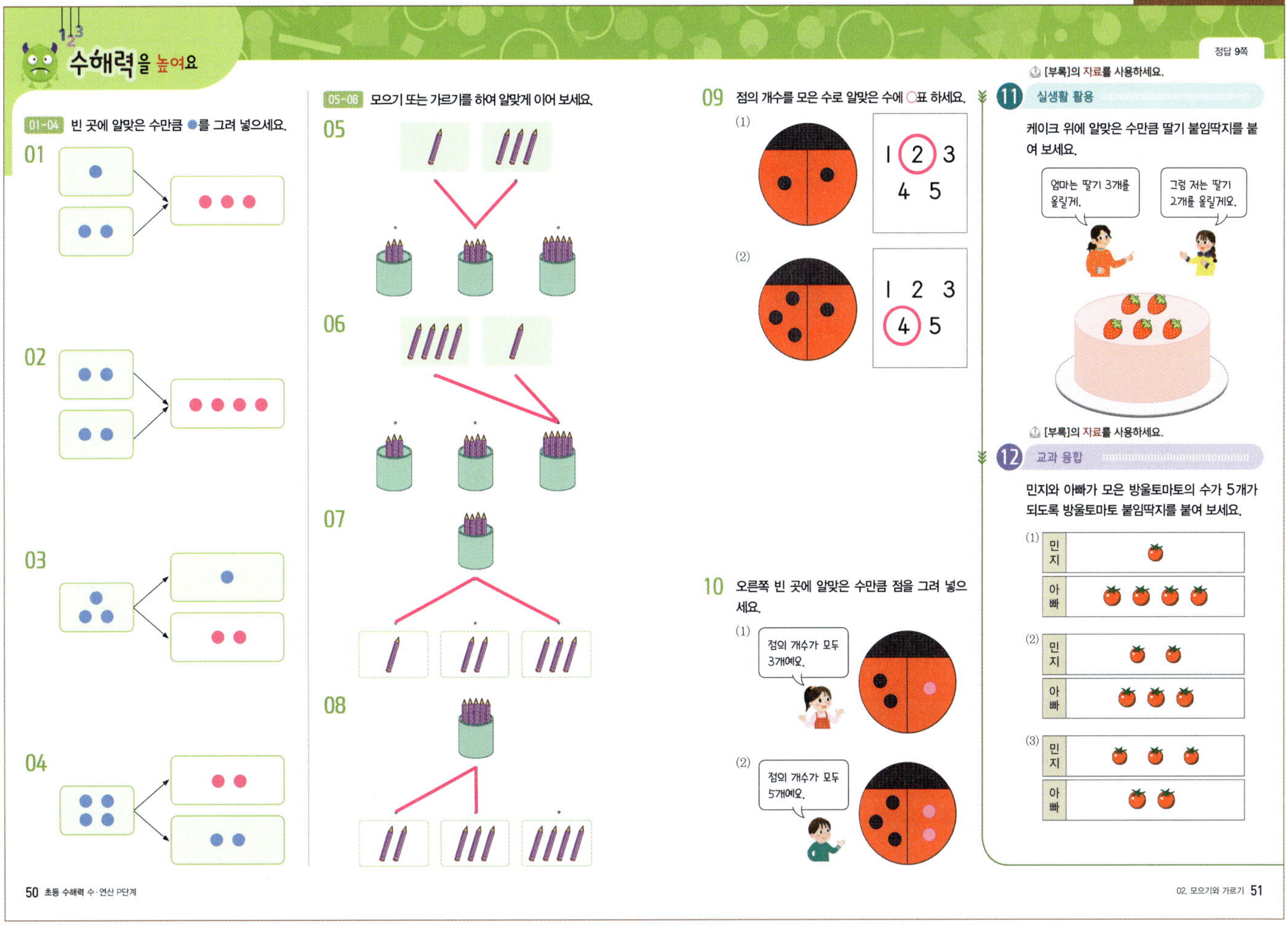

수해력을 높여요

01~04 빈 곳에 알맞은 수만큼 ●를 그려 넣으세요.

01

02

03

04

05~08 모으기 또는 가르기를 하여 알맞게 이어 보세요.

05

06

07

08

09 점의 개수를 모은 수로 알맞은 수에 ○표 하세요.

(1) 1 ② 3 4 5

(2) 1 2 3 ④ 5

10 오른쪽 빈 곳에 알맞은 수만큼 점을 그려 넣으세요.

(1) 점의 개수가 모두 3개예요.

(2) 점의 개수가 모두 5개예요.

정답 9쪽

[부록]의 자료를 사용하세요.

11 실생활 활용

케이크 위에 알맞은 수만큼 딸기 붙임딱지를 붙여 보세요.

엄마는 딸기 3개를 올릴게.

그럼 저는 딸기 2개를 올릴게요.

[부록]의 자료를 사용하세요.

12 교과 융합

민지와 아빠가 모은 방울토마토의 수가 5개가 되도록 방울토마토 붙임딱지를 붙여 보세요.

(1) 민지 / 아빠

(2) 민지 / 아빠

(3) 민지 / 아빠

50 초등 수해력 수·연산 P단계

02. 모으기와 가르기 51

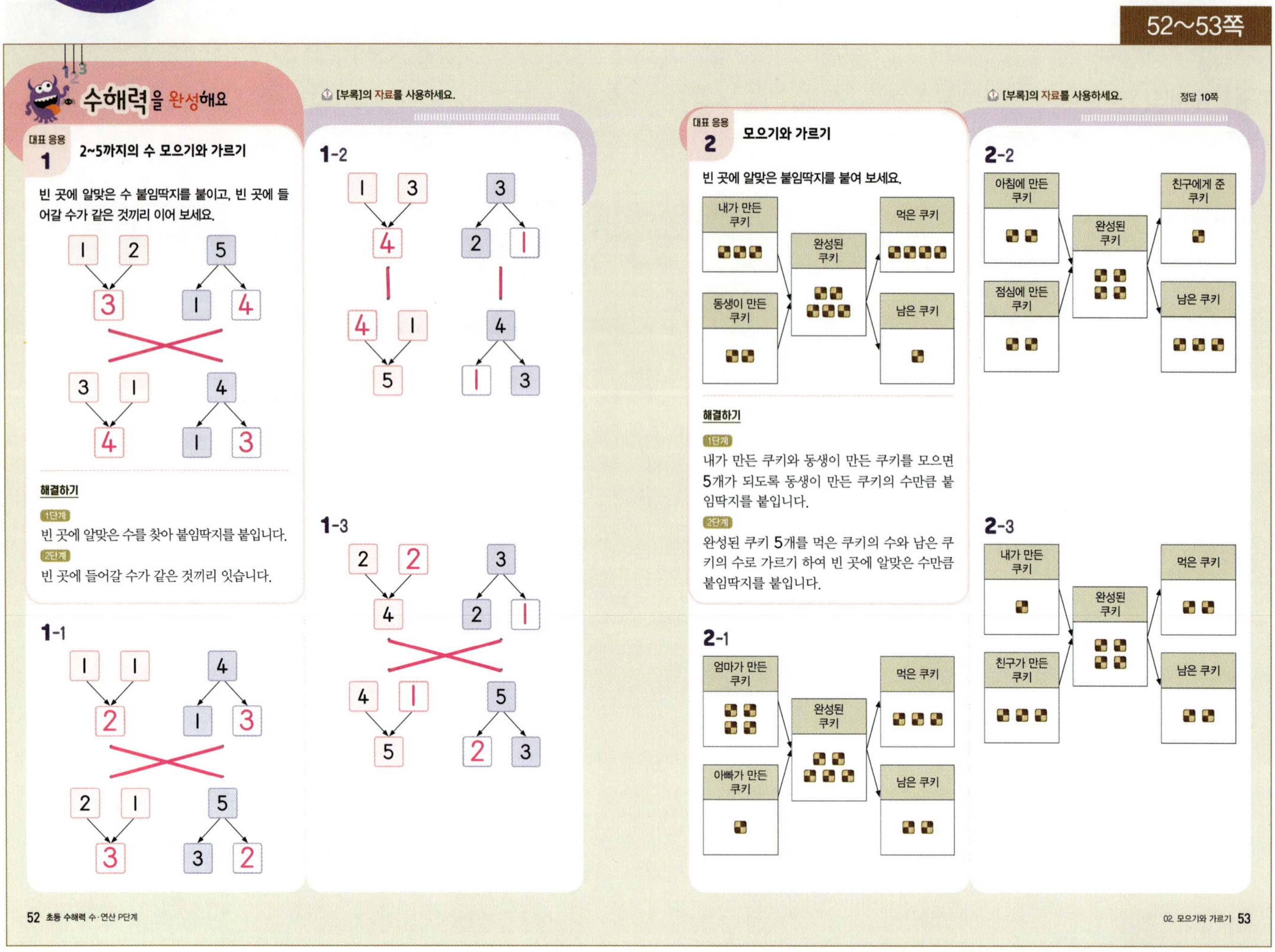

수해력을 완성해요

대표 응용 1 2~5까지의 수 모으기와 가르기

빈 곳에 알맞은 수 붙임딱지를 붙이고, 빈 곳에 들어갈 수가 같은 것끼리 이어 보세요.

해결하기

1단계 빈 곳에 알맞은 수를 찾아 붙임딱지를 붙입니다.

2단계 빈 곳에 들어갈 수가 같은 것끼리 잇습니다.

1-1

1-2

1-3

[부록]의 자료를 사용하세요.

[부록]의 자료를 사용하세요. 정답 10쪽

대표 응용 2 모으기와 가르기

빈 곳에 알맞은 붙임딱지를 붙여 보세요.

해결하기

1단계 내가 만든 쿠키와 동생이 만든 쿠키를 모으면 5개가 되도록 동생이 만든 쿠키의 수만큼 붙임딱지를 붙입니다.

2단계 완성된 쿠키 5개를 먹은 쿠키의 수와 남은 쿠키의 수로 가르기 하여 빈 곳에 알맞은 수만큼 붙임딱지를 붙입니다.

2-1

엄마가 만든 쿠키 / 아빠가 만든 쿠키 / 완성된 쿠키 / 먹은 쿠키 / 남은 쿠키

2-2

아침에 만든 쿠키 / 점심에 만든 쿠키 / 완성된 쿠키 / 친구에게 준 쿠키 / 남은 쿠키

2-3

내가 만든 쿠키 / 친구가 만든 쿠키 / 완성된 쿠키 / 먹은 쿠키 / 남은 쿠키

2-1 (하단): 내가 만든 쿠키 / 동생이 만든 쿠키 / 완성된 쿠키 / 먹은 쿠키 / 남은 쿠키

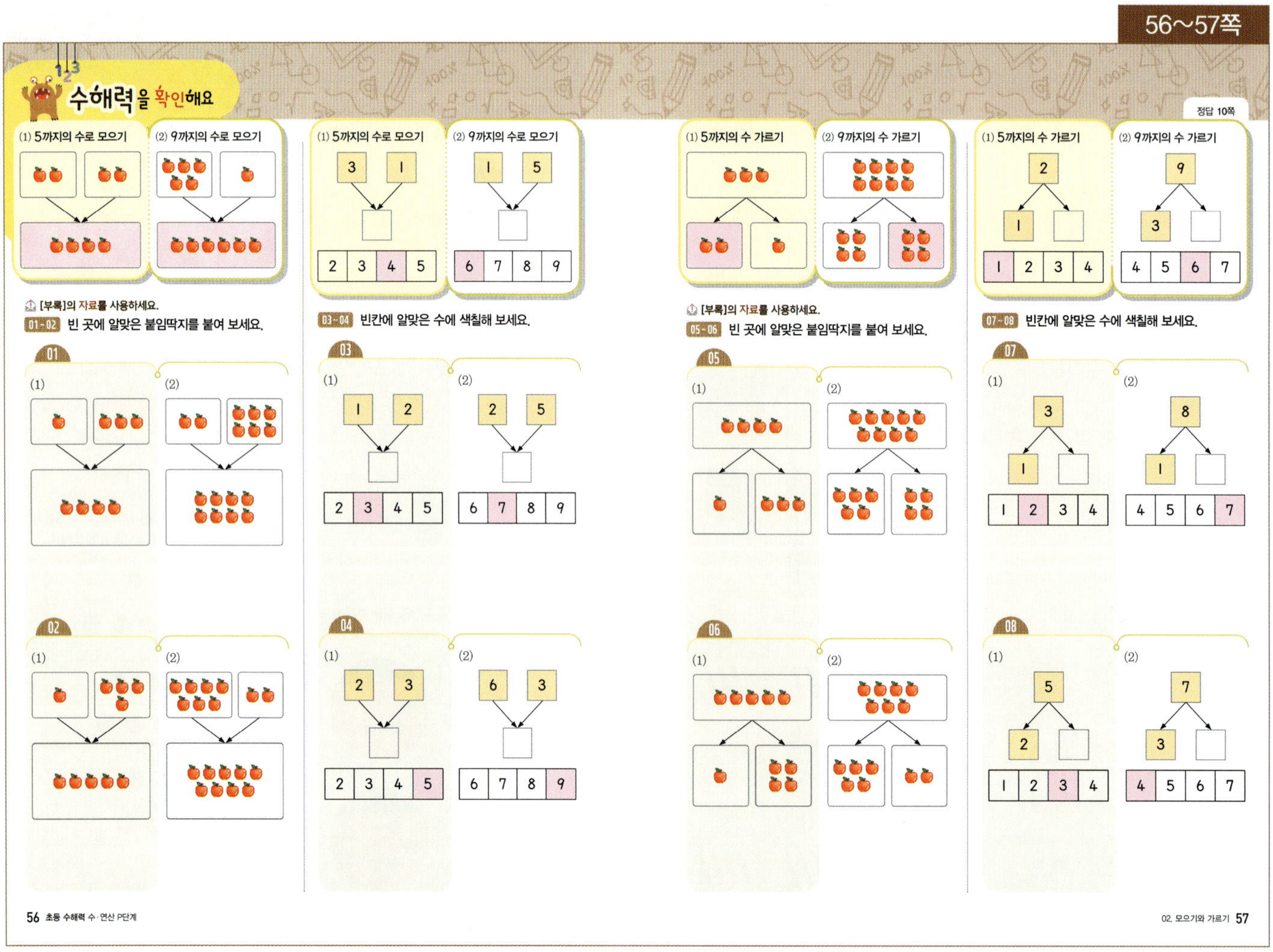

수해력을 확인해요

정답 10쪽

(1) 5까지의 수로 모으기

(2) 9까지의 수로 모으기

| 2 | 3 | 4 | 5 |

| 6 | 7 | 8 | 9 |

(1) 5까지의 수 가르기

(2) 9까지의 수 가르기

| 1 | 2 | 3 | 4 |

| 4 | 5 | 6 | 7 |

[부록]의 자료를 사용하세요.

01~02 빈 곳에 알맞은 붙임딱지를 붙여 보세요.

D3~04 빈칸에 알맞은 수에 색칠해 보세요.

[부록]의 자료를 사용하세요.

05~06 빈 곳에 알맞은 붙임딱지를 붙여 보세요.

07~08 빈칸에 알맞은 수에 색칠해 보세요.

01 (1) (2)

02 (1) (2)

03 (1) | 2 | 3 | 4 | 5 | (2) | 6 | 7 | 8 | 9 |

04 (1) | 2 | 3 | 4 | 5 | (2) | 6 | 7 | 8 | 9 |

05 (1) (2)

06 (1) (2)

07 (1) | 1 | 2 | 3 | 4 | (2) | 4 | 5 | 6 | 7 |

08 (1) | 1 | 2 | 3 | 4 | (2) | 4 | 5 | 6 | 7 |

수해력을 높여요

정답 11쪽

[부록]의 자료를 사용하세요.

01~04 모으기 또는 가르기를 하여 빈 곳에 알맞은 붙임딱지를 붙여 보세요.

01

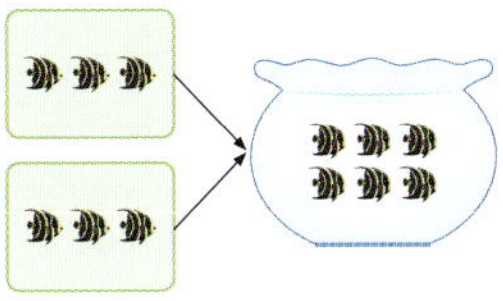

02

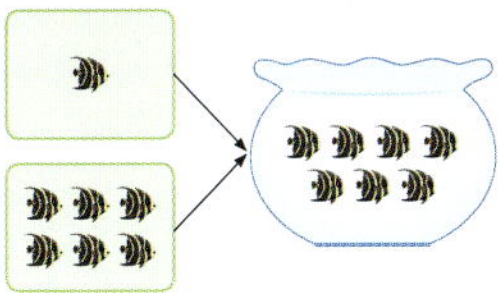

03

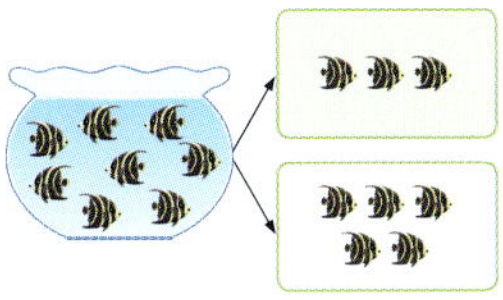

04

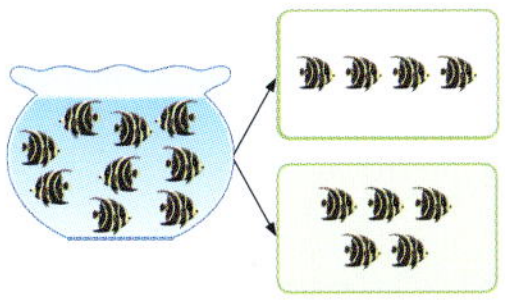

05~08 모으기 또는 가르기를 하여 알맞게 이어 보세요.

05

06

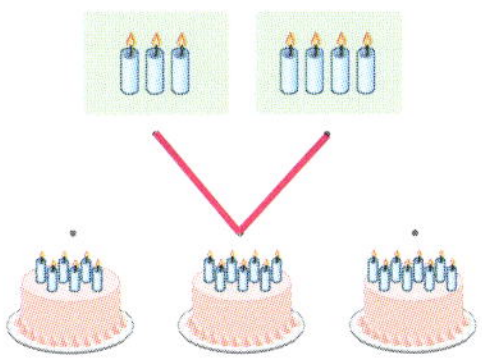

07

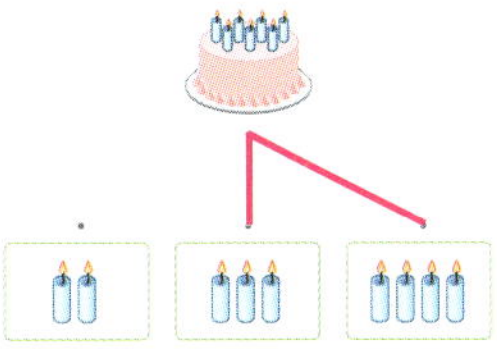

08

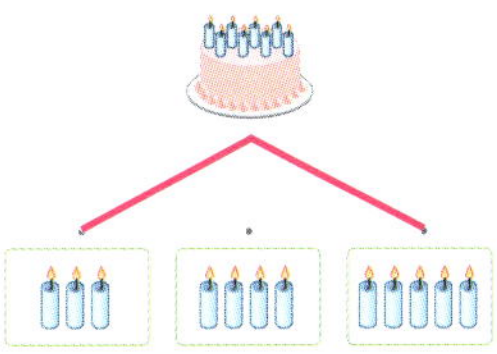

[부록]의 자료를 사용하세요.

09 양쪽 날개의 점을 모으면 모두 얼마인지 알맞은 수에 ○표 하세요.

(1) 6 7 ⑧ 9

(2) 6 7 8 ⑨

10 오른쪽 날개의 빈 곳에 알맞은 수만큼 점을 그려 보세요.

(1) 모은 점의 개수: 7

(2) 모은 점의 개수: 8

11 실생활 활용

필요한 수만큼 바구니에 캐스터네츠 붙임딱지를 붙여 보세요.

남자 친구 3명과 여자 친구 4명에게 1개씩 나누어 주어야지.

[부록]의 자료를 사용하세요.

12 교과 융합

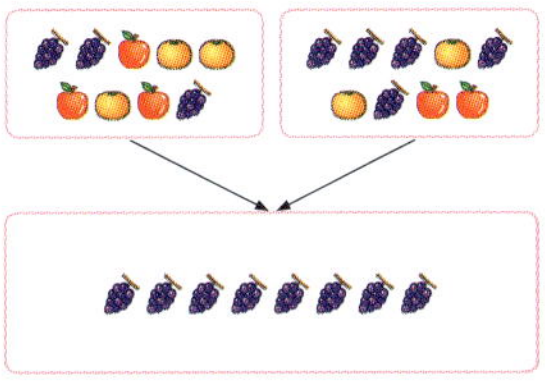

당근 8개를 다람쥐와 토끼가 나누어 가지려고 합니다. 빈 곳에 알맞은 수만큼 당근 붙임딱지를 붙여 보세요.

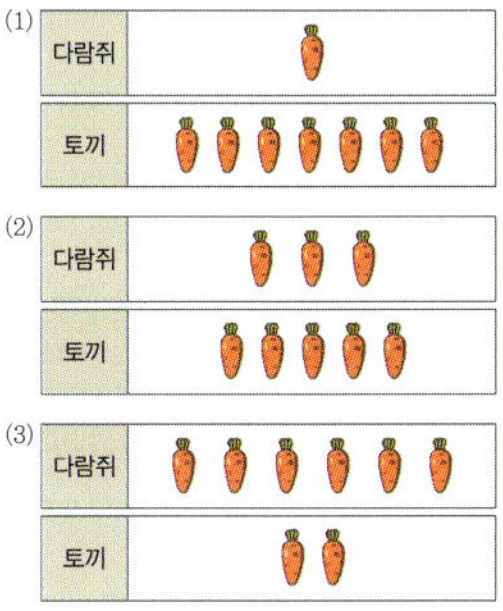

(1) 다람쥐 / 토끼

(2) 다람쥐 / 토끼

(3) 다람쥐 / 토끼

수해력을 완성해요

[부록]의 자료를 사용하세요.

[부록]의 자료를 사용하세요.

정답 11쪽

대표 응용 1 6~9까지의 수로 모으기

포도만 모아서 붙임딱지를 붙이고, 모은 포도의 수에 색칠해 보세요.

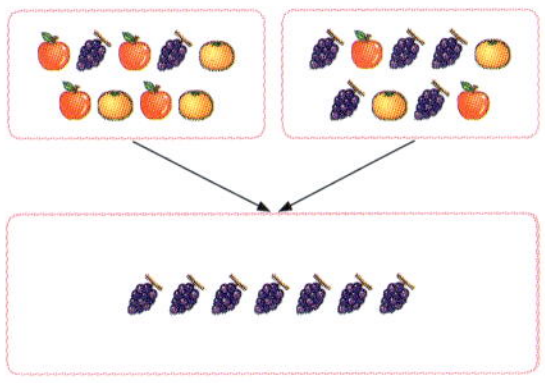

| 5 | 6 | 7 | 8 |

해결하기

1단계 각각의 포도의 개수를 셉니다.

2단계 모은 포도의 수만큼 붙임딱지를 붙이고, 알맞은 수에 색칠합니다.

1-1

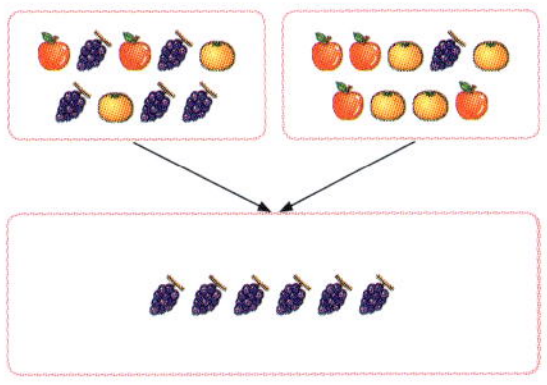

| 5 | 6 | 7 | 8 |

1-2

| 6 | 7 | 8 | 9 |

1-3

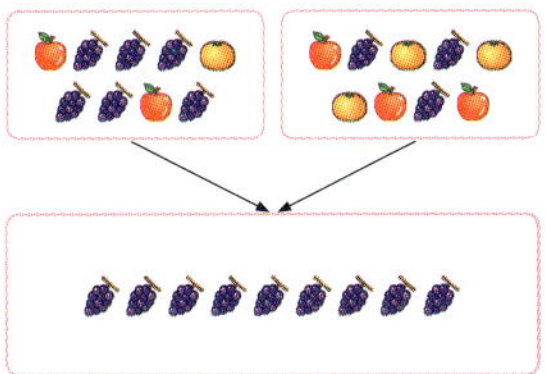

| 6 | 7 | 8 | 9 |

대표 응용 2 모으기와 가르기

빈 곳에 알맞은 붙임딱지를 붙여 보세요.

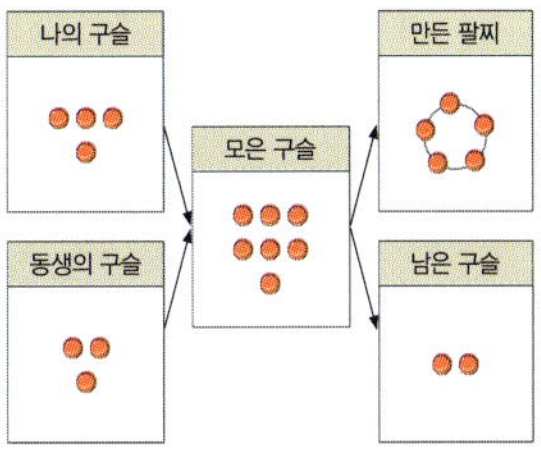

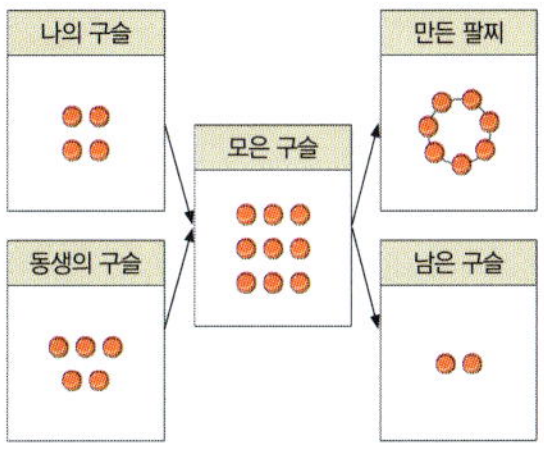

나의 구슬 / 동생의 구슬 / 모은 구슬 / 만든 팔찌 / 남은 구슬

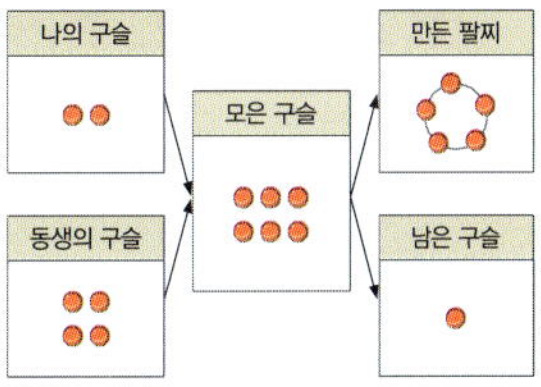

해결하기

1단계 나의 구슬과 동생의 구슬을 모으면 6개가 되도록 동생의 구슬의 수만큼 붙임딱지를 붙입니다.

2단계 모은 구슬 6개를 팔찌를 만드는 데 사용한 구슬의 수와 남은 구슬의 수로 가르기 하여 빈 곳에 알맞은 수만큼 붙임딱지를 붙입니다.

2-1

나의 구슬 / 모은 구슬 / 만든 팔찌 / 동생의 구슬 / 남은 구슬

2-2

나의 구슬 / 모은 구슬 / 만든 팔찌 / 동생의 구슬 / 남은 구슬

2-3

나의 구슬 / 모은 구슬 / 만든 팔찌 / 동생의 구슬 / 남은 구슬

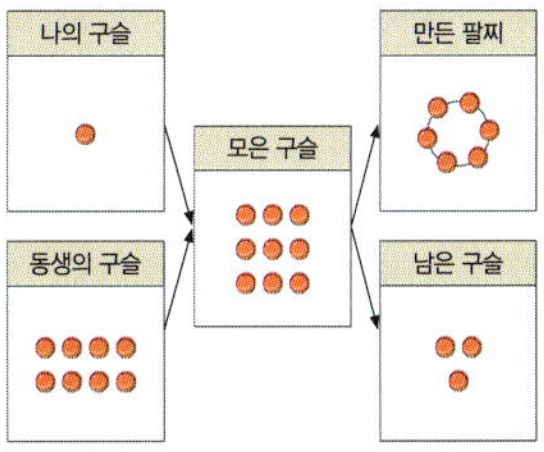

정답 12쪽

수해력을 확인해요

(1) 9가 되도록 수 모으기　(2) 10이 되도록 수 모으기

(1) 9가 되도록 수 모으기　(2) 10이 되도록 수 모으기

5 → 9
1 2 3 ④

5 → 10
2 3 4 ⑤

(1) 9를 두 수로 가르기　(2) 10을 두 수로 가르기

(1) 9를 두 수로 가르기　(2) 10을 두 수로 가르기

9
1 □
6 7 ⑧ 9

10
1 □
6 7 8 ⑨

⬆ [부록]의 자료를 사용하세요.
01~02 빈 곳에 알맞은 붙임딱지를 붙여 보세요.

01
(1)　　(2)

02
(1)　　(2)

03~04 빈칸에 알맞은 수에 ◯표 하세요.

03
(1) 6 → 9
1 2 ③ 4
(2) 6 → 10
2 3 ④ 5

04
(1) 8 → 9
① 2 3 4
(2) 8 → 10
② 3 4 5

⬆ [부록]의 자료를 사용하세요.
05~06 빈 곳에 알맞은 붙임딱지를 붙여 보세요.

05
(1)　　(2)

06
(1)　　(2)

07~08 빈칸에 알맞은 수에 ◯표 하세요.

07
(1) 9 → 2 □
5 6 ⑦ 8
(2) 10 → 2 □
5 6 7 ⑧

08
(1) 9 → 4 □
⑤ 6 7 8
(2) 10 → 4 □
5 ⑥ 7 8

수해력을 높여요

정답 12쪽

01~03 모아서 10이 되도록 이어 보세요.

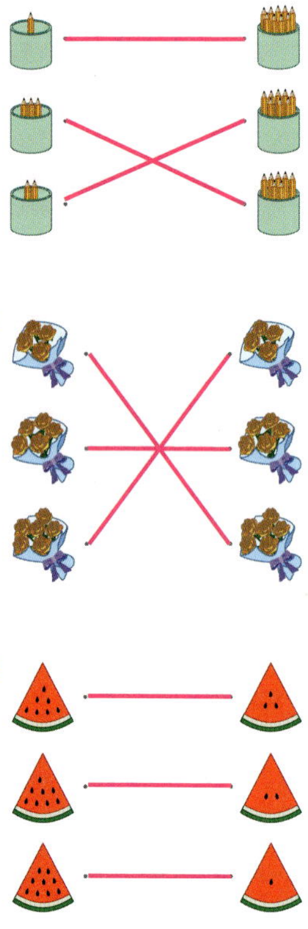

01

02

03

⬆ [부록]의 자료를 사용하세요.
04~07 보기 와 같이 10을 두 묶음으로 가르기 하고 □ 안에 알맞은 수 붙임딱지를 붙여 보세요.

보기
3개와 7 개

04
9개와 1 개

05
5개와 5 개

06
6개와 4 개

07
8개와 2 개

08 구슬이 모두 10개 있습니다. 주머니 속에 들어 있는 구슬은 몇 개인지 알맞은 수에 색칠해 보세요.

(1) 
3 4 5 6 7 **8**

(2) 
3 4 **5** 6 7 8

09 넥타이에 있는 점의 개수가 모두 10개가 되도록 넥타이 안에 ●를 더 그려 넣으세요.
(1)　(2)

⬆ [부록]의 자료를 사용하세요.
10 실생활 활용

빈칸에 알맞은 수만큼 달걀 붙임딱지를 붙여 보세요.

더 가져올 달걀

⬆ [부록]의 자료를 사용하세요.
11 교과 융합

별을 모두 10개 그리려고 합니다. 효빈이가 그려야 할 별의 개수만큼 붙임딱지를 붙여 보세요.

(1)

효빈	준서
☆☆☆☆☆☆	★★★★

(2)

효빈	준서
☆☆☆☆☆	★★★★★

수해력을 완성해요

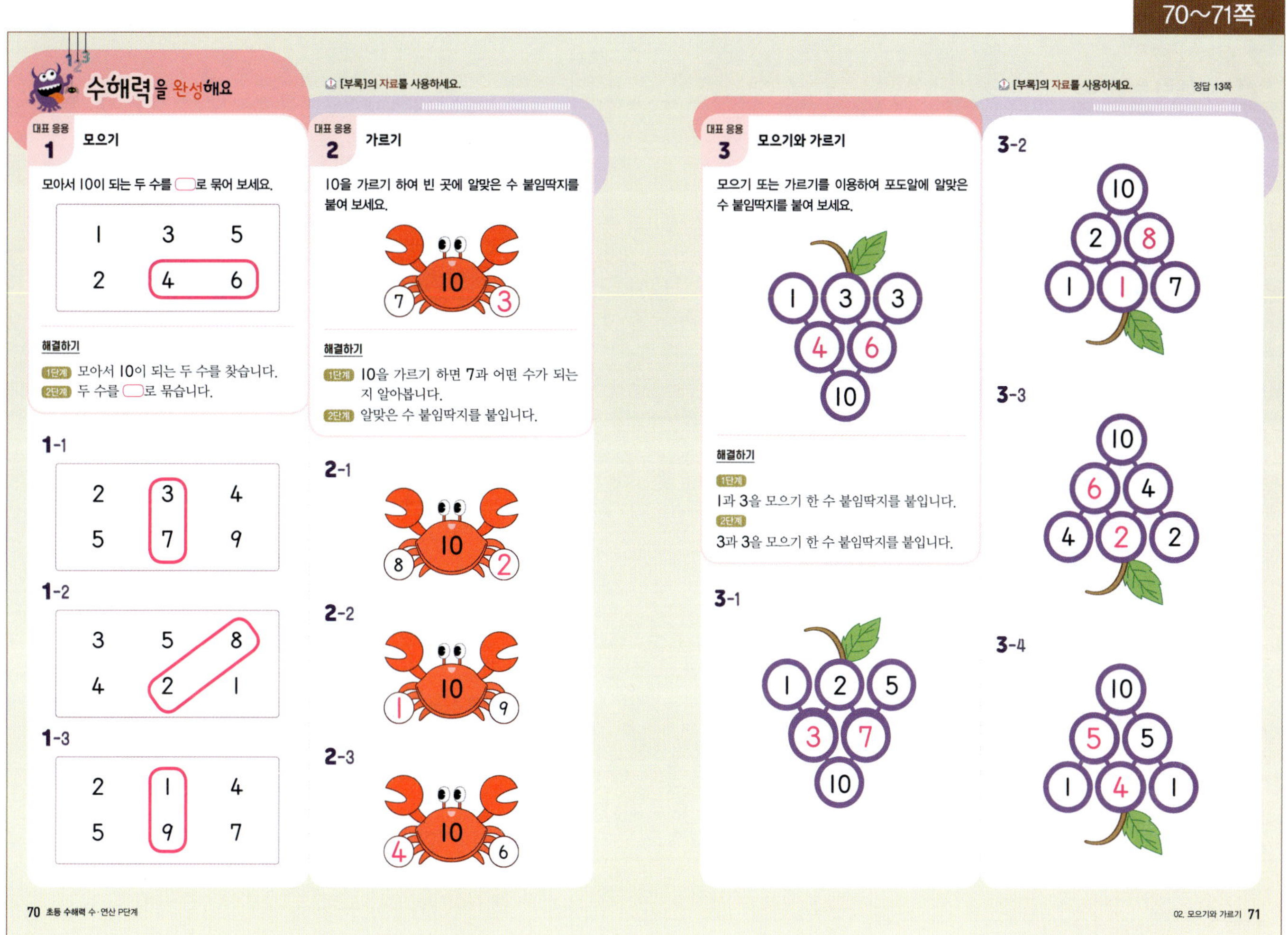

[부록]의 자료를 사용하세요.

대표 응용 1 모으기
모아서 10이 되는 두 수를 ◯로 묶어 보세요.
1 3 5
2 4 6

해결하기
1단계 모아서 10이 되는 두 수를 찾습니다.
2단계 두 수를 ◯로 묶습니다.

1-1
2 3 4
5 7 9

1-2
3 5 8
4 2 1

1-3
2 1 4
5 9 7

[부록]의 자료를 사용하세요.

대표 응용 2 가르기
10을 가르기 하여 빈 곳에 알맞은 수 붙임딱지를 붙여 보세요.
7 10 3

해결하기
1단계 10을 가르기 하면 7과 어떤 수가 되는 지 알아봅니다.
2단계 알맞은 수 붙임딱지를 붙입니다.

2-1
8 10 2

2-2
1 10 9

2-3
4 10 6

[부록]의 자료를 사용하세요.
정답 13쪽

대표 응용 3 모으기와 가르기
모으기 또는 가르기를 이용하여 포도알에 알맞은 수 붙임딱지를 붙여 보세요.
1 3 3
4 6
10

해결하기
1단계 1과 3을 모으기 한 수 붙임딱지를 붙입니다.
2단계 3과 3을 모으기 한 수 붙임딱지를 붙입니다.

3-1
1 2 5
3 7
10

3-2
10
2 8
1 1 7

3-3
10
6 4
4 2 2

3-4
10
5 5
1 4 1

78~79쪽

수해력을 확인해요

정답 14쪽

(1) 모은 수만큼 ○ 그리기

(2) 더한 수에 색칠하기

1 + 2 =

1	2	**3**	4

01~05 모은 수만큼 ○를 그리고, 알맞은 수에 색칠해 보세요.

01

(1) ○○○○

(2) 2 + 2 =

2	3	**4**	5

02

(1) ○○○○○

(2) 3 + 2 =

2	3	4	**5**

03

(1) ○○○○○○○

(2) 6 + 1 =

6	**7**	8	9

04

(1) ○○○○○○○○

(2) 3 + 5 =

6	7	**8**	9

05

(1) ○○○○○○○○○

(2) 6 + 3 =

6	7	8	**9**

보태는 수만큼 ○를 그리고, 더한 수에 색칠하기

8 + 2 =

9	**10**	11	12

06~10 보태는 수만큼 ○를 그리고, 알맞은 수에 색칠해 보세요.

06

6 + 4 =

9	**10**	11	12

07

7 + 4 =

9	10	**11**	12

08

10 + 4 =

13	**14**	15	16

09

3 + 10 =

13	14	15	16

10

11 + 4 =

14	**15**	16	17

80~81쪽

수해력을 높여요

정답 14쪽

01~08 그림을 보고 □ 안에 알맞은 수에 ○표 하세요.

01

1 + 1 =

(2)	3	4	5

02

3 + 1 =

2	3	(4)	5

03

3 + 3 =

5	(6)	7	8

04

4 + 3 =

5	6	(7)	8

05

4 + 6 =

9	(10)	11	12

06

7 + 5 =

10	11	(12)	13

07

10 + 3 =

11	12	(13)	14

08

12 + 2 =

12	13	(14)	15

09~11 그림에 알맞은 덧셈식을 찾아 이어 보세요.

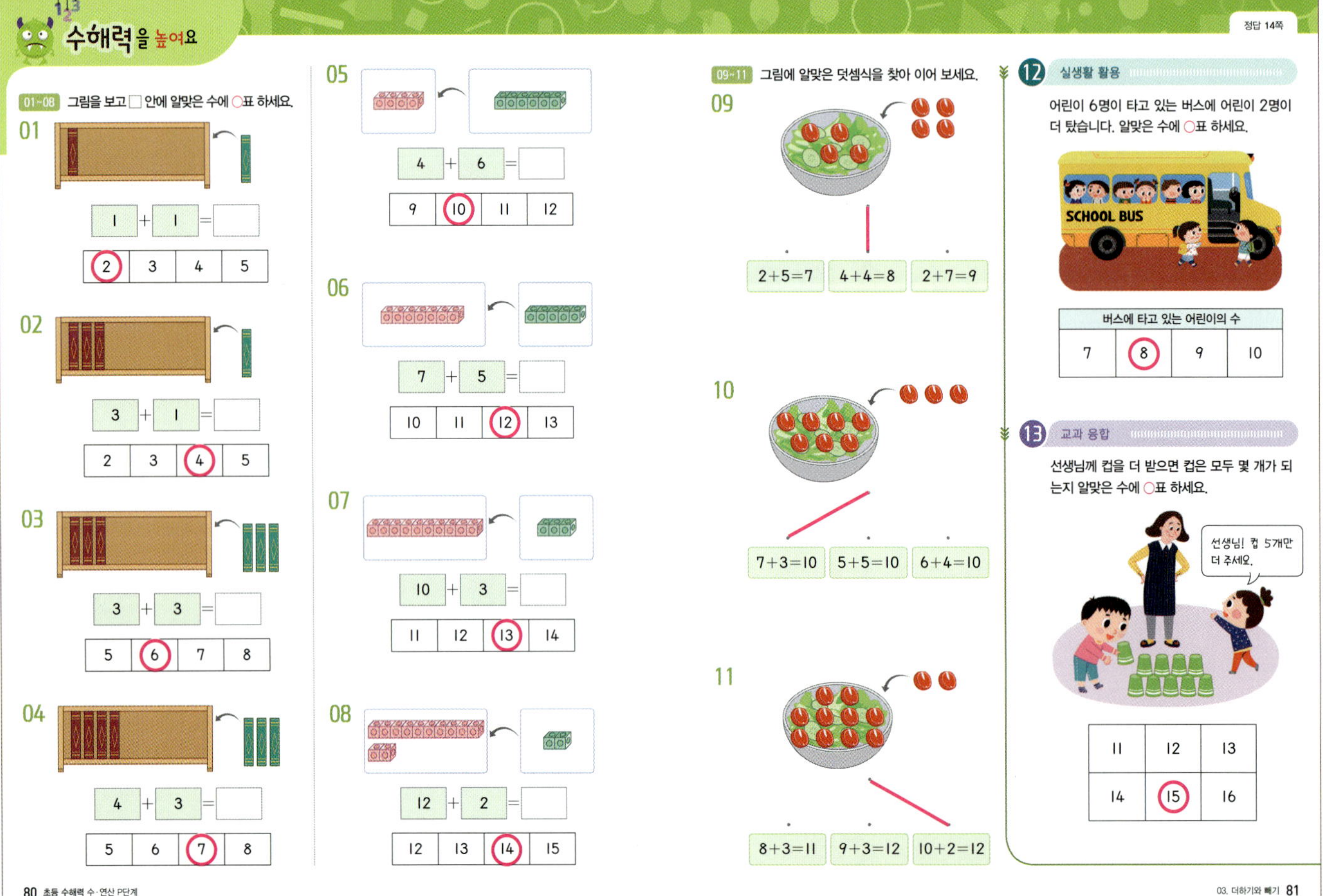

09

2+5=7　4+4=8　2+7=9

10

7+3=10　5+5=10　6+4=10

11

8+3=11　9+3=12　10+2=12

12 실생활 활용

어린이 6명이 타고 있는 버스에 어린이 2명이 더 탔습니다. 알맞은 수에 ○표 하세요.

버스에 타고 있는 어린이의 수			
7	(8)	9	10

13 교과 융합

선생님께 컵을 더 받으면 컵은 모두 몇 개가 되는지 알맞은 수에 ○표 하세요.

11	12	13
14	(15)	16

수해력을 완성해요

정답 15쪽

대표 응용 1 보태는 더하기 (1)

□ 안에 알맞은 수에 ○표 하세요.

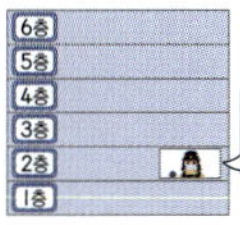

$$2 + ? = 6$$

| 2 | 3 | ④ | 5 |

해결하기

1단계 2층에서 6층까지 가려면 몇 층을 더 올라가야 하는지 구합니다.

2단계 □ 안에 알맞은 수에 ○표 합니다.

1-1

9층까지 가려면 몇 층 더 올라가야 하지?

$$4 + ? = 9$$

| 4 | ⑤ | 6 | 7 |

1-2

10층까지 가려면 몇 층 더 올라가야 하지?

$$3 + ? = 10$$

| 5 | 6 | ⑦ | 8 |

1-3

12층까지 가려면 몇 층 더 올라가야 하지?

$$6 + ? = 12$$

| 5 | ⑥ | 7 | 8 |

대표 응용 2 보태는 더하기 (2)

그림에 알맞은 덧셈식이 되도록 이어 보세요.

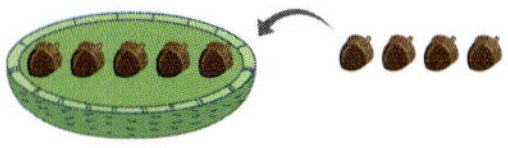

| 5+4 | 6+4 | 4+6 |

| 8 | 9 | 10 |

해결하기

1단계 그림에 알맞은 더하기를 찾아 잇습니다.

2단계 더하기에 알맞은 답을 찾아 잇습니다.

2-1

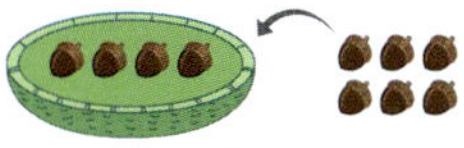

| 4+5 | 4+6 | 5+5 |

| 8 | 9 | 10 |

2-2

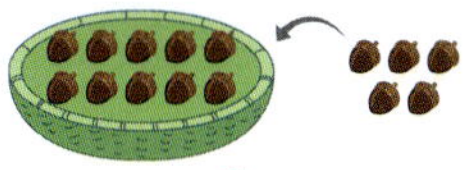

| 10+3 | 9+5 | 10+5 |

| 14 | 15 | 16 |

2-3

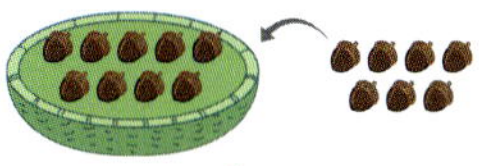

| 9+7 | 9+5 | 10+7 |

| 16 | 17 | 18 |

⬆ [부록]의 자료를 사용하세요.

대표 응용 3 보태는 더하기 (3)

더하기에서 잘못된 수를 찾아 올바른 수 붙임딱지를 붙이고, 알맞은 답에 색칠해 보세요.

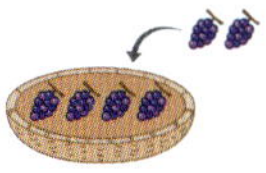

$$4 + 2 =$$

| 5 | 6 | 7 | 8 |

해결하기

1단계 더하는 두 수 3과 2 중 잘못된 수를 찾아 올바른 수 붙임딱지를 붙입니다.

2단계 두 수를 더한 수에 색칠합니다.

3-1

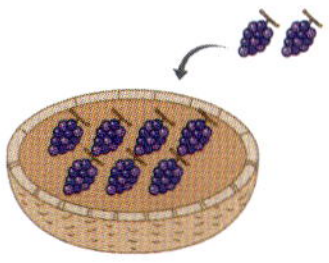

$$7 + 2 =$$

| 6 | 7 | 8 | 9 |

3-2

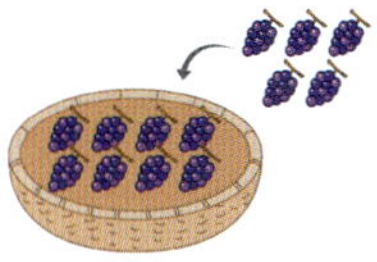

$$8 + 5 =$$

| 11 | 12 | 13 | 14 |

3-3

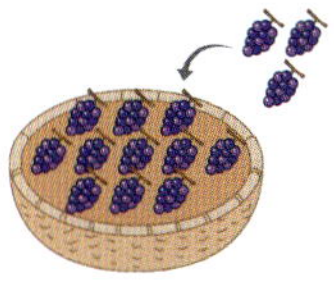

$$11 + 3 =$$

| 11 | 12 | 13 | 14 |

3-4

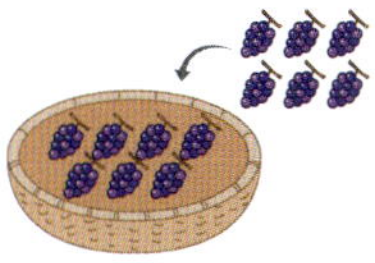

$$7 + 6 =$$

| 11 | 12 | 13 | 14 |

⬆ [부록]의 자료를 사용하세요.

정답 15쪽

대표 응용 4 더하고 더하기

그림을 보고 빈칸에 알맞은 수 붙임딱지를 붙여 보세요.

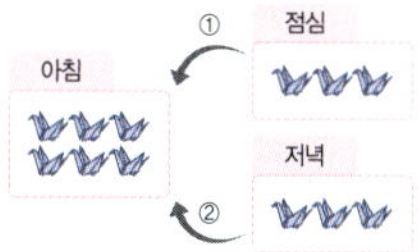

아침 ① 점심 ② 저녁

| ① 점심까지 접은 종이학 수 | 6 | + | 3 | = | 9 |
| ② 저녁까지 접은 종이학 수 | 9 | + | 3 | = | 12 |

해결하기

1단계 점심까지 접은 종이학 수를 구합니다.

2단계 점심까지 접은 종이학 수에 3을 더하여 저녁까지 접은 종이학 수를 구합니다.

4-1

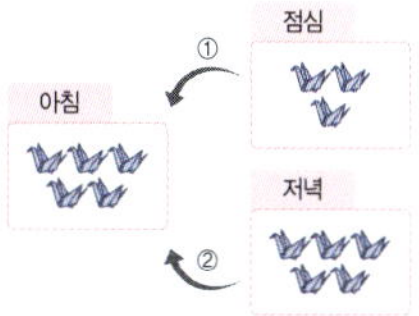

| ① 점심까지 접은 종이학 수 | 5 | + | 3 | = | 8 |
| ② 저녁까지 접은 종이학 수 | 8 | + | 5 | = | 13 |

4-2

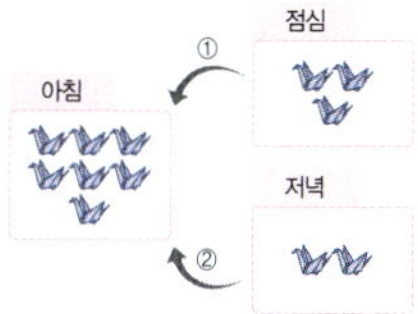

| ① 점심까지 접은 종이학 수 | 7 | + | 3 | = | 10 |
| ② 저녁까지 접은 종이학 수 | 10 | + | 2 | = | 12 |

4-3

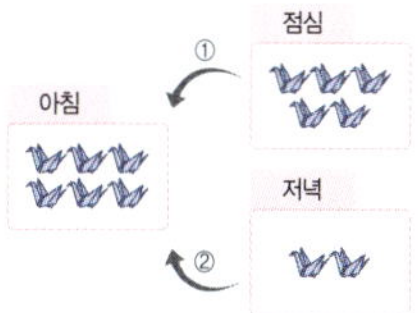

| ① 점심까지 접은 종이학 수 | 6 | + | 5 | = | 11 |
| ② 저녁까지 접은 종이학 수 | 11 | + | 2 | = | 13 |

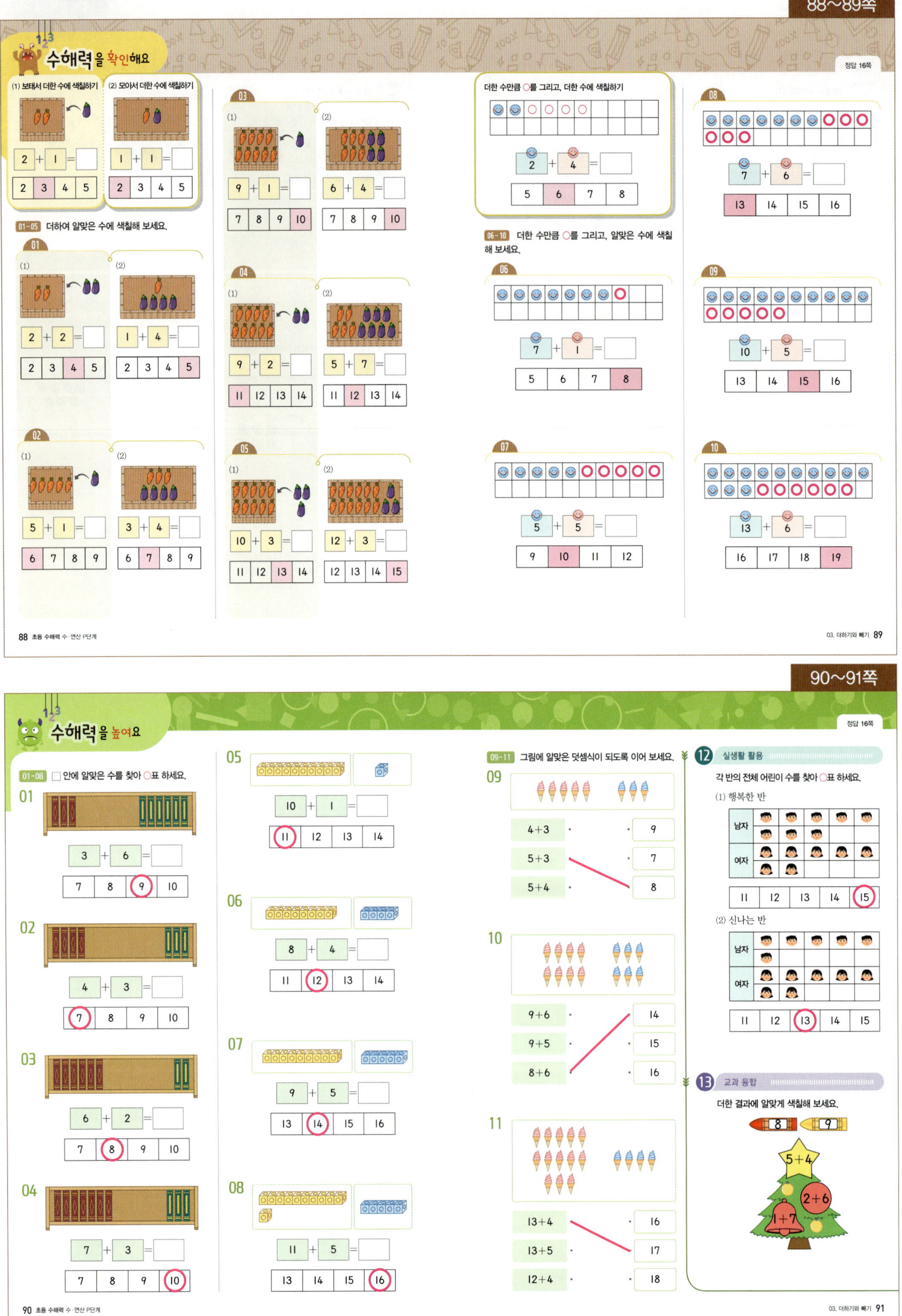

수해력을 확인해요
정답 16쪽
(1) 보태서 더한 수에 색칠하기
(2) 모아서 더한 수에 색칠하기
더한 수만큼 ○를 그리고, 더한 수에 색칠하기
01~05 더하여 알맞은 수에 색칠해 보세요.
06~10 더한 수만큼 ○를 그리고, 알맞은 수에 색칠해 보세요.
88 초등 수해력 수·연산 P단계
03. 더하기와 빼기 89

수해력을 높여요
정답 16쪽
01~08 안에 알맞은 수를 찾아 ○표 하세요.
09~11 그림에 알맞은 덧셈식이 되도록 이어 보세요.
12 실생활 활용
각 반의 전체 어린이 수를 찾아 ○표 하세요.
(1) 행복한 반
남자
여자
(2) 신나는 반
남자
여자
13 교과 융합
더한 결과에 알맞은 색칠해 보세요.
90 초등 수해력 수·연산 P단계
03. 더하기와 빼기 91

수해력을 완성해요

[부록]의 자료를 사용하세요.

대표 응용 1 모으는 더하기

잎에 가려져 보이지 않는 토마토 수에 알맞은 수 붙임딱지를 붙여 보세요.

보이는 토마토 수	+	잎에 가려진 토마토 수	=	전체 토마토 수
8	+	1	=	9

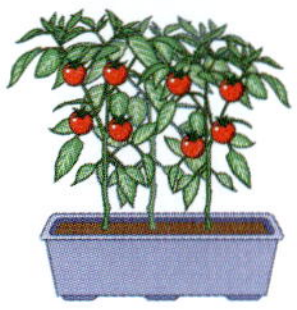

해결하기

1단계 잎에 가려져 보이지 않는 토마토 수를 구합니다.

2단계 잎에 가려져 보이지 않는 토마토 수에 알맞은 수 붙임딱지를 붙입니다.

1-1

보이는 토마토 수	+	잎에 가려진 토마토 수	=	전체 토마토 수
7	+	4	=	11

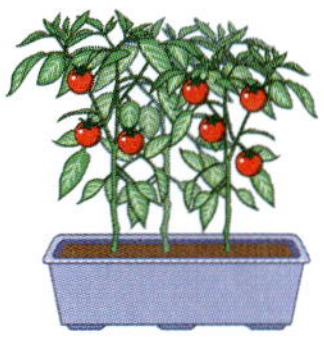

1-2

보이는 토마토 수	+	잎에 가려진 토마토 수	=	전체 토마토 수
10	+	3	=	13

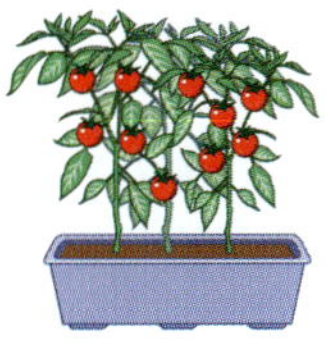

1-3

보이는 토마토 수	+	잎에 가려진 토마토 수	=	전체 토마토 수
12	+	2	=	14

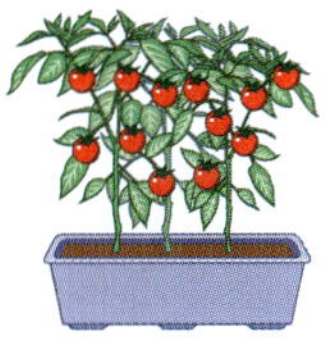

대표 응용 2 더하기에 알맞은 옷 찾기

더하기에 알맞은 옷을 찾아 ○표 하세요.

3 + 2 = □

4, (5), 6

해결하기

1단계 3+2를 계산합니다.

2단계 더하기에 알맞은 옷을 찾아 ○표 합니다.

2-1 4 + 6 = □ → 9, (10), 11

2-2 6 + 6 = □ → 10, 11, (12)

2-3 8 + □ = 13 → (5), 6, 7

2-4 □ + 10 = 14 → 3, (4), 5

2-5 □ + 12 = 18 → 5, (6), 7

수해력을 확인해요

[부록]의 자료를 사용하세요.

(1) 가른 수만큼 붙임딱지 붙이기

(2) 알맞은 수에 색칠하기

2 − 1 = □

1 2 3 4

01~05 가른 수만큼 딸기 붙임딱지를 붙이고, 알맞은 수에 색칠해 보세요.

01 (1) 4 → 3, 1 (2) 4 − 3 = □ → **1** 2 3 4

02 (1) 5 → 3, 2 (2) 5 − 3 = □ → 1 **2** 3 4

03 (1) 5 → 2, 3 (2) 5 − 2 = □ → 1 2 **3** 4

04 (1) 6 → 4, 2 (2) 6 − 4 = □ → **2** 3 4 5

05 (1) 7 → 3, 4 (2) 7 − 3 = □ → 2 3 **4** 5

먹은 수만큼 ╱로 지우고, 남은 수에 색칠하기

8 − 3 = □

3 4 **5** 6

06~10 먹은 바나나 수만큼 ♥를 ╱로 지우고, 알맞은 수에 색칠해 보세요.

06 9 − 5 = □ → 3 **4** 5 6

07 10 − 4 = □ → 3 4 5 **6**

08 12 − 4 = □ → 7 **8** 9 10

09 14 − 5 = □ → 7 8 **9** 10

10 15 − 5 = □ → 7 8 9 **10**

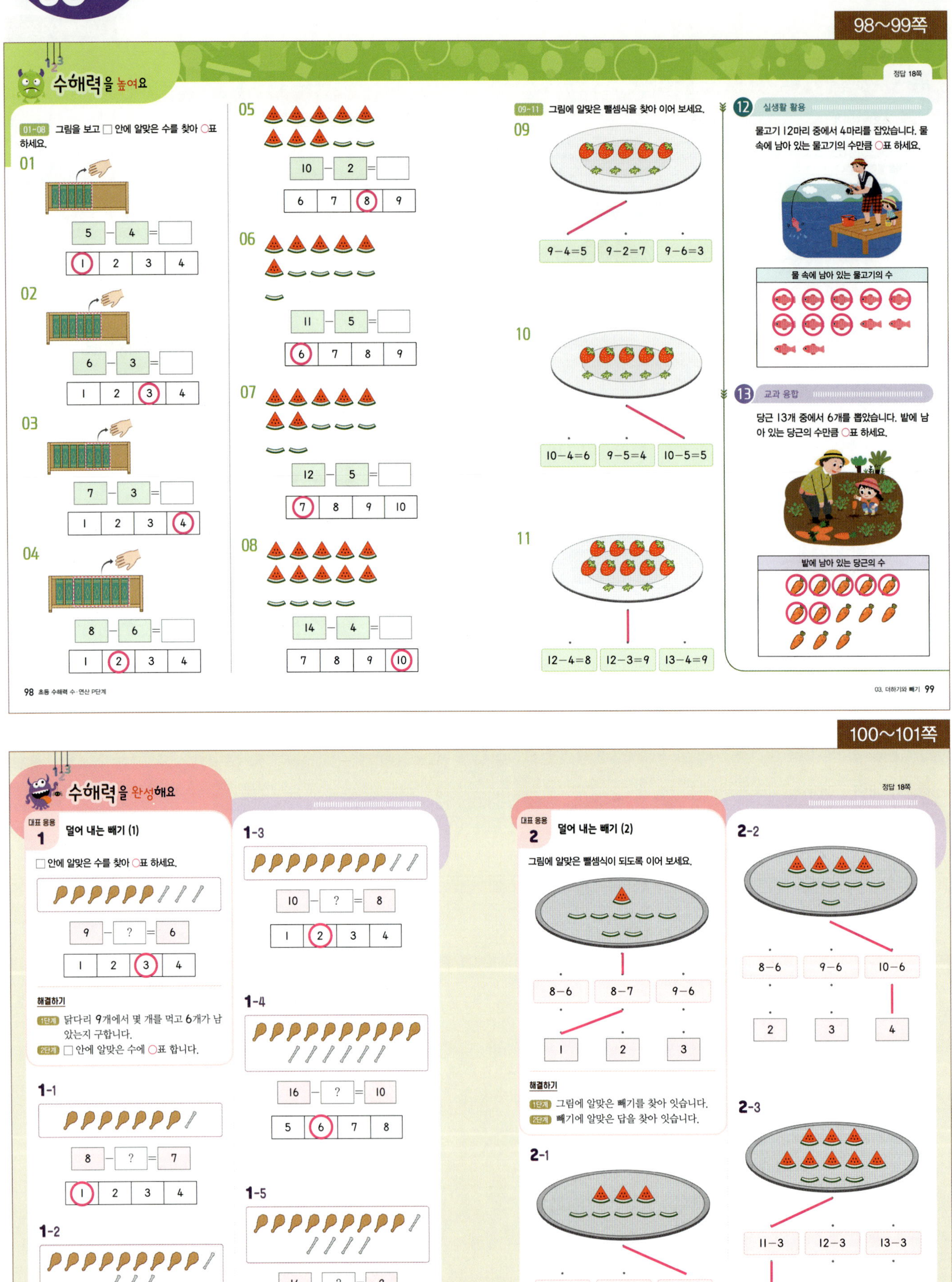

03 단원

수해력을 높여요
정답 18쪽

01~08 그림을 보고 □ 안에 알맞은 수를 찾아 ○표 하세요.

01
5 − 4 =
1 2 3 4

02
6 − 3 =
1 2 3 4

03
7 − 3 =
1 2 3 4

04
8 − 6 =
1 2 3 4

05
10 − 2 =
6 7 8 9

06
11 − 5 =
6 7 8 9

07
12 − 5 =
7 8 9 10

08
14 − 4 =
7 8 9 10

09~11 그림에 알맞은 뺄셈식을 찾아 이어 보세요.

09
9−4=5   9−2=7   9−6=3

10
10−4=6   9−5=4   10−5=5

11
12−4=8   12−3=9   13−4=9

12 실생활 활용
물고기 12마리 중에서 4마리를 잡았습니다. 물 속에 남아 있는 물고기의 수만큼 ○표 하세요.
물 속에 남아 있는 물고기의 수

13 교과 융합
당근 13개 중에서 6개를 뽑았습니다. 밭에 남아 있는 당근의 수만큼 ○표 하세요.
밭에 남아 있는 당근의 수

98 초등 수해력 수·연산 P단계
03. 더하기와 빼기 99

수해력을 완성해요
정답 18쪽

대표 응용 1 덜어 내는 빼기 (1)

□ 안에 알맞은 수를 찾아 ○표 하세요.

9 − ? = 6
1 2 3 4

해결하기
1단계 닭다리 9개에서 몇 개를 먹고 6개가 남 았는지 구합니다.
2단계 □ 안에 알맞은 수에 ○표 합니다.

1-1
8 − ? = 7
1 2 3 4

1-2
13 − ? = 9
1 2 3 4

1-3
10 − ? = 8
1 2 3 4

1-4
16 − ? = 10
5 6 7 8

1-5
14 − ? = 9
5 6 7 8

대표 응용 2 덜어 내는 빼기 (2)

그림에 알맞은 뺄셈식이 되도록 이어 보세요.

8−6   8−7   9−6
1   2   3

해결하기
1단계 그림에 알맞은 빼기를 찾아 잇습니다.
2단계 빼기에 알맞은 답을 찾아 잇습니다.

2-1
7−5   7−6   8−5
1   2   3

2-2
8−6   9−6   10−6
2   3   4

2-3
11−3   12−3   13−3
8   9   10

100 초등 수해력 수·연산 P단계
03. 더하기와 빼기 101

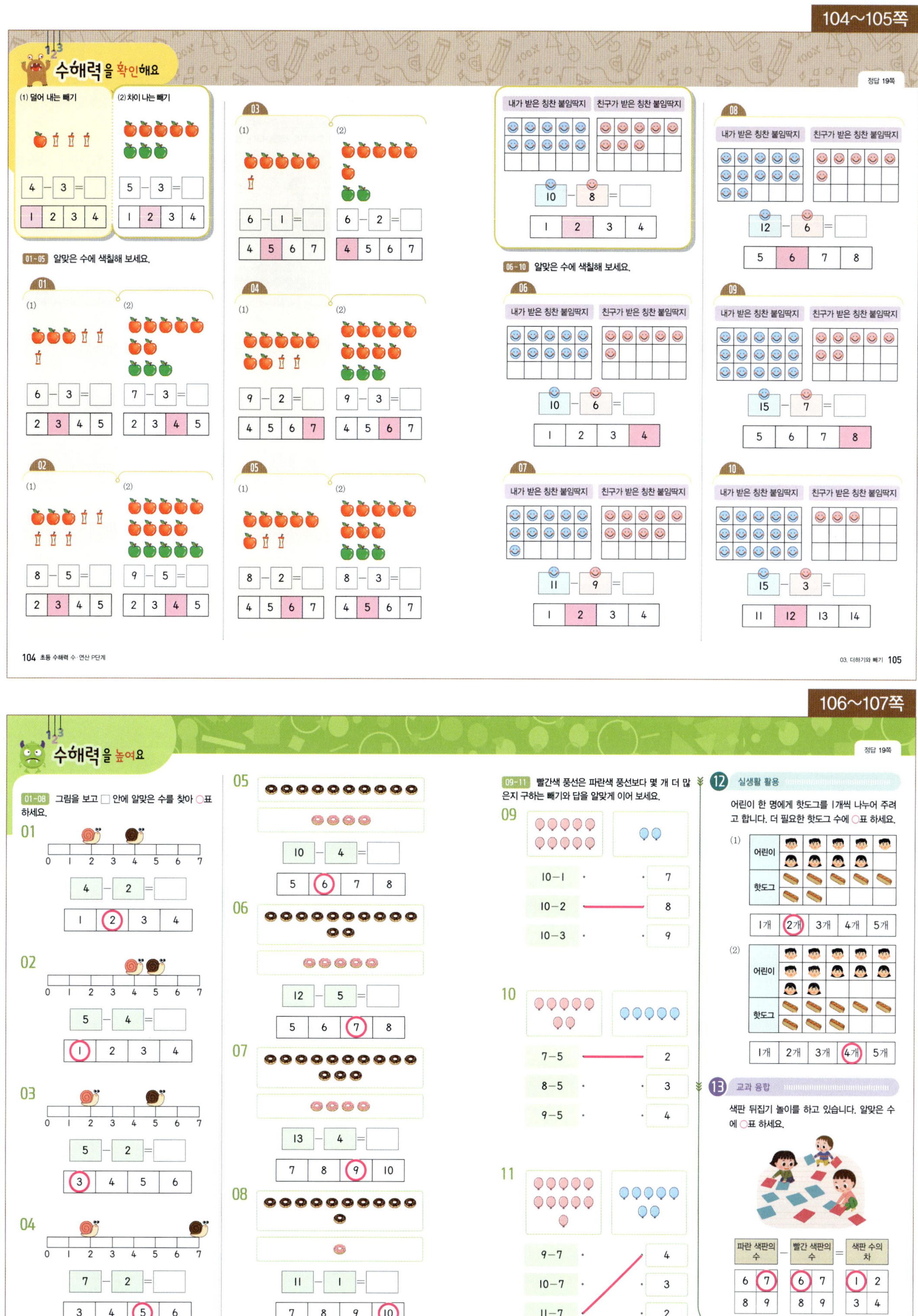

03 단원

수해력을 완성해요

정답 20쪽

대표 응용 1 — 차이 나는 빼기 (1)

안경을 쓰지 않은 친구의 수를 구하는 빼기와 답을 찾아 ○표 하세요.

빼기	5-4	6-3	(6-4)
답	1	(2)	3

해결하기

1단계 알맞은 빼기를 찾아 ○표 합니다.
2단계 알맞은 답을 찾아 ○표 합니다.

1-1

빼기	10-1	10-2	(0-3)
답	(7)	8	9

1-2

빼기	14-7	(4-8)	15-8
답	(6)	7	8

1-3

빼기	15-3	(5-4)	14-4
답	10	(11)	12

대표 응용 2 — 차이 나는 빼기 (2)

청팀과 백팀이 콩주머니 던지기를 하였습니다. 알맞은 것을 찾아 ○표 하세요.

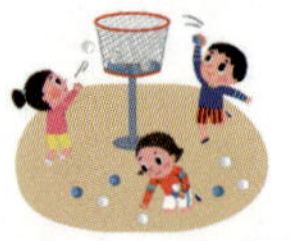

(청팀)	백팀	이

2개	(3개)	차이로 이겼습니다.

해결하기

1단계 청팀과 백팀의 콩주머니 수를 셉니다.
2단계 콩주머니 수가 많은 쪽에서 적은 쪽을 뺍니다.
3단계 알맞은 것을 찾아 ○표 합니다.

2-1

(청팀)	백팀	이

4개	(5개)	차이로 이겼습니다.

2-2

청팀	(백팀)	이

(4개)	5개	차이로 이겼습니다.

2-3

청팀	(백팀)	이

(7개)	8개	차이로 이겼습니다.

수해력을 확장해요

정답 20쪽

올바른 방법을 찾아 색칠해 보세요

색칠 방법은 모두 10가지입니다. 하지만 이 중에서 5가지 방법만 올바른 색칠 방법입니다.
올바른 색칠 방법의 번호는 활동 2에 제시된 문제를 풀고 나온 답과 같습니다.
올바른 색칠 방법을 찾아서 그림을 색칠해 보세요.

활동 1 색칠 방법 (다섯 가지는 틀린 방법이에요!)

(1)	토끼 인형은 분홍색으로 색칠해 보세요.
2	토끼 인형은 하늘색으로 색칠해 보세요.
3	사과는 빨간색으로 색칠해 보세요.
(4)	사과는 초록색으로 색칠해 보세요.
(5)	여자 아이의 옷은 노란색으로 색칠해 보세요.
6	여자 아이의 옷은 분홍색으로 색칠해 보세요.
7	컵은 초록색으로 색칠해 보세요.
(8)	컵은 빨간색으로 색칠해 보세요.
(9)	식탁은 파란색으로 색칠해 보세요.
10	식탁은 보라색으로 색칠해 보세요.

활동 2 계산을 하고, 계산 결과에 알맞은 수를 활동 1 에서 찾아 ○표 하세요.

$$3 - 2 = 1$$
$$3 + 5 = 8$$
$$7 + 2 = 9$$
$$12 - 8 = 4$$
$$10 - 5 = 5$$

활동 3 올바른 색칠 방법 5가지를 모두 찾았나요? 그럼 이제 예쁘게 색칠해 보세요.

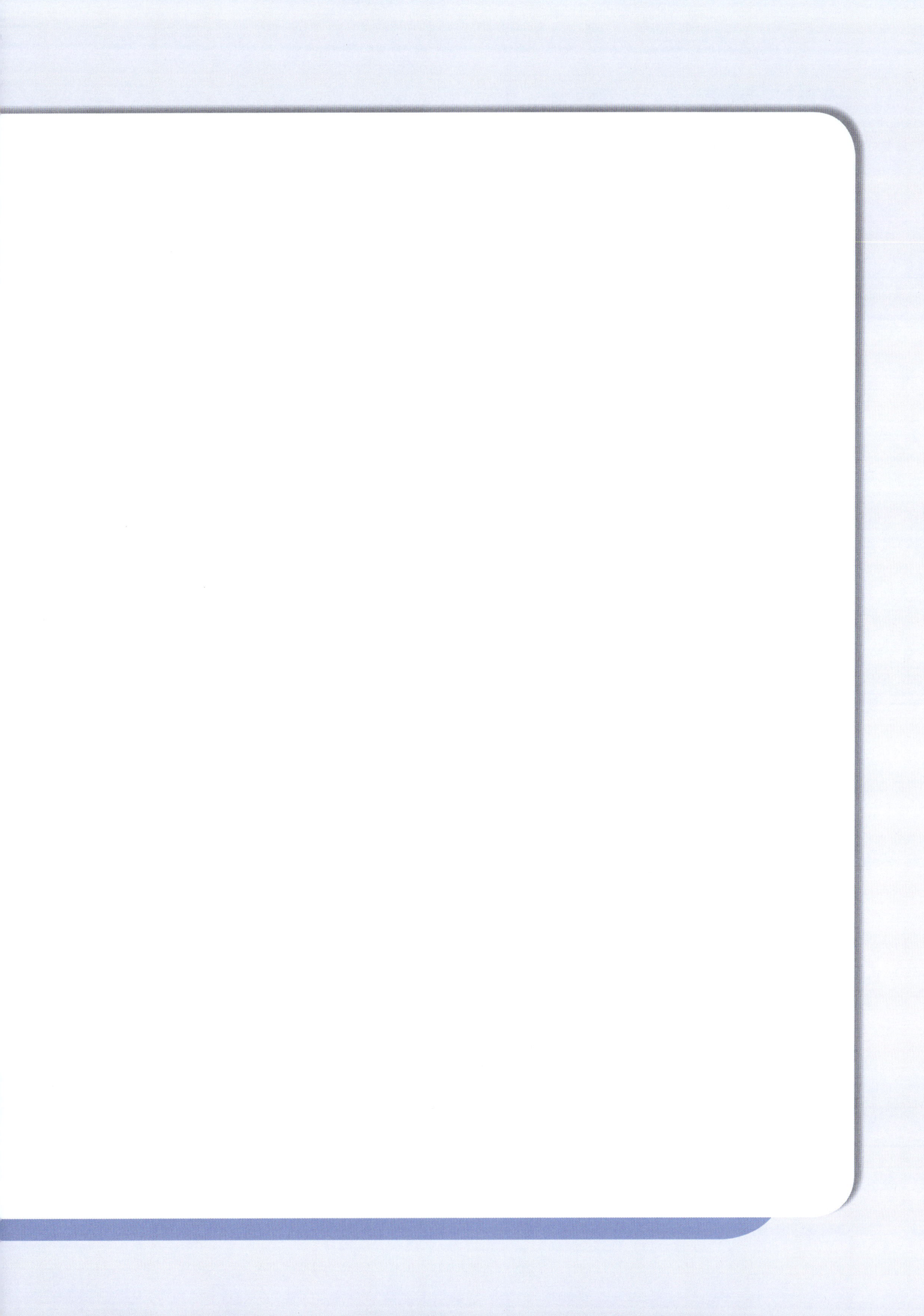

MEMO

'초등 수해력'과 함께하면
다음 학년 수학이 쉬워지는 이유

1 기초부터 응용까지 체계적으로 구성된
문제 해결 능력을 키우는 단계별 문항 체제

2 학교 선생님들이 모여 교육과정을 기반으로
학습자가 걸려 넘어지기 쉬운 내용 요소 선별

3 모든 수학 개념을 이전에 배운 개념과 연결하여
새로운 개념으로 확장 학습 할 수 있도록 구성

정답

평생을 살아가는 힘,
문해력을 키워 주세요!

문해력을 가장 잘 아는 EBS가 만든 문해력 시리즈

예비 초등 ~ 중학

문해력을 이루는 핵심 분야별 / 학습 단계별 교재

| 어휘 | 쓰기 | ERI 독해 | 배경지식 | 디지털독해 |

우리 아이의 **문해력 수준은?**

더욱 효과적인 문해력 학습을 위한
EBS 문해력 진단 테스트

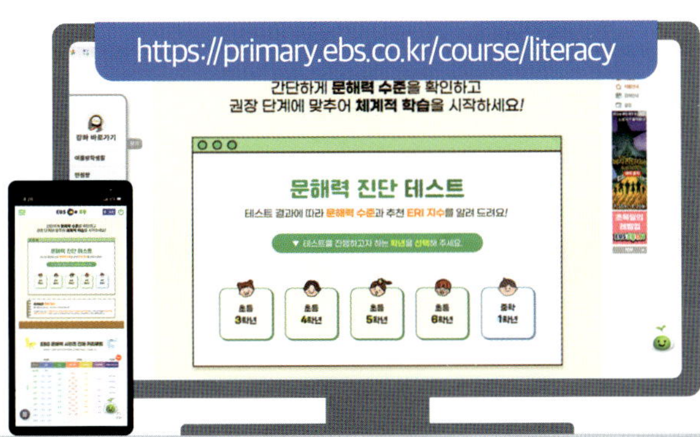

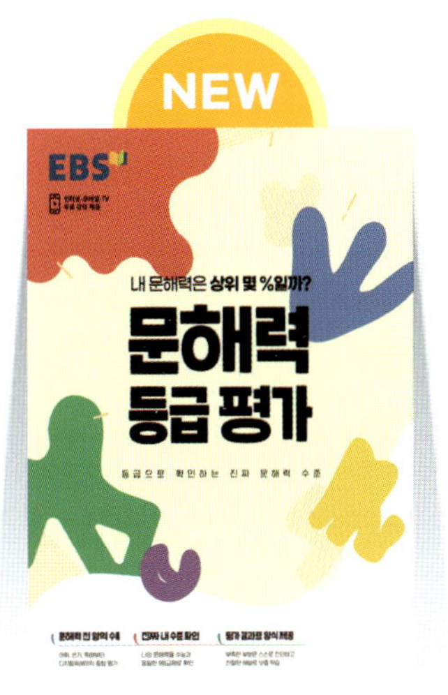

등급으로 확인하는
문해력 수준

문해력 등급 평가

초1 - 중1

	예비 초등	초등 1학년	초등 2학년	초등 3학년	초등 4학년	초등 5학년	초등 6학년
수·연산							
도형·측정							

EBS 초등 수해력 시리즈

권장 학년	예비 초등	초등 1학년	초등 2학년	초등 3학년	초등 4학년	초등 5학년	초등 6학년
수·연산	P단계	1단계	2단계	3단계	4단계	5단계	6단계
도형·측정	P단계	1단계	2단계	3단계	4단계	5단계	6단계

01 단원

⚠ 12쪽에 사용하세요.

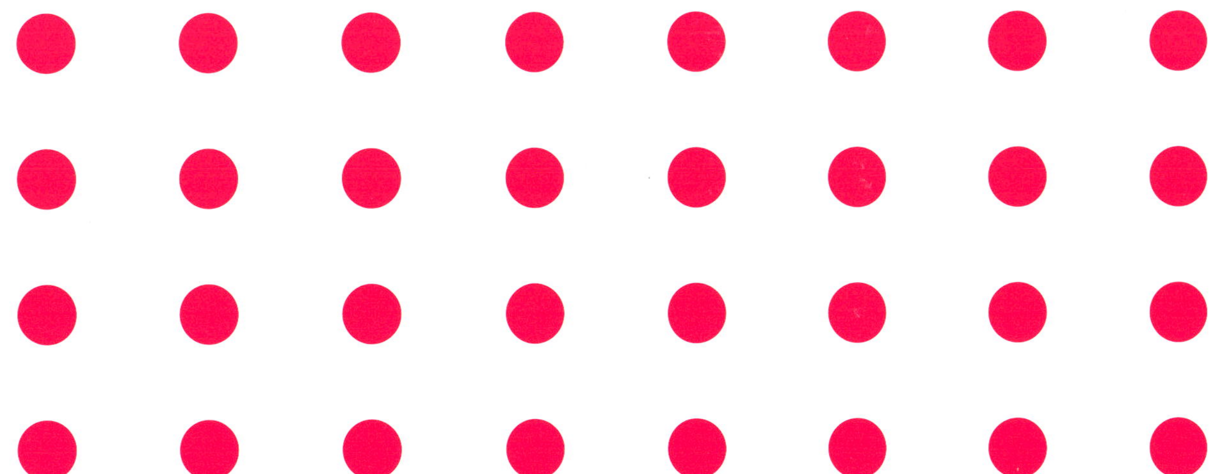

⚠ 14쪽에 사용하세요.

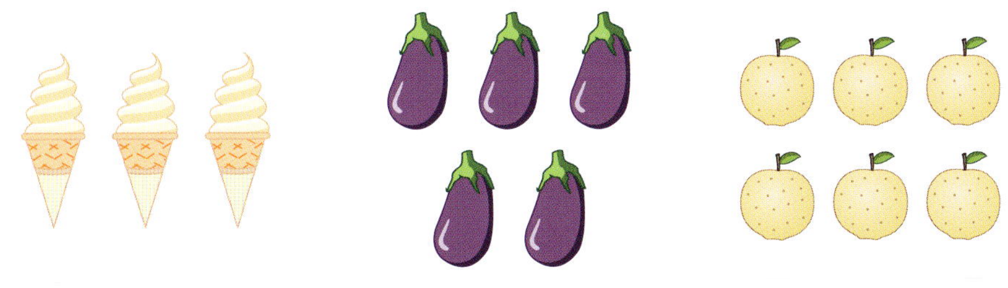

⚠ 20쪽에 사용하세요.

1	1	2	2	3	4	4	5
5	5	5	6	6	7	8	8

⚠ 24쪽에 사용하세요.

   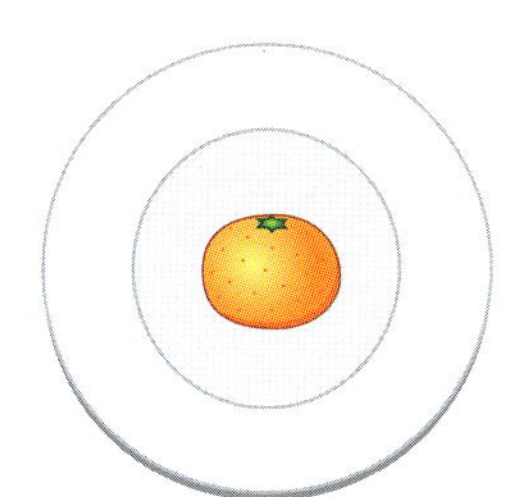

01 단원

⚠ 24쪽에 사용하세요.

   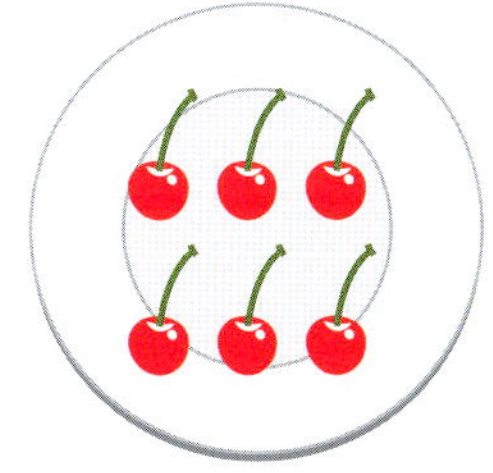

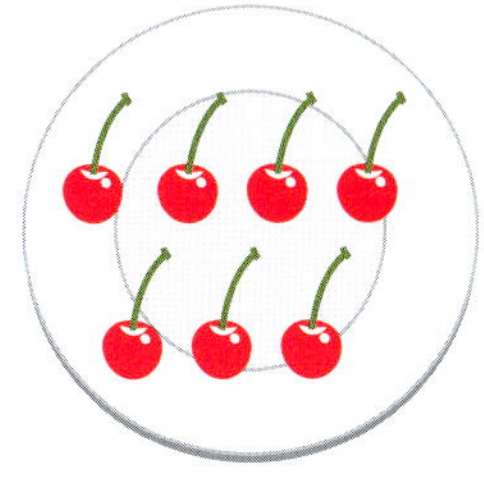   

⚠ 42쪽에 사용하세요.

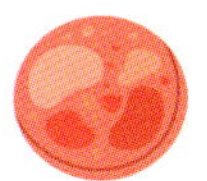 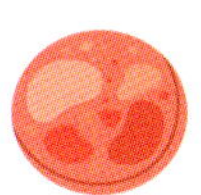  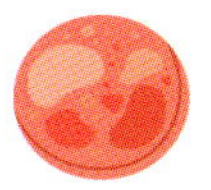 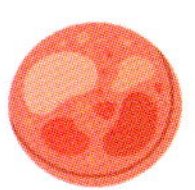 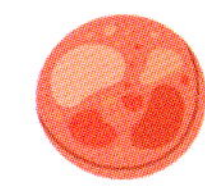  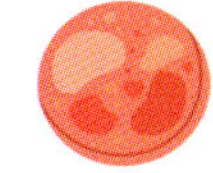

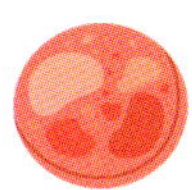 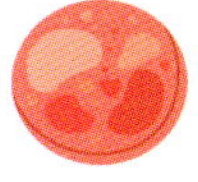      

02 단원

⚠ 48~49쪽에 사용하세요.

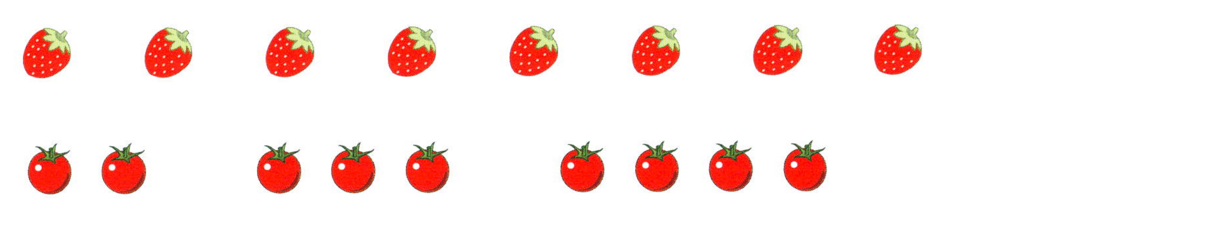

⚠ 51쪽에 사용하세요.

⚠ 52쪽에 사용하세요.

| l | l | l | l | 2 | 2 | 2 | 2 |

| 3 | 3 | 3 | 3 | 4 | 4 | 4 | 4 |

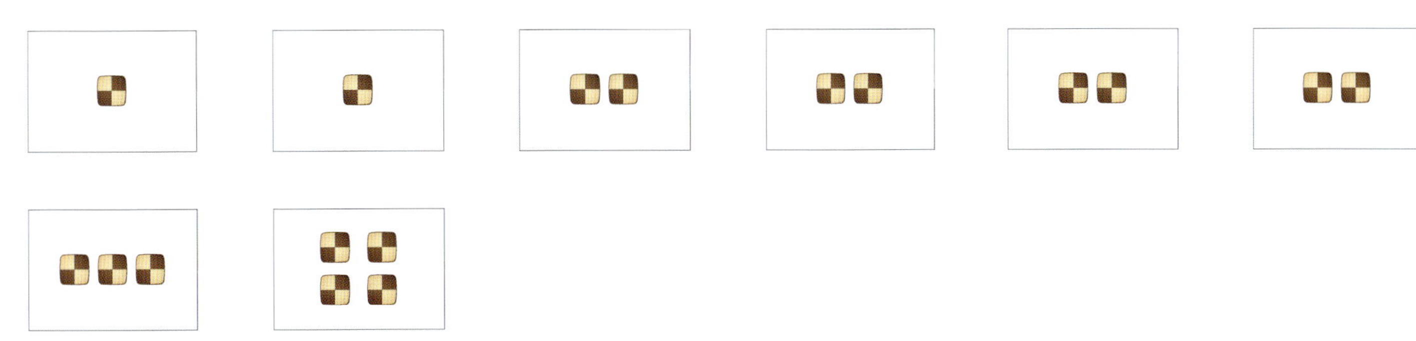

📩 53쪽에 사용하세요.

📩 56쪽에 사용하세요.

📩 57쪽에 사용하세요.

📩 58쪽에 사용하세요.

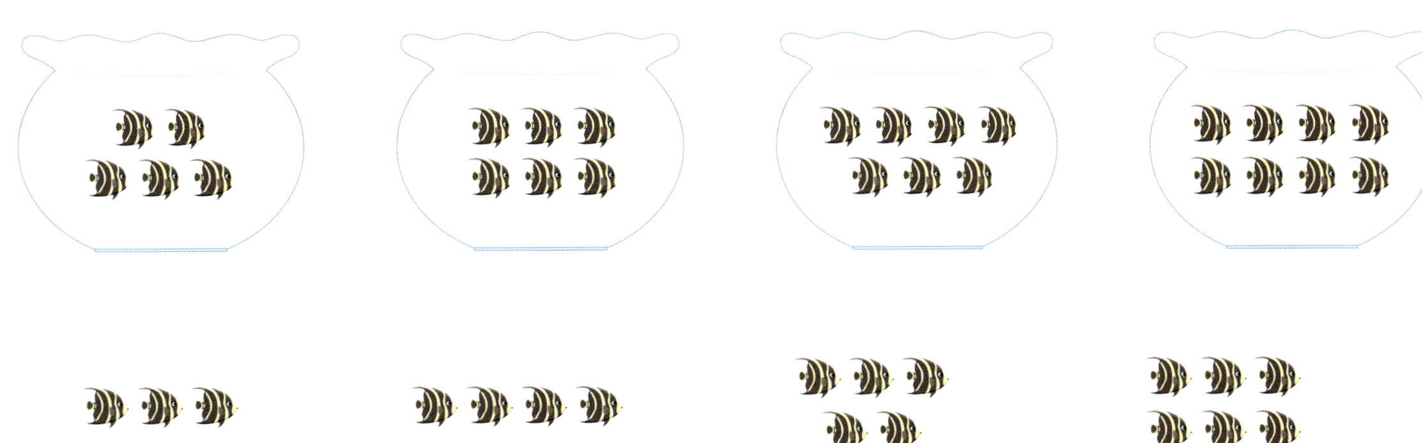

✉ 59쪽에 사용하세요.

✉ 60쪽에 사용하세요.

✉ 61쪽에 사용하세요.

✉ 66~67쪽에 사용하세요.

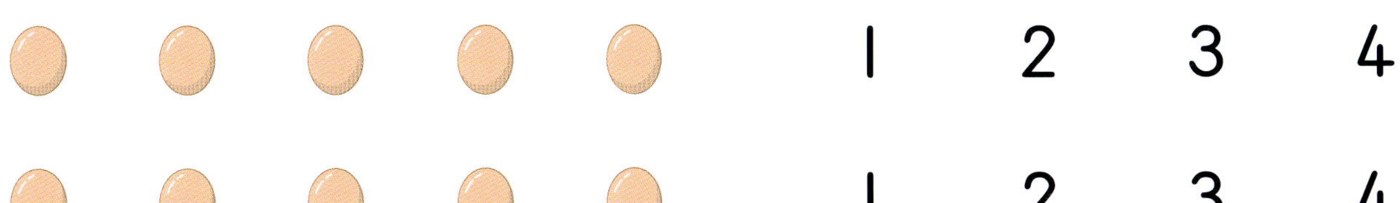

✉ 68쪽에 사용하세요.

1   2   3   4   5

✉ 69쪽에 사용하세요.

✉ 70쪽에 사용하세요.

1   2   3   4

1   2   3   4

02 단원

⚠ 71쪽에 사용하세요.

03 단원

⚠ 84쪽에 사용하세요.

3	4	5	6	7

⚠ 85쪽에 사용하세요.

8	8	9	9	10	10
11	11	12	12	13	13

⚠ 92쪽에 사용하세요.

1	2	3	4

⚠ 96쪽에 사용하세요.